MSE

MATHEMATICS
SCIENCE
ENGINEERING

기본을 튼튼히 다질 수 있는
한빛아카데미의 이공계 기본 교재 시리즈

전공이 보이는

미분적분학

FOR ELECTRICAL & ELECTRONIC ENGINEERS

장윤석 지음

한빛아카데미
Hanbit Academy, Inc.

지은이 **장윤석** jangys@pknu.ac.kr

부산대학교에서 전자공학과를 졸업한 후 부경대학교에서 석사학위, 일본 토호쿠(東北)대학교에서 박사학위를 취득하였다. 일본 츠쿠바의 산업종합기술연구소에서 객원 연구원, 미국 펜실베이니아 주립대에서 객원 교수를 지냈고, 한국음향학회, 대한의용생체공학회 회원으로 활동하고 있다. 1996년 이후부터 국립 부경대학교 전기공학과 교수로 재직 중이다. 저서로는 『전기전자공학의 기초』(밴프레스, 2006), 『수식이 보이는 공학수학(3판)』(한빛아카데미, 2024)이 있다.

전공이 보이는 미분적분학

초판발행 2015년 5월 30일
3쇄발행 2025년 2월 7일

지은이 장윤석 / **펴낸이** 전태호
펴낸곳 한빛아카데미(주) / **주소** 서울시 서대문구 연희로2길 62 한빛아카데미(주) 2층
전화 02-336-7112 / **팩스** 02-336-7199
등록 2013년 1월 14일 제2017-000063호 / **ISBN** 979-11-5664-182-7 93560

책임편집 김은정 / **기획 · 편집** 김은정 / **교정** 김지혜 / **진행** 윤세은
디자인 표지 여동일, 표지 이미지 flickr.com의 andresmh ⓒ BY-SA, 일러스트 태을기획
전산편집 태을기획 / **제작** 박성우, 김정우
영업 김태진, 김성삼, 이정훈, 임현기, 이성훈, 김주성 / **마케팅** 김호철, 심지연

이 책에 대한 의견이나 오탈자 및 잘못된 내용은 출판사 홈페이지나 아래 이메일로 알려주십시오.
파본은 구매처에서 교환하실 수 있습니다. 책값은 뒤표지에 표시되어 있습니다.
홈페이지 www.hanbit.co.kr / 이메일 question@hanbit.co.kr

MSE

MATHEMATICS SCIENCE ENGINEERING

기본을 튼튼히 다질 수 있는
한빛아카데미의 이공계 기본 교재 시리즈

MSE 시리즈로 전공의 초석을 다지자!

기본을 튼튼히 다질 수 있는 학습 구성

명쾌한 해답이 있는 콘텐츠

무엇을 왜 배우는지, 어떻게 풀고, 어디에 쓰는지를 알려줍니다.

핵심이 보이는 원리와 개념

명확한 정의와 논리적 전개로 핵심을 짚어줍니다.

개념을 다지는 예제

친절하고 상세한 풀이 과정을 보여줍니다.

응용력을 길러주는 연습문제

수준별/유형별 연습문제를 담았습니다.

지은이 머리말

전기전자 공학의 기반은 미분적분학이다

"수학은 공학의 언어다." 여러 해 동안 공학수학을 강의하면서 학생들에게 지겹도록 들려준 말이다. 공학에 대한 잘못된 인식을 가지고 있는 학생들에게는 기계를 다루거나 만드는 데 수학이 무슨 필요가 있겠느냐는 투정에 대한 응답으로 사용한 말이기도 하다. 그런데 공학의 바탕인 공학수학을 이해하기 위해 먼저 학습하도록 뚜렷이 밝혀두고 있는 과목이 있다. 공학수학의 선수과목, 그것은 바로 '미분적분학'이다.

우리는 구체적으로 전기전자 공학도의 입장에서 미분적분학의 중요성을 다시 한 번 생각해볼 필요가 있다. 특히 미분적분학은 대부분의 대학에서 공학수학의 선수과목으로 편성되기 때문에, 단순히 고교 수학에서 배우던 미분적분학과 비교하여 전기전자 공학을 전공하기 위해서는 미분적분학의 어떤 부분을 중점적으로 다져야 할지 생각하지 않을 수 없다.

우선 공학도에게 미분적분학이 차지하는 중요성을 살펴보기 위해 공학수학을 예로 들어보겠다. 공학수학은 말 그대로 공학을 이해하기 위한 수학으로, '공학수학'이라는 제목을 달고 발간되는 책마다 반이나 되는 분량을 '미분방정식'에 할애하고 있다. 미분방정식은 고교 수학에서는 전혀 다루지 않는 내용이다. 그러한 미분방정식의 내용을 들여다보면 기본적으로 미분과 적분 없이는 결코 이해할 수 없는 구조이다. 즉 공학수학에서 가장 중요하게 다루고 있는 미분방정식을 이해하기 위해서는 미분적분학을 먼저 알아야만 한다.

전기전자 공학도에게 미분적분학이 차지하는 부분은 공학수학에서 끝나지 않는다. 전공에서 기본 과목으로 편성되어 있는 전기회로(회로이론)와 전자회로, 전자기학을 이해하기 위해서도 미분적분학의 선학습이 필수적이다. 특히 전자기학의 모든 것이라고 해도 과언이 아닌 맥스웰 방정식은 모두 미분형이나 적분형으로 표현되어 있는 방정식이다. 그러니 전기전자 공학의 기본적인 내용을 이해하는 데 미분적분학의 중요성을 강조하지 않을 수 없다.

이 책은 전기전자 공학을 전공하는 학생들에게 꼭 필요한 미분적분학 개념을 짚어주고, 전공 기본 과목에 보다 쉽게 다가가기 위한 목적으로 기획되었다. 따라서 전기전자 공학의 기본 과목에서 출현 빈도가 높은 미분적분학 내용을 주로 다루기 위해 노력하였고, 전공과목인 회로이론, 전자회로, 전자기학 등에 나오는 미분적분학의 예를 들어 문제 해결 과정을 상세히 설명하고자 하였다. 미분적분학의 교재로 좋은 책들이 많이 나와 있지만, 전기전자 공학도 입장에서 접근하기 좋은 미분적분학 교재는 별도로 나와 있지는 않다는 생각에서 비롯된 책이기도 하다.

이 책의 학습법

이 책에서는 각 장마다 미분적분학의 기본 개념을 소개한 다음, [공학문제]로 그 장을 마무리한다. 이 책의 특징이기도 한 [공학문제]는, 각 장의 본문에서 학습한 미분적분학 내용과 전기전자 공학의 기본 과목인 회로이론, 전자회로, 전자기학, 그리고 공학수학과 연계하여 진행한다. 전공 이론이 가미되어 다소 낯설거나 어렵게 느껴지기도 하겠지만, 전공 이론은 배경설명 정도로 이해하고 미분적분학 개념이 전공에 어떻게 사용되는지에 초점을 두고 문제를 푸는 것이 [공학문제]를 활용하는 좋은 학습법이 될 것이다.

또한 각 예제에는 해당 문제를 풀 수 있는 공식이나 참고할 내용 등의 힌트를 [key point] 박스 안에 정리하여, 앞으로 돌아가 해당 내용을 찾는 수고를 줄였다. 예제를 풀 때는 풀이를 먼저 보지 말고, [key point]의 힌트를 이용하여 문제를 풀어본 다음에 풀이를 참고하여 확인하는 학습법을 권한다.

감사의 글

항상 용기를 북돋아주고 응원해주는 아내와 두 딸 은영, 가영에게 감사의 마음을 전한다. 아울러 참고도서를 찾아주고 전공 내용을 확인하는 등 이 책의 집필에 많은 도움을 준 연구실 학생들 관규, 아름, 효민, 소영, 치현, 현경에게 심심한 감사의 마음을 전한다. 아울러 부족한 필자를 자극하여 이 책을 기획하고 출판하는 데 힘을 써 주신 한빛아카데미(주)의 관계자 여러분께 감사와 응원의 말을 함께 보낸다.

부경대학교 대연캠퍼스 가온관 연구실에서

지은이 장윤석

미리보기

누구를 위한 책인가

이 책은 전기전자 공학 분야를 전공하는 학생을 대상으로, 미분적분학의 개념을 학습하면서 앞으로 전공할 분야에서 사용되는 내용을 확인할 수 있도록 하였다. 특히 전기전자 공학의 기본 과목에서 발췌한 이론을 중심으로 미분적분학이 사용되는 경우들을 [공학문제]로 따로 구성했다. 이를 통해 2학년의 기본 전공과목에 더 쉽게 다가설 수 있는 토대를 제공하고자 하였다.

이 책을 시작하려면

이 책은 전공과 상관없이 미분적분학의 핵심개념과 응용문제를 학습할 수 있다. 전기전자 공학도의 경우에는 [공학문제]까지 차근차근 읽어보는 것을 권한다.

이 책의 구성요소

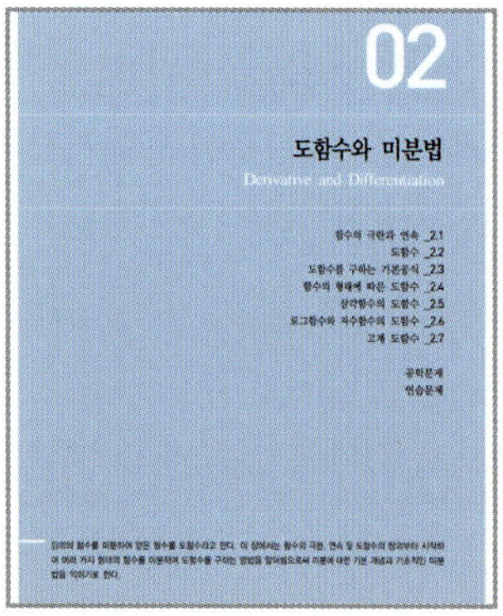

도입글

해당 장의 내용을 왜 배워야 하는지를 공학의 관점에서 설명하고, 다른 장과 어떤 관계가 있는지 보여준다.

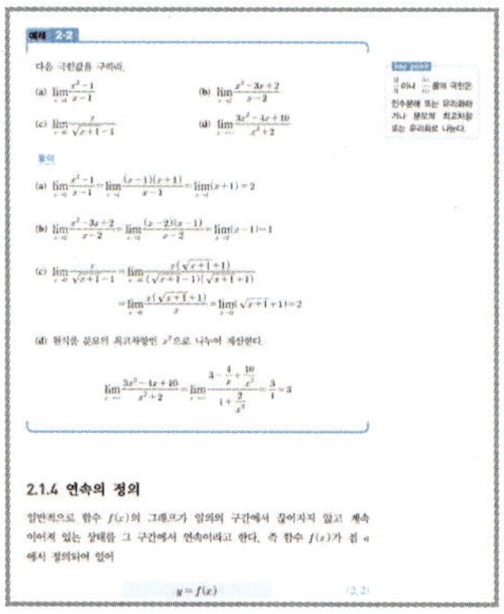

예제, key point

본문에서 다룬 개념들을 응용한 문제를 풀이와 함께 담았다. key point로 문제를 풀 때 도움이 되는 공식이나 내용을 제시한다.

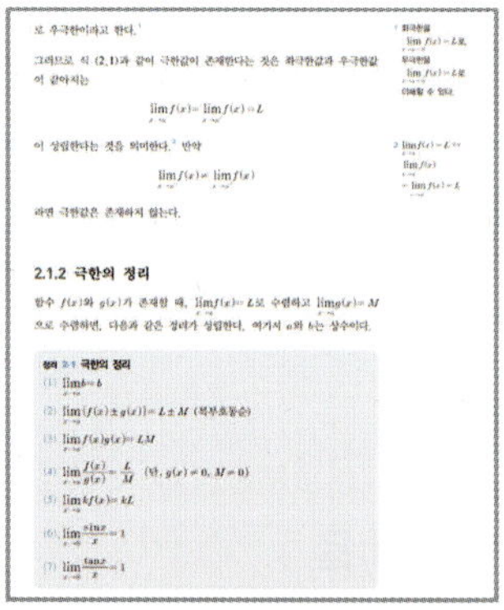

정리

해당 주제에서 기억해 두어야 할 중요한 핵심 개념과 수식을 정리하여 보여준다.

■ 이 책의 구성

❶ 함수(1장)

1장에서는 미분적분학에서 다루어야 할 여러 가지 함수의 정의 및 기본 성질을 소개한다.

❷ 미분법(2장～4장)

2장에서 4장까지는 미분의 기본적인 개념부터 시작하여 기초적인 미분법과 그 응용을 다루고, 다변수함수의 개념을 토대로 한 편미분에 대하여 학습한다.

❸ 적분법(5장～6장)

5장과 6장에서는 적분법의 기초로부터 익히는 부정적분과, 적분의 정리에 획기적인 발전을 이루게 한 정적분의 정의와 응용에 대하여 살펴본다.

❹ 벡터해석(7장～8장)

7장과 8장은 벡터의 기본개념으로부터 벡터계산법을 익히고, 전기전자 공학의 이론적 기반으로 꼭 필요한 벡터함수의 개념과 응용에 대하여 학습한다.

❺ 선적분과 다중적분(9장)

9장에서는 적분의 확장된 개념인 선적분과 다중적분을 토대로 한 정리를 익히고, 최종적으로 이와 같은 적분법이 사용되는, 전자기학의 축으로 알려진 맥스웰 방정식에 대하여 살펴본다.

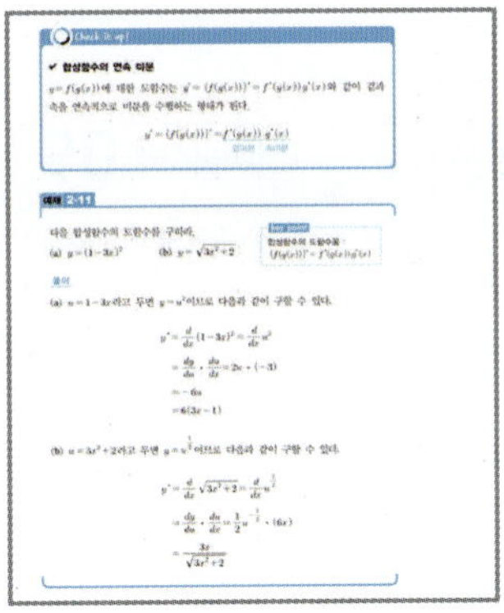

Check it up!

본문 내용을 보충하거나 알아두면 좋을 내용을 본문과 분리하여 정리했다.

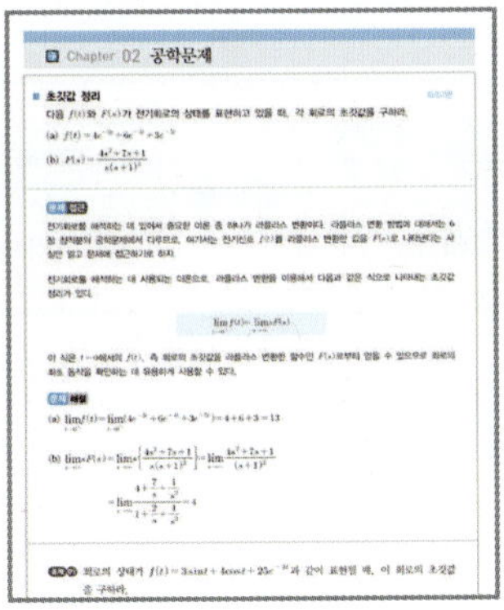

공학문제

해당 주제와 전기전자 공학과의 연계 문제를 제시하고, [문제 접근] → [문제 해결]의 과정을 통해 스스로 문제를 해결할 수 있도록 했다.

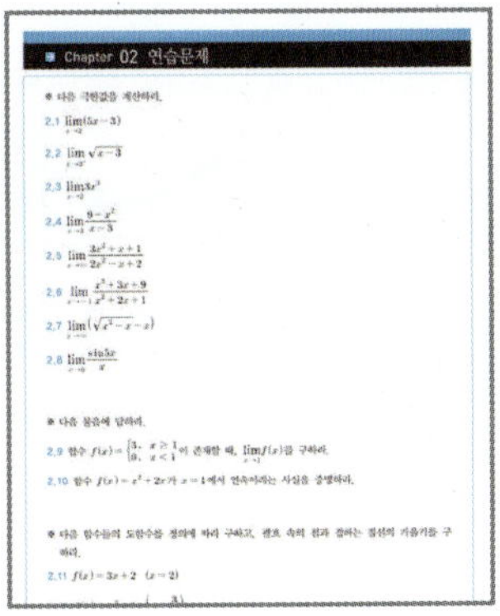

연습문제

해당 장이 끝날 때마다 본문에서 익힌 내용을 문제를 통해 정리한다. 다양한 유형의 공학문제도 다시 한 번 익힐 수 있게 했다.

학습 로드맵

이 책에서 다룬 주제를 제대로 이해하기 위해 필요한 선수 내용이 무엇이고, 각 주제가 어떤 연계성을 갖고 있는지를 보여준다. 화살표는 선후의 개념보다는 관계성을 보여준다. 모든 장의 내용은 독립적으로 학습할 수도 있지만, 기본적인 개념을 바탕으로 하여 더욱 확장된 내용을 다루는 순서로 구성된 부분도 있으므로, 이 책의 로드맵을 참고하여 학습하는 것을 권한다.

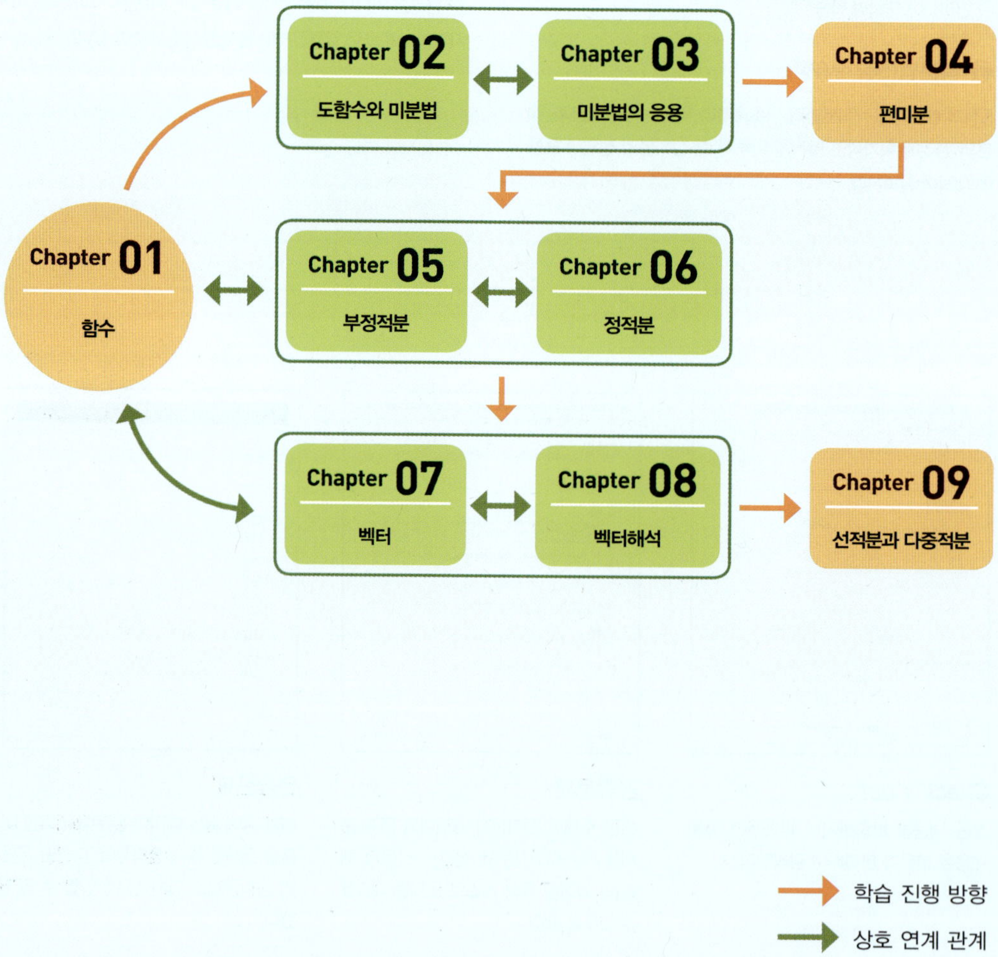

강의 계획

표준 스케줄 표

주	해당 장	주제
1	1장	함수
2	2장	도함수와 미분법 (1)
3	2장	도함수와 미분법 (2)
4	3장	미분법의 응용 (1)
5	3장	미분법의 응용 (2)
6	4장	편미분
7	5장	부정적분
8		중간고사
9	6장	정적분 (1)
10	6장	정적분 (2)
11	7장	벡터
12	8장	벡터해석 (1)
13	8장	벡터해석 (2)
14	9장	선적분과 다중적분 (1)
15	9장	선적분과 다중적분 (2)
16		기말고사

강의 보조 자료

PPT 자료와 연습문제 해답

- 한빛아카데미에서는 교수/강사님들의 효율적인 강의 준비를 위해 온라인과 오프라인으로 강의 보조 자료를 제공합니다.
- 다음 사이트에서 회원으로 가입하신 교수/강사님께는 교수용 PPT 자료와 연습문제 해답 및 풀이를 제공합니다.
  http://www.hanbit.co.kr
- 온라인에서 자료를 다운받으시려면 교수/강사 회원으로 가입한 후 인증을 거쳐야 합니다.

참고문헌

- James W. Nilsson 외, 『Electric Circuits』, 한티미디어, 2007
- Matthew N. O. Sadiku, 『Elements of Electromagnetics』, 진샘미디어, 2008
- Karl E. Lonngren 외, 『Fundamentals of Electromagnetics with MATLAB』, 홍릉과학출판사, 2009
- 부경대학교 수학편찬위원회, 『이공계열 학생을 위한 미분적분학』, 교우사, 2010
- Larry Gonick, 『The Cartoon Guide to Calculus』, 궁리출판, 2012
- Peter Kuhfittig, 『Technical Calculus with Analysis Geometry』, 경문사, 2013
- 장윤석, 『수식이 보이는 공학수학』, 한빛아카데미, 2013
- 함남우, 『공학 기초수학』, 한빛아카데미, 2014

목차

Chapter 09 선적분과 다중적분

Chapter

01

함수

Function

실험이나 관측에 의해 얻어진 결과를 하나의 법칙으로 정리할 때 이용되는 것이 함수이다. 그러므로 함수는 공학에서 대단히 중요한 개념이다. 이 장에서는 앞으로 미적분법에서 다뤄야 할 여러 가지 함수를 정의하고, 함수들의 기본적인 성질을 소개한다.

1.1 함수란 무엇인가

1.1.1 변수와 함수

[그림 1-1]과 같이 반지름이 r인 공의 부피를 V라고 하면, 공의 부피 V는 다음과 같은 식으로 나타낼 수 있다.

$$V = \frac{4\pi r^3}{3} \tag{1.1}$$

■ 반지름이 r인 공

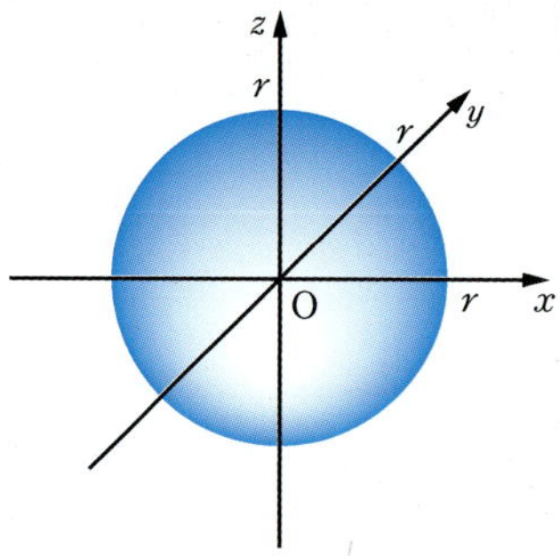

[그림 1-1]

식 (1.1)에서 알 수 있듯이 공의 부피 V는, 3, 4, π와 같이 값이 정해진 수와 공의 반지름을 나타내는 미지수 r의 곱으로 이루어져 있다. 이때 3, 4, π처럼 이미 값이 정해져 있는 수를 **상수**constant라고 한다. 상수는 변하지 않는 값이므로 결국 부피 V는 공의 반지름 r이 달라져야만 다른 값으로 바뀌게 된다. 공의 부피 V는 식 (1.2)와 같이 표현할 수 있는데, 이 식에서도 알 수 있듯이 공의 부피 V는 반지름 r에 따라 변하게 된다.

■ 상수

■ 반지름 r의 함수인 공의 부피

$$V(r) = \frac{4\pi r^3}{3} \tag{1.2}$$

■ 변수와 함수

■ 독립변수와 종속변수

식 (1.1)에서 r은 여러 가지 값으로 변할 수 있는 수를 나타내므로 **변수**variable라고 하고, 이와 같은 변수의 변화에 따라 값이 달라지는 V를 **함수**function라고 한다. 즉 V는 변수 r의 영향을 받는 r의 함수이므로 식 (1.2)와 같이 $V(r)$이라고 표현하는 것이다. 특히 V와 r을 각각의 변수로 생각할 때, 독립적으로 정해지는 변수 r을 **독립변수**independent variable라고 하고, 독립변수인 r에 의해 값이 정해지는 변수 V를 **종속변수**dependent variable라고 한다.

예제 1-1

다음 설명을 함수관계를 나타내는 식으로 표현하고, 각각의 변수를 독립변수와 종속변수로 구분하라.

(a) 원의 넓이 S는 반지름 r의 제곱과 상수 π의 곱으로 표현된다.

(b) 자동차가 움직인 거리 L은 속도 v와 시간 t의 곱으로 표현된다. 속도가 $v=a$(상수)로 일정한 경우를 생각한다.

> **key point**
> 상수와 변수를 우선 구분하여 식으로 표현한다.

풀이

(a) 원의 넓이는 $S=\pi r^2$으로 나타낼 수 있는데, 여기서 π는 상수이므로 S는 오직 반지름 r의 값에 의해 결정된다. 그러므로 r을 독립변수로 두어 원의 넓이를 함수 $S(r)=\pi r^2$으로 나타낼 수 있다. 독립변수인 r에 의해 값이 정해지는 변수 S가 종속변수가 된다.

(b) 자동차가 움직인 거리는 $L=vt$로 나타낼 수 있는데, 여기서 속도 v와 시간 t는 모두 변수가 될 수 있다. 그러나 여기서는 $v=a$(상수)로 일정한 경우이므로 둘 중에 시간 t만 변수로 생각하면 된다. 따라서 자동차가 움직인 거리는 함수 $L(t)=at$로 표현할 수 있고, 독립변수는 t, 종속변수는 L이다.

1.1.2 함수의 정의

변수 x로 표현되는 임의의 값에 대하여 단 하나의 값으로 대응되는 변수 y가 존재할 때, **y는 x의 함수**라고 한다. **변수 x에 대한 함수 y와의 관계**는 다음과 같은 식으로 나타낸다.

$$y=f(x) \tag{1.3}$$

■ 함수의 정의식

식 (1.3)을 간단히 [그림 1-2]와 같이 표현할 수 있다. 흔히 사용되는 직교좌표축에서 x의 값에 따라 y의 값이 결정되는 관계를 생각하면 이해하기 쉬울 것이다.

■ x 값에 따른 y 값의 결정 : 변수와 함수의 관계

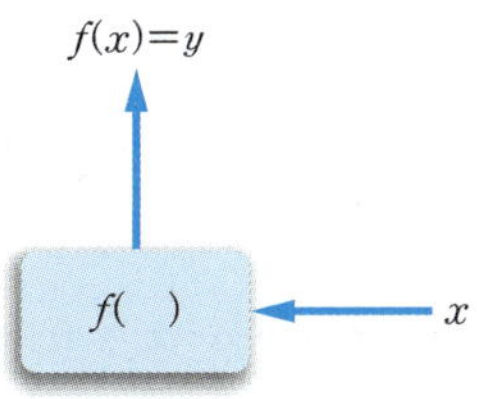

[그림 1-2]

일반적으로는 입력에 따라 출력이 결정되는 시스템을 생각하면 변수와 함수의 관계를 이해하기가 더 쉬울 것으로 생각된다.

즉 독립변수가 입력이 되면 종속변수는 출력이 되는 관계를 나타내는 것이다. [그림 1-3]은 변수와 함수의 관계, 즉 독립변수와 종속변수의 관계를 입출력 관계로 나타낸 것이다.

■ 입출력 시스템 : 독립변수와 종속변수의 관계

[그림 1-3]

예를 들어 $y=f(x)=2x$의 관계를 그림으로 나타내면 다음과 같다.

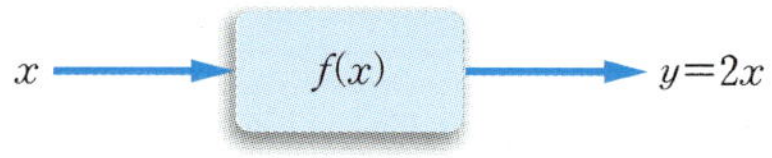

[그림 1-4]

■ 정의역과 치역

임의의 함수가 정의될 수 있는 모든 수의 집합을 **정의역**domain이라고 한다. 함수 $y=f(x)$는 오직 정의역 안에서만 입력이 되는 변수 x 값을 취할 수 있다. 함수 $y=f(x)$라는 관계를 통해 정의역을 구성하는 x의 집합에 대응되는 y의 집합을 **치역**range이라고 한다. [그림 1-5]는 정의역과 치역의 관계를 나타낸 것이다.

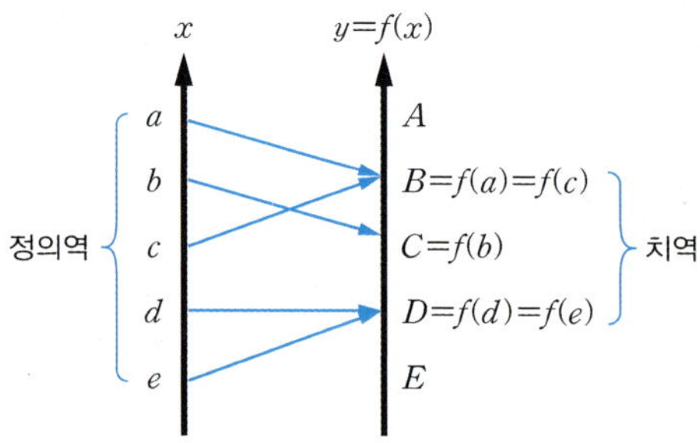

[그림 1-5]

정의역에 있는 임의의 원소 $x=a$가 함수 $y=f(x)$를 거쳐 치역에 있는 임의의 원소 $y=B$에 대응될 때 다음과 같은 식으로 표현한다.

$$f(a)=B \tag{1.4}$$

■ 함숫값

여기서 B를 $x=a$에서 $y=f(x)$의 **함숫값**function value이라고 한다.

예제 1-2

$f(x)=2x^2+3$일 때 다음 함숫값을 계산하라.

(a) $f(2)$

(b) $f(-2i)$

(c) $f(t-2)$

(d) $f\left(\frac{x}{5}\right)$

> **key point**
> 정의역 $x=a$가 치역 $y=B$에 대응될 때 함숫값의 표현 : $f(a)=B$

풀이

(a) $f(2)=2(2)^2+3=11$

(b) $f(-2i)=2(-2i)^2+3=-5$

(c) $f(t-2)=2(t-2)^2+3=2t^2-8t+11$

(d) $f\left(\frac{x}{5}\right)=2\left(\frac{x}{5}\right)^2+3=\frac{2x^2}{25}+3$

예제 1-3

$f(x)=\frac{x}{100}$일 때 다음을 구하라.

(a) $f(100x)$

(b) $f(-x+100)$

(c) $f(x^2)$

(d) $f\left(\frac{x}{5}\right)$

> **key point**
> $f(a)=B$의 관계를 생각해본다.

풀이

(a) $f(100x)=\frac{100x}{100}=x$

(b) $f(-x+100)=\frac{-x+100}{100}=-\frac{x}{100}+1$

(c) $f(x^2)=\frac{x^2}{100}$

(d) $f\left(\frac{x}{5}\right)=\frac{\frac{x}{5}}{100}=\frac{x}{500}$

1.1.3 함수와 구간

함수 $f(x)$에는 정의역과 치역이 존재하게 되며, 정의역과 치역은 구간[1]으로 정해진다. 상황에 따라서 구간을 정하는 두 점이 모두 포함 또는 제외되거나 혹은 한 쪽만 포함될 수도 있다. 이와 같이 여러 가지 형태로 주어지는 구간에 대한 표시법을 알아보자.

1 구간이란 임의의 범위 안에 포함되는 실수의 집합을 의미하며, 수직선 위의 두 점 사이에 놓인 점들의 집합이라고도 할 수 있다.

x축에서 구간의 처음과 끝을 나타내는 두 점을 a와 b라고 할 때, 나타낼 수 있는 구간을 정리하면 다음과 같다. 이들 각 구간을 그림으로 나타낸 것이 [그림 1-6]이다.

■ 구간의 분류 및 표시법

❶ a와 b를 모두 포함하는 구간 $a \le x \le b$를 **폐구간**closed interval이라고 하며, $[a, b]$로 표시한다.

❷ a와 b를 모두 포함하지 않는 구간 $a < x < b$를 **개구간**open interval이라고 하며, (a, b)로 표시한다.

❸ a는 포함하고 b는 포함하지 않는 구간 $a \le x < b$는 $[a, b)$로 표시하고, a는 포함하지 않고 b는 포함하는 구간 $a < x \le b$는 $(a, b]$로 표시한다. 이런 경우는 한 쪽만 열려있다(또는 한쪽만 닫혀있다)고 해서 **반개구간**half open interval 또는 **반폐구간**half closed interval이라고 한다.

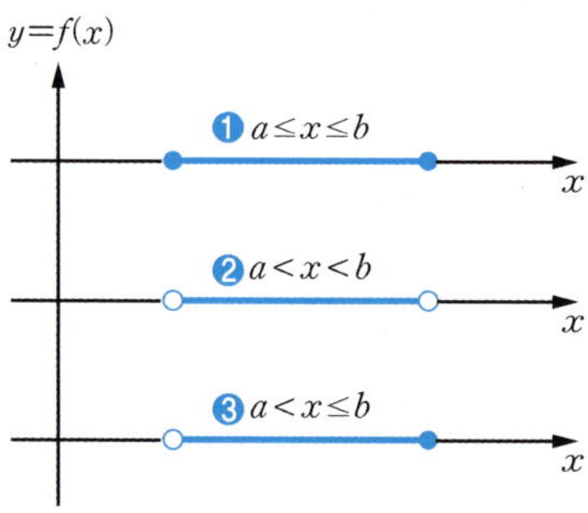

[그림 1-6]

예제 1-4

key point
정의할 수 있는 구간인 정의역과 그에 대응되는 구간인 치역으로 구분한다.

다음 함수의 정의역과 치역을 구간으로 표시하라.

(a) $y = f(x) = x$

(b) $y = f(x) = \sqrt{2 - x^2}$

풀이

(a) x는 어떤 점에서도 정의할 수 있고, $f(x) = x$ 또한 어떤 점에서도 대응이

가능하므로 정의역은 $(-\infty, \infty)$이고, 치역도 $(-\infty, \infty)$이다.

(b) $2-x^2 \geq 0$이 되어야 하므로 $x^2 \leq 2$, $-\sqrt{2} \leq x \leq \sqrt{2}$ 이다. 따라서 정의역은 $[-\sqrt{2}, \sqrt{2}]$이다. $f(-\sqrt{2})=f(\sqrt{2})=\sqrt{2-2}=0$은 최소 함숫값이고, $f(0)=\sqrt{2-0}=\sqrt{2}$는 최고 함숫값이 되므로 치역은 $[0, \sqrt{2}]$이다.

예제 1-5

함수 $y=f(x)=x^2$의 정의역과 치역을 구간으로 표시하라.

> **key point**
> 정의역과 치역의 범위를 생각하여 함수의 그래프를 그려본다.

풀이

x는 어떤 점에서도 정의할 수 있으므로 정의역은 $(-\infty, \infty)$이고, 함수 $f(x)=x^2$은 양(+)의 영역에서만 대응이 가능하므로 치역은 $[0, \infty)$이다. 이 결과는 [그림 1-7]과 같이 $y=f(x)=x^2$의 그래프를 그려보면 더 쉽게 이해할 수 있다.

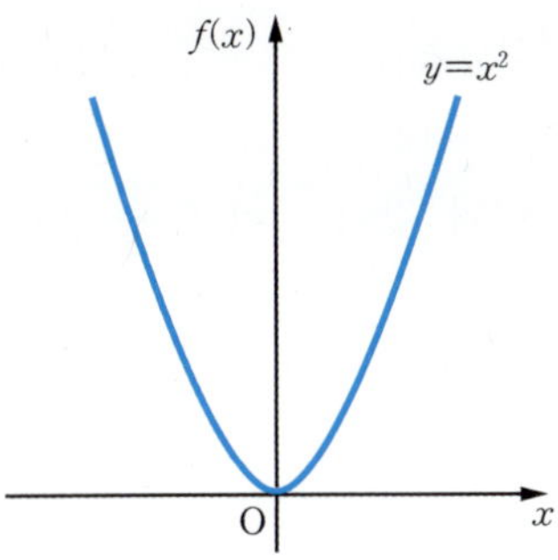

[그림 1-7]

1.2 일차함수와 거듭제곱함수

1.2.1 일차함수

일차함수를 정의하기 전에 우선 일차함수에 포함되는 상수의 개념을 함수의 입장에서 살펴보자. 예를 들어 2라는 상수가 존재할 때, $f(x)=2$라는 극히 단순한 함수를 생각할 수도 있다.

■ 상수함수

즉 독립변수 x의 값에는 상관없이 항상 2라는 값만 가지는 함수인 것이다. 이와 같은 함수를 **상수함수**constant function라고 하며, 다음과 같은 식으로 표현할 수 있다.

$$y = f(x) = c \ (c\text{는 상수}) \tag{1.5}$$

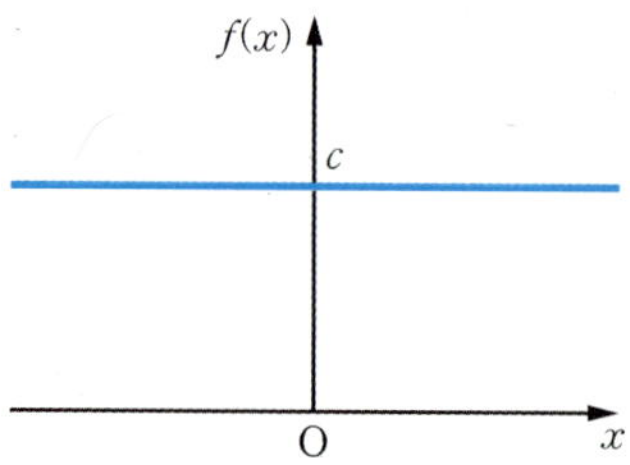

[그림 1-8]

■ 일차함수

다음에 y가 x의 일차식으로 표현되는 다음과 같은 형태의 함수를 **일차함수**linear function라고 한다.

$$y = f(x) = ax + b \ (a,\ b\text{는 상수}) \tag{1.6}$$

식 (1.6)과 같은 일차함수의 그래프는 [그림 1-9]와 같이 나타낼 수 있다.

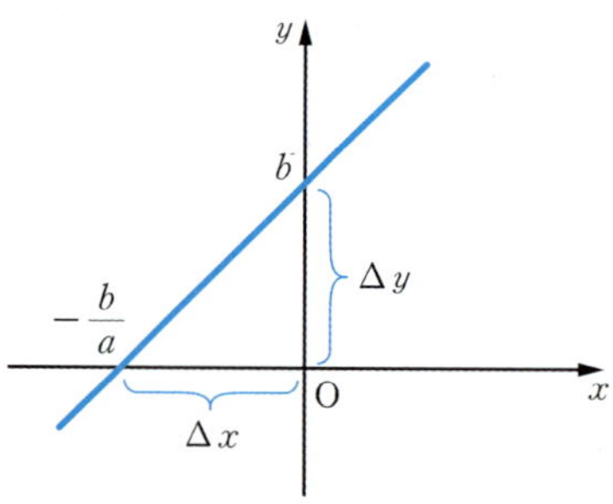

[그림 1-9]

기울기는 x의 증가에 따라 y가 증가한 비율을 의미한다. 그러므로 기울기는 다음과 같이 나타낼 수 있다.

$$\text{기울기} = \frac{\Delta y}{\Delta x} \tag{1.7}$$

식 (1.7)을 토대로 [그림 1-9]와 같은 일차함수로 표현되는 직선의 기울기를 계산하면 다음과 같다.

$$\text{일차함수에서의 기울기} = \frac{\Delta y}{\Delta x} = \frac{b}{\frac{b}{a}} = a$$

■ 함수 $y=ax+b$의 기울기

따라서 일차함수에서 일차 항의 계수인 a는 일차함수가 나타내는 직선의 기울기가 됨을 알 수 있다.

예제 1-6

다음과 같은 일차함수에서의 기울기를 구하라.

(a) $y=2x$ (b) $y=x+\sqrt{2}$

(c) $2y=-4x+3$ (d) $\frac{1}{5}x=2y+\frac{2}{5}$

key point
일차함수 $y=ax+b$의 기울기는 a

풀이

(a) $y=2x$는 $y=ax+b$의 형태로 생각하면 $a=2$이므로 기울기는 2가 된다.

(b) $y=x+\sqrt{2}$는 $y=ax+b$의 형태로 생각하면 $a=1$이므로 기울기는 1이 된다.

(c) $2y=-4x+3$을 $y=ax+b$의 형태로 정리하면 $y=-2x+\frac{3}{2}$이므로 기울기는 -2이다.

(d) $\frac{1}{5}x=2y+\frac{2}{5}$를 $y=ax+b$의 형태로 정리하면 $y=\frac{1}{10}x-\frac{1}{5}$이므로 기울기는 $\frac{1}{10}$이다.

1.2.2 거듭제곱함수

■ 거듭제곱함수

다음과 같이 독립변수 x가 일차 이상으로 이루어져 있는 함수를 **거듭제곱함수**power function라고 한다.

$$y=f(x)=ax^n \quad (n=1,\ 2,\ 3,\ \cdots) \tag{1.8}$$

식 (1.8)과 같은 거듭제곱함수는 거듭제곱을 나타내는 상수 n이 짝수인지 홀수인지에 따라 다른 특성을 나타낸다. 이러한 사실을 확인하기 위하여 n

이 짝수인 경우와 홀수인 경우로 나눈 거듭제곱함수의 그래프를 [그림 1-10]에 나타내었다.

■ 거듭제곱함수 그래프의 특징

$a>0$일 때,

• **n이 짝수인 경우의 그래프 특징**
제1사분면의 모양이 y축에 대칭인 형태로 제2사분면에 나타나서 사발 모양의 형태를 이룬다.

• **n이 홀수인 경우의 그래프 특징**
제1사분면의 그래프가 원점을 꼭짓점으로 하여 180도 회전하여 제3사분면에 나타나는 형태를 이룬다.

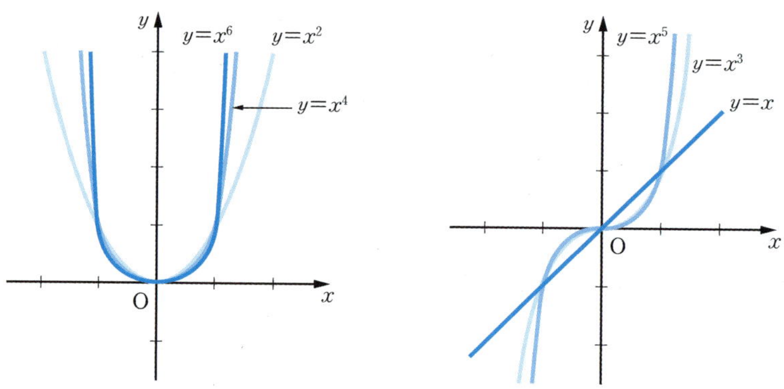

(a) n이 짝수인 경우 (b) n이 홀수인 경우

[그림 1-10]

여기서 상수 n이 짝수인지 홀수인지에 상관없이 성립하는 공통된 성질은 n이 증가할수록 y축에 가까이 붙게 된다는 것이다.

예제 1-7

key point
$f(x)=ax^n$

거듭제곱함수 $f(x)=5x^n(n=1,\ 2,\ 3,\ \cdots)$에 대하여 다음 값을 구하라.

(a) $f(1)$ (b) $f(-1)$ ($n=$ 홀수)

(c) $f(5)$ (d) $f(-3)$ ($n=2$)

풀이

(a) $f(1)=5(1)^n=5$

(b) $f(-1)=5(-1)^n$이 되는데, n이 홀수라는 조건이 있으므로

$f(-1)=5(-1)^n=5(-1)=-5$이다.

(c) $f(5)=5(5)^n=5^{n+1}$

(d) $f(-3)=5(-3)^n$이 되는데, $n=2$라는 조건이 있으므로
$f(-3)=5(-3)^n=5(-3)^2=45$가 된다.

다음과 같이 거듭제곱함수 중에서도 음의 거듭제곱함수를 생각할 수 있다.

$$y=f(x)=ax^{-n}=\frac{a}{x^n}\quad(n=1,\ 2,\ 3,\ \cdots) \tag{1.9}$$

■ 음의 거듭제곱함수

음의 거듭제곱함수는 $x\neq0$인 모든 x에 대해 정의할 수 있으며, 양의 거듭제곱함수의 경우처럼 n이 짝수인지 홀수인지에 따라 그래프의 모양이 달라진다. [그림 1-11]은 대표적인 음의 거듭제곱함수의 그래프를 나타낸 것이다.

■ 음의 거듭제곱함수의 그래프 특징

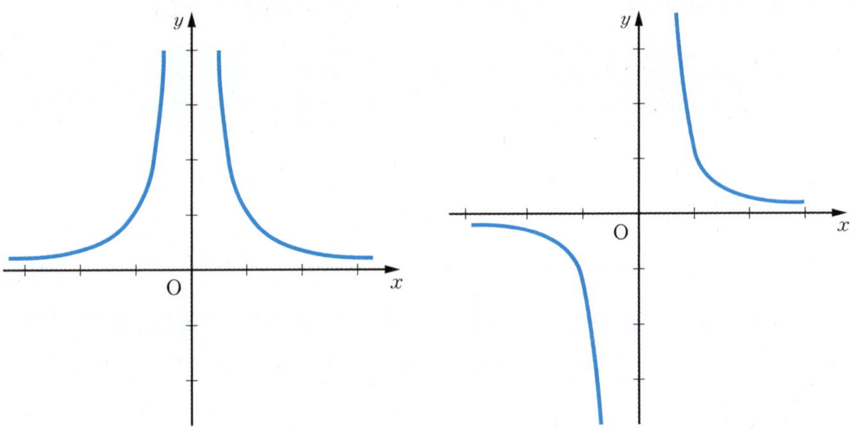

(a) $y=x^{-2}\ (n=2)$　　(b) $y=x^{-3}\ (n=3)$

[그림 1-11]

여기서 n이 짝수일 때에는 제1, 2사분면에, 홀수일 때에는 제1, 3사분면에 그래프가 나타난다.

다음에는 분수의 거듭제곱함수를 생각해보자. n이 양수인 경우, 분수의 거듭제곱함수는 제곱근을 의미한다. 즉 $x^{\frac{1}{n}}$은 n제곱근이 되는데, 다음과 같이 나타낼 수 있다.

■ 분수의 거듭제곱함수

$$y = f(x) = x^{\frac{1}{n}} = \sqrt[n]{x} \quad (n = 2,\ 3,\ \cdots) \tag{1.10}$$

[그림 1-12]는 분수의 거듭제곱함수의 예로 n이 짝수인 경우와 홀수인 경우를 구분하여 표현한 것이다.

■ 분수의 거듭제곱함수의 그래프 특징

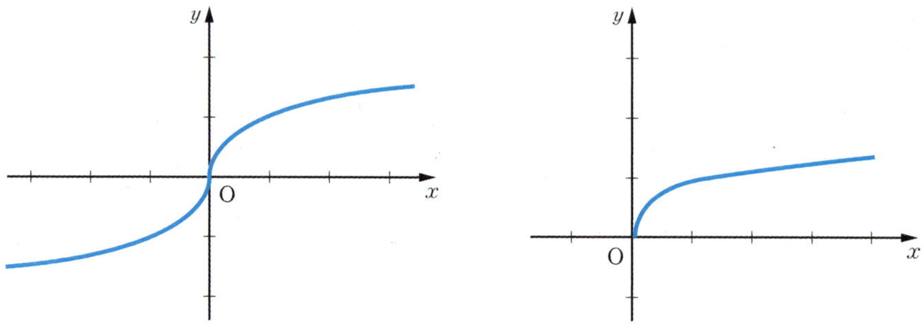

(a) $y=x^{\frac{1}{3}}$ $(n=3)$ (b) $y=x^{\frac{1}{4}}$ $(n=4)$

[그림 1-12]

■ 다항함수와 계수

거듭제곱함수들과 상수를 더한 것을 **다항함수**polynomial function라고 한다. 다항함수의 일반적인 형태는 다음과 같은 식으로 나타낼 수 있다.

$$y = f(x) = a_n x^n + a_{n-1}x^{n-1} + \cdots + a_2 x^2 + a_1 x + a_0 \tag{1.11}$$

여기서 n은 양수이고, 상수인 a_0, a_1, $\cdots$, a_n을 **계수**coefficient라고 한다.

결과적으로 다항함수에서 x에 대한 일차식까지만 존재하는 것이 일차함수라는 사실을 알 수 있으며, 그 이상의 차수까지 존재하는 것은 차수가 높아질수록 최고 차수를 감안하여 이차함수, 삼차함수 등으로 부르는 것이다.

예제 1-8

key point

$f(x) = ax^{-n} = \dfrac{a}{x^n}$

음의 거듭제곱함수 $f(x) = 5x^{-n}$ $(n = 1,\ 2,\ 3,\ \cdots)$에 대하여 다음 값을 구하라.

(a) $f(1)$ (b) $f(-1)$ ($n=$ 홀수)

(c) $f(5)$ (d) $f(-3)$ $(n = 2)$

풀이

(a) $f(1) = 5(1)^{-n} = 5$

(b) $f(-1) = 5(-1)^{-n}$이 되는데, n이 홀수이므로

$f(-1) = \dfrac{5}{(-1)^n} = \dfrac{5}{-1} = -5$이다.

(c) $f(5)=5(5)^{-n}=5^{1-n}$

(d) $f(-3)=5(-3)^{-n}=5(-3)^{-2}=\dfrac{5}{(-3)^2}=\dfrac{5}{9}$

1.3 삼각함수

1.3.1 삼각함수의 정의

[그림 1-13]과 같이 원점을 중심으로 반지름이 r인 원 위에 위치하는 점 $\mathrm{P}(x,\ y)$가 있다. 원점 $\mathrm{O}(0,\ 0)$과 점 $\mathrm{P}(x,\ y)$로 이루어진 선분과 x축과의 각도를 $\theta(0 \le \theta < 2\pi)$라고 할 때, 대표적인 삼각함수인 **사인함수**sine function, **코사인함수**cosine function, **탄젠트함수**tangent function는 각각 다음과 같이 정의된다.

■ 대표적 삼각함수

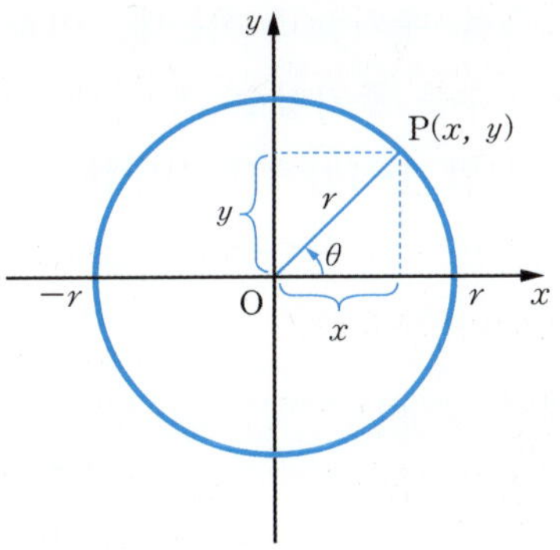

[그림 1-13]

■ 사인, 코사인, 탄젠트함수의 정의

사인함수 $$\sin\theta=\frac{y}{r} \tag{1.12}$$

코사인함수 $$\cos\theta=\frac{x}{r} \tag{1.13}$$

탄젠트함수 $$\tan\theta=\frac{\sin\theta}{\cos\theta}=\frac{y}{x} \tag{1.14}$$

(단, $x \neq 0,\ y \neq 0$)

[그림 1-14]는 사인함수, 코사인함수, 탄젠트함수의 그래프를 나타낸 것이다.

■ 사인, 코사인, 탄젠트함수의 그래프

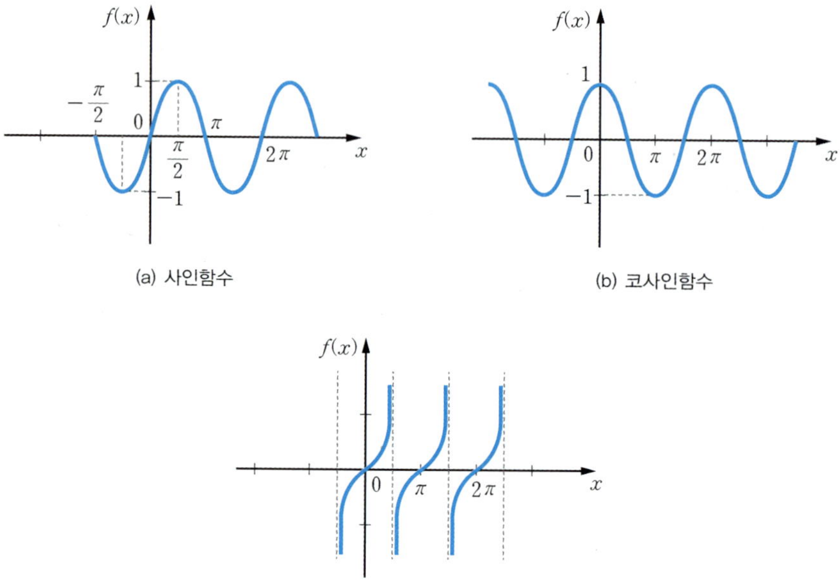

(a) 사인함수

(b) 코사인함수

(c) 탄젠트함수

[그림 1-14]

[그림 1-14]와 같이 같은 모양이 반복되는 것을 주기라고 하는데, 이와 같이 어떤 주기를 가지고 함숫값이 반복되는 함수를 **주기함수**periodic function 고 한다. 삼각함수들은 모두 주기함수이다. [그림 1-14]에서 사인함수와 코사인함수의 주기는 각각 2π이고, 탄젠트함수의 주기는 π이다. 따라서 다음과 같이 나타낼 수 있다.

■ 삼각함수의 주기

$$\sin(\theta+2\pi)=\sin\theta \tag{1.15}$$

$$\cos(\theta+2\pi)=\cos\theta \tag{1.16}$$

$$\tan(\theta+\pi)=\tan\theta \tag{1.17}$$

■ 각도에 따른 삼각함수의 부호

사분면에서 각도 $\theta\,(0\le\theta<2\pi)$에 따른 사인함수, 코사인함수 및 탄젠트함수의 부호는 [그림 1-15]와 같이 정해진다. 이 부호들은 각 삼각함수의 그래프에서 각도에 따른 값의 위치를 통해 금방 확인할 수 있다.

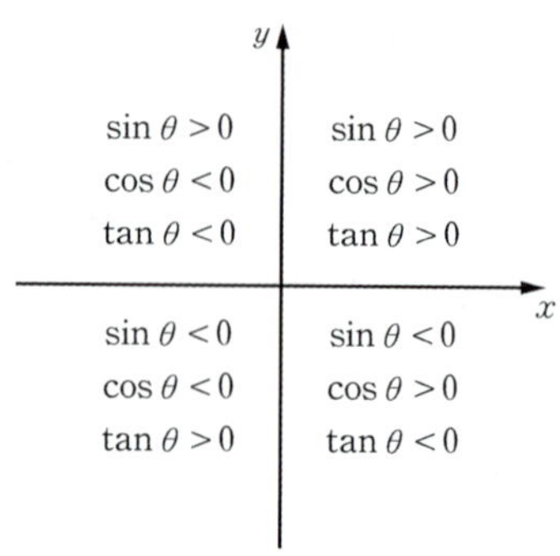

[그림 1-15]

주요한 각에서의 삼각함수의 값은 기억해 두는 것이 유용하다. [표 1-1]은 각각 0,

$\frac{\pi}{6}$, $\frac{\pi}{4}$, $\frac{\pi}{3}$, $\frac{\pi}{2}$에서 삼각함수의 값을 나타낸 것이다.

[표 1-1]

■ 삼각함수의 주요 값

60분법 x(도)	0°	30°	45°	60°	90°
호도법 x(rad)	0	$\frac{\pi}{6}$	$\frac{\pi}{4}$	$\frac{\pi}{3}$	$\frac{\pi}{2}$
$\sin x$	0	$\frac{1}{2}$	$\frac{1}{\sqrt{2}}$	$\frac{\sqrt{3}}{2}$	1
$\cos x$	1	$\frac{\sqrt{3}}{2}$	$\frac{1}{\sqrt{2}}$	$\frac{1}{2}$	0
$\tan x$	0	$\frac{1}{\sqrt{3}}$	1	$\sqrt{3}$	∞

[표 1-1]에 병기한 60분법과 호도법 간에는 기본적으로

$$360° = 2\pi\,\text{rad},\ \ 1° = \frac{\pi}{180}\text{rad},\ \ 1\,\text{rad} \approx 57.3°$$

와 같은 관계가 있다. 따라서 다음과 같은 방법으로 상호 변환해서 사용할 수 있다.

$$x° = \frac{\pi x}{180}\,\text{rad},\ \ x\ \text{rad} = \frac{180x}{\pi}°$$

■ 대표적 삼각함수의 역수

삼각함수의 역수인 **코시컨트함수**cosecant function, **시컨트함수**secant function, **코탄젠트함수**cotangent function는 각각 다음과 같이 정의한다. 이때, $x \neq 0$, $y \neq 0$이어야 한다.[2]

2 다음 삼각형을 생각한다.

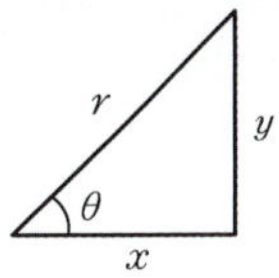

$$\operatorname{cosec}\theta = \csc\theta = \frac{1}{\sin\theta} = \frac{r}{y} \tag{1.18}$$

$$\sec\theta = \frac{1}{\cos\theta} = \frac{r}{x} \tag{1.19}$$

$$\cot\theta = \frac{1}{\tan\theta} = \frac{\cos\theta}{\sin\theta} = \frac{x}{y} \tag{1.20}$$

(단, $x \neq 0$, $y \neq 0$)

예제 1-9

key point

$\sin\theta = \frac{y}{r}$, $\cos\theta = \frac{x}{r}$,

$\tan\theta = \frac{\sin\theta}{\cos\theta}$,

$\mathrm{cosec}\,\theta = \frac{1}{\sin\theta}$,

$\sec\theta = \frac{1}{\cos\theta}$,

$\cot\theta = \frac{1}{\tan\theta}$

[그림 1-16]과 같이, 원점 O(0, 0)을 중심으로 한 반지름이 1인 원 위에 점 P(a, b)가 있다. x축에서 선분 OP까지 반시계방향으로 이루어지는 각도를 α라고 할 때, 다음 값을 구하라.

(a) $\sin\alpha$ (b) $\cos\alpha$

(c) $\tan\alpha$ (d) $\mathrm{cosec}\,\alpha$

(e) $\sec\alpha$ (f) $\cot\alpha$

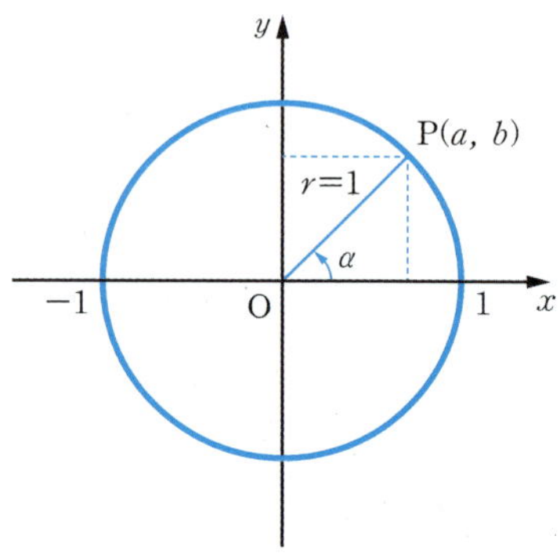

[그림 1-16]

풀이

(a) $\sin\theta = \frac{y}{r}$에 $r=1$, $y=b$, $\theta=\alpha$를 대입하면 $\sin\alpha = \frac{b}{1} = b$가 된다.

(b) $\cos\theta = \frac{x}{r}$에 $r=1$, $x=a$, $\theta=\alpha$를 대입하면 $\cos\alpha = \frac{a}{1} = a$가 된다.

(c) $\tan\theta = \frac{\sin\theta}{\cos\theta}$이므로 $\tan\alpha = \frac{\sin\alpha}{\cos\alpha} = \frac{b}{a}$이다.

(d) $\mathrm{cosec}\,\theta = \frac{1}{\sin\theta}$이므로 $\mathrm{cosec}\,\alpha = \frac{1}{\sin\alpha} = \frac{1}{b}$이다.

(e) $\sec\theta = \frac{1}{\cos\theta}$이므로 $\sec\alpha = \frac{1}{\cos\alpha} = \frac{1}{a}$이다.

(f) $\cot\theta = \frac{1}{\tan\theta}$이므로 $\cot\alpha = \frac{1}{\tan\alpha} = \frac{1}{\frac{b}{a}} = \frac{a}{b}$이다.

예제 1-10

key point

각도에 따른 삼각함수의 값을 생각한다.

다음과 같은 조건을 만족하는 삼각함수의 각도 θ는 몇 사분면에 위치하는가?

(a) $\cos\theta > 0$, $\tan\theta < 0$ (b) $\sin\theta < 0$, $\tan\theta > 0$

(c) $\sin\theta > 0$, $\cos\theta > 0$ (d) $\cos\theta < 0$, $\tan\theta < 0$

풀이

사분면에서 각도 θ $(0 \le \theta < 2\pi)$에 따른 각 삼각함수의 부호는 [그림 1-15]를 참고하면 알 수 있다.[3]

(a) 제4사분면 (b) 제3사분면

(c) 제1사분면 (d) 제2사분면

3 사분면에서 삼각함수 값의 부호가 (+)인 경우는 간단히 다음과 같이 나타낼 수 있다.

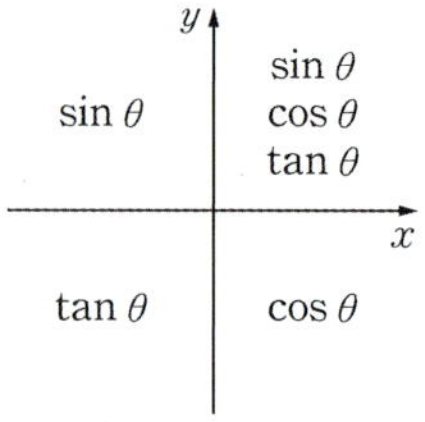

1.3.2 삼각함수의 공식

다음은 삼각함수의 기본적인 공식들을 나타낸 것이다. 이 공식들을 잘 활용하면 삼각함수가 포함된 연산을 보다 쉽게 처리할 수 있다.

정리 1-1 삼각함수의 기본 공식

(1) $\sin^2 x + \cos^2 x = 1$　　　$1 + \cot^2 x = \operatorname{cosec}^2 x$

$\tan^2 x + 1 = \sec^2 x$

(2) $\sin(-x) = -\sin x$　　　$\cos(-x) = \cos x$

$\tan(-x) = -\tan x$

(3) $\sin(x \pm y) = \sin x \cos y \pm \cos x \sin y$

$\cos(x \pm y) = \cos x \cos y \mp \sin x \sin y$

$\tan(x \pm y) = \dfrac{\tan x \pm \tan y}{1 \mp \tan x \tan y}$

(4) $\sin\left(\dfrac{\pi}{2} - x\right) = \cos x$　　　$\cos\left(\dfrac{\pi}{2} - x\right) = \sin x$

$\tan\left(\dfrac{\pi}{2} - x\right) = \dfrac{1}{\tan x}$

(5) $\sin 2x = 2\sin x \cos x$　　　$\cos 2x = \cos^2 x - \sin^2 x$

$\tan 2x = \dfrac{2\tan x}{1 - \tan^2 x}$

(6) $\sin^2 x = \dfrac{1}{2}(1 - \cos 2x)$　　　$\cos^2 x = \dfrac{1}{2}(1 + \cos 2x)$

$\tan^2 x = \dfrac{1 - \cos 2x}{1 + \cos 2x}$

(7) $\sin x \cos y = \dfrac{1}{2}\{\sin(x+y) + \sin(x-y)\}$

$\cos x \sin y = \dfrac{1}{2}\{\sin(x+y) - \sin(x-y)\}$

$\cos x \cos y = \dfrac{1}{2}\{\cos(x+y) + \cos(x-y)\}$

$\sin x \sin y = \dfrac{1}{2}\{\cos(x-y) - \cos(x+y)\}$

예제 1-11

$\sin\theta = a$, $\cos\theta = b$, $\tan\theta = c$일 때, 다음 값을 구하라.

(a) $\sin(-\theta) + \cos(-\theta)$　　　(b) $\cot\left(\dfrac{\pi}{2} - \theta\right)$

key point
삼각함수의 기본공식을 활용한다.

(c) $\sin 2\theta$ (d) $\sec 2\theta$

(e) $\tan^2\theta$ (f) $\sin(\theta+\pi)+\sin(\theta-\pi)$

풀이

(a) $\sin(-\theta)+\cos(-\theta)=-\sin\theta+\cos\theta=-a+b$

(b) $\cot\left(\frac{\pi}{2}-\theta\right)=\dfrac{1}{\tan\left(\frac{\pi}{2}-\theta\right)}=\dfrac{1}{\frac{1}{\tan\theta}}=\tan\theta=c$

(c) $\sin 2\theta=\sin(\theta+\theta)=\sin\theta\cos\theta+\cos\theta\sin\theta=ab+ba=2ab$

(d) $\sec 2\theta=\dfrac{1}{\cos 2\theta}=\dfrac{1}{\cos(\theta+\theta)}=\dfrac{1}{\cos\theta\cos\theta-\sin\theta\sin\theta}=\dfrac{1}{b^2-a^2}$

(e) $\tan^2\theta=(\tan\theta)^2=\left(\dfrac{\sin\theta}{\cos\theta}\right)^2=\left(\dfrac{a}{b}\right)^2=\dfrac{a^2}{b^2}$

(f) $\sin x\cos y=\frac{1}{2}\{\sin(x+y)+\sin(x-y)\}$를 이용하면

$\sin(\theta+\pi)+\sin(\theta-\pi)=2\sin\theta\cos\pi=2a(-1)=-2a$

예제 1-12

key point
삼각함수의 기본공식과 특수각에서의 삼각함수의 값을 이용한다.

다음 값을 구하라.

(a) $\tan\left(-\frac{\pi}{4}\right)$ (b) $\sin\frac{5}{12}\pi$

(c) $\cos\frac{2}{3}\pi$ (d) $\sin\frac{11\pi}{36}\sin\frac{7\pi}{36}$ (단, $\cos\frac{\pi}{9}=\alpha$로 표현한다.)

풀이

(a) $\tan\left(-\frac{\pi}{4}\right)=-\tan\frac{\pi}{4}=-1$

(b) $\sin\frac{5}{12}\pi=\sin\left(\frac{\pi}{6}+\frac{\pi}{4}\right)=\sin\frac{\pi}{6}\cos\frac{\pi}{4}+\cos\frac{\pi}{6}\sin\frac{\pi}{4}$

$=\frac{1}{2}\cdot\frac{1}{\sqrt{2}}+\frac{\sqrt{3}}{2}\cdot\frac{1}{\sqrt{2}}=\frac{1+\sqrt{3}}{2\sqrt{2}}=\frac{\sqrt{2}+\sqrt{6}}{4}$

(c) $\cos\frac{2}{3}\pi=\cos 2\cdot\frac{\pi}{3}=\cos^2\frac{\pi}{3}-\sin^2\frac{\pi}{3}=\left(\frac{1}{2}\right)^2-\left(\frac{\sqrt{3}}{2}\right)^2=-\frac{1}{2}$

(d) $\sin\frac{11\pi}{36}\sin\frac{7\pi}{36}=\frac{1}{2}\left\{\cos\left(\frac{11\pi}{36}-\frac{7\pi}{36}\right)-\cos\left(\frac{11\pi}{36}+\frac{7\pi}{36}\right)\right\}$

$=\frac{1}{2}\left(\cos\frac{\pi}{9}-\cos\frac{\pi}{2}\right)=\frac{1}{2}\left(\cos\frac{\pi}{9}-\cos\frac{\pi}{2}\right)=\frac{\alpha}{2}$

1.3.3 역삼각함수

사인함수 $\sin\theta$의 값이 y라고 하면, $y=\sin\theta$로 쓸 수 있다. 이때 θ를 y의 **역사인함수**inverse sine function라고 하고, 다음과 같이 표현한다.

$$\theta=\sin^{-1}y=\arcsin y \tag{1.21}$$

■ 역사인함수

$y=\cos\theta$나 $y=\tan\theta$인 경우에도 똑같이 적용할 수가 있다. 즉

$$\theta=\cos^{-1}y=\arccos y \tag{1.22}$$

■ 역코사인함수

은 **역코사인함수**inverse cosine function라고 하고,

$$\theta=\tan^{-1}y=\arctan y \tag{1.23}$$

■ 역탄젠트함수

은 **역탄젠트함수**inverse tangent function라고 한다.

이와 같이 삼각함수의 역을 **역삼각함수**inverse trigonometric function라고 한다. 한 가지 주의할 점은 θ에 대한 y의 값은 하나 존재하는 것이 일반적이지만, y에 대한 θ의 값은 무수히 존재할 수 있다는 것이다. 예를 들어 $\frac{\pi}{2}$에 대하여 $y=\sin\frac{\pi}{2}$의 값은 1로 정해지지만, 1의 값을 가지는 $\sin\theta$에서 $\theta=\sin^{-1}1$의 값은 $\frac{\pi}{2}$만이 아니라, $\frac{5}{2}\pi$, $\frac{9}{2}\pi$, $\frac{13}{2}\pi$ 등 무수히 존재한다는 것이다.

예제 1-13

다음 값을 구하라. 단, $\theta\geq 0$인 최솟값을 구하라.

(a) $\cos^{-1}1$

(b) $\sin^{-1}1$

(c) $\tan^{-1}1$

key point
삼각함수의 값이 1이 되는 각도를 조사한다.

풀이

(a) $\theta=\cos^{-1}1$이 되는 θ는 0, 2π, 4π이므로 최솟값은 0이다.

(b) $\theta=\sin^{-1}1$이 되는 θ는 $\frac{1}{2}\pi$, $\frac{5}{2}\pi$, $\frac{9}{2}\pi$, $\cdots$이므로 최솟값은 $\frac{\pi}{2}$이다.

(c) $\theta=\tan^{-1}1$이 되는 θ는 $\frac{1}{4}\pi$, $\frac{5}{4}\pi$, $\frac{9}{4}\pi$, $\cdots$이므로 최솟값은 $\frac{\pi}{4}$이다.

1.4 지수함수와 로그함수

1.4.1 지수함수

a가 1이 아닌 양의 상수일 때, 식 (1.24)와 같이 나타나는 함수를 'a를 **밑**base으로 하는 **지수함수**exponential function'라고 한다.

■ 지수함수

$$y = a^x \tag{1.24}$$

[그림 1-17]은 $y = a^x$을 그래프로 나타낸 것이다.

■ 지수함수의 그래프

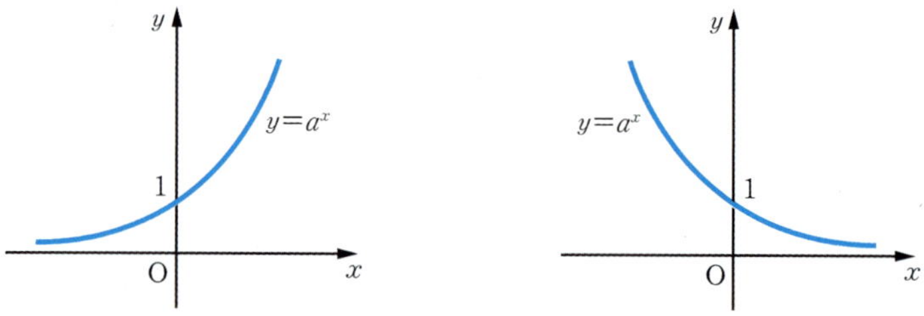

(a) $a>1$일 때 (b) $0<a<1$일 때

[그림 1-17]

미적분학에서 특히 중요한 지수함수는 다음과 같이 정의되는 **상수 e를 밑으로 하는 지수함수 e^x**이다.

■ 상수 e의 값

$$\lim_{n\to 0}\left(1+\frac{1}{n}\right)^n = 2.7182818\cdots = e \tag{1.25}$$

$y = e^x$의 그래프는 $e = 2.7182818\cdots > 1$이므로 [그림 1-17(a)]와 같은 형태가 된다.

지수함수의 기본적인 성질은 다음과 같다.

정리 1-2 지수함수의 기본성질

(1) $a^0 = 1$

(2) $a^x a^y = a^{x+y}$

(3) $(a^x)^y = a^{xy}$

(4) $\dfrac{a^x}{a^y} = a^{x-y}$

(5) $\left(\dfrac{b}{a}\right)^x = \dfrac{b^x}{a^x}$

예제 1-14

다음 값을 구하라.

(a) $3^2 \times 3^3$ (b) $(2^a)^b$

(c) $\dfrac{3^{100}}{3^{97}}$ (d) $9\left(\dfrac{2}{3}\right)^2$

> **key point**
> 지수함수의 기본성질을 이용한다.

풀이

(a) $3^2 \times 3^3 = 3^{2+3} = 3^5 = 243$ (b) $(2^a)^b = 2^{ab}$

(c) $\dfrac{3^{100}}{3^{97}} = 3^{100-97} = 3^3 = 27$ (d) $9\left(\dfrac{2}{3}\right)^2 = 3^2 \cdot \dfrac{2^2}{3^2} = 2^2 = 4$

예제 1-15

다음 값을 구하라.

(a) $a^{2x}a^{3x}$ (b) $(a^2)^{3x}$

(c) $\dfrac{a^{2x}a^{3x}}{a^{5x}}$ (d) $\left(\dfrac{e^x}{e^{-x}}\right)^2$

> **key point**
> 지수함수의 기본성질을 이용한다.

풀이

(a) $a^{2x}a^{3x} = a^{2x+3x} = a^{5x}$ (b) $(a^2)^{3x} = a^{2\times 3x} = a^{6x}$

(c) $\dfrac{a^{2x}a^{3x}}{a^{5x}} = \dfrac{a^{2x+3x}}{a^{5x}} = \dfrac{a^{5x}}{a^{5x}} = 1$ (d) $\left(\dfrac{e^x}{e^{-x}}\right)^2 = (e^{x-(-x)})^2 = (e^{2x})^2 = e^{4x}$

Check it up!

✔ 자연지수함수 e^x과 오일러 공식

스위스의 수학자이나 물리학자인 오일러Leonhard Euler, 1707~1783는 상수 e의 성질을 이용해 오일러 공식을 유도하였다. 오일러 공식은 수학, 공학, 물리학에서 매우 중요한 공식이다. 특히 오일러의 공식은 삼각함수와 지수함수 간의 변환이 가능하게 해주기 때문에, 미분방정식의 풀이 및 라플라스 변환 등에서 요긴하게 사용된다.

오일러의 공식

$e^{ix} = \cos x + i\sin x$

$e^{i\pi} + 1 = 0$

1.4.2 로그함수

$a>0$, $a\neq 1$, $y>0$인 실수 a와 x에 대하여 $a^y=x$를 만족하는 다음과 같은 함수를 'a를 밑으로 하는 **로그함수**logarithmic function'라고 한다.

■ 로그함수

$$y=\log_a x \tag{1.26}$$

[그림 1-18]은 $y=\log_a x$를 그래프로 나타낸 것이다.

■ 로그함수의 그래프

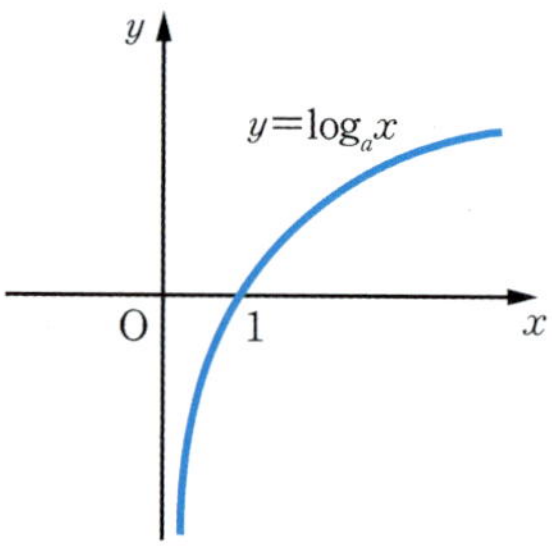

(a) $a>1$일 때

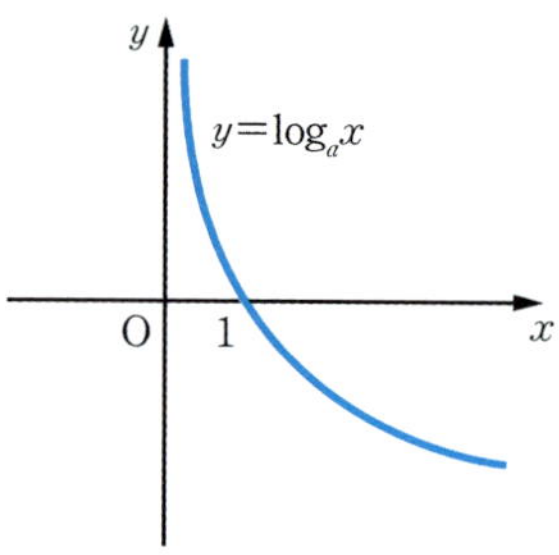

(b) $0<a<1$일 때

[그림 1-18]

특히 상수 e를 밑으로 하는 로그함수를 **자연로그함수**natural logarithmic function라고 한다.

■ 자연로그함수

$$y=\log_e x=\ln x \tag{1.27}$$

자연로그함수 $y=\ln x$의 그래프는 $e>1$이므로 [그림 1-18(a)]와 같은 형태이다.

로그함수의 기본적인 성질은 다음과 같다.

정리 1-3 로그함수의 기본성질

(1) $\log_a 1=0$, $\log_a a=1$

(2) $\log_a xy=\log_a x+\log_a y$

(3) $\log_a \dfrac{x}{y}=\log_a x-\log_a y$

(4) $\log_a x^y=y\log_a x$

(5) $\log_x y=\dfrac{\log_a y}{\log_a x}$

예제 1-16

A가 다음과 같은 값을 가질 때, $\log_a A$의 값을 구하라(단, $\log_a b = n$으로 표현한다).

(a) $A = ab$　　(b) $A = \frac{a}{b}$

(c) $A = b^{100}$　　(d) $A = (ab)^3$

> **key point**
> $\log_a A$에서 A에 주어진 A 값을 대입한 후, 로그함수의 기본성질을 이용한다.

풀이

(a) $\log_a A = \log_a ab = \log_a a + \log_a b = 1 + \log_a b = 1 + n$

(b) $\log_a A = \log_a \frac{a}{b} = \log_a a - \log_a b = 1 - \log_a b = 1 - n$

(c) $\log_a A = \log_a b^{100} = 100\log_a b = 100n$

(d) $\log_a A = \log_a (ab)^3 = 3\log_a ab = 3(\log_a a + \log_a b) = 3(1+n)$

예제 1-17

다음 값을 간단히 하라.

(a) $\log A + \log x$　　(b) $\ln A - \ln x$

(c) $2\log_a x + \log_a y$　　(d) $\log_a x \log_a y^{-1}$

> **key point**
> 로그함수의 기본성질을 이용한다.

풀이

(a) $\log A + \log x = \log Ax$

(b) $\ln A - \ln x = \ln \frac{A}{x}$

(c) $2\log_a x + \log_a y = \log_a x^2 + \log_a y = \log_a x^2 y$

(d) $\log_a x \log_a y^{-1} = \frac{\log_a x}{\log_a y} = \log_y x$

1.4.3 역함수

함수 $y = f(x)$를, 입력 x에 대해 $f(x)$라는 출력을 얻는 시스템이라고 가정해보자. 그리고 또 다시, 출력인 $f(x)$를 입력으로 했을 때 원래 입력이었던 x를 출력으로 얻을 수 있는 시스템 $g(x)$를 생각할 수 있다. 즉 원

시스템의 출력이었던 $f(x)$로부터 원 시스템의 입력이었던 x를 구할 수 있는 시스템인 것이다. [그림 1-19]에 이러한 과정을 나타내었다.

■ x와 $f(x)$의 입출력 시스템

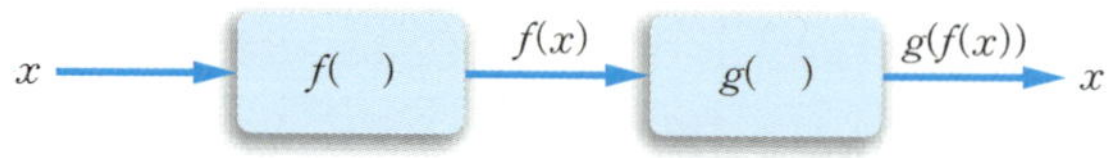

[그림 1-19]

[그림 1-19]를 통해 다음 식을 도출할 수 있다.

■ 역함수

$$g(f(x)) = x \tag{1.28}$$

이때 함수 $g(x)$를 함수 $f(x)$의 **역함수** inverse function라고 한다. 일반적으로 A의 역함수는 A^{-1}과 같이 표현하므로 [그림 1-19]의 과정을 다음과 같은 식으로 나타낼 수 있다.

■ 역함수의 정의식

$$f(f^{-1}(x)) = f^{-1}(f(x)) = x \tag{1.29}$$

대표적인 예로 지수함수와 로그함수는 역함수의 관계에 있다. 즉 x를 지수함수 $f(x) = e^x$에 대입하면 출력은 $e^x = y$가 된다. 이것을 로그함수 $g(y) = \ln y$에 입력으로 사용하면

$$g(y) = g(e^x) = \ln e^x = x$$

가 되므로, 결국 최종적인 출력은 x가 된다는 사실을 알 수 있다.

또한 순서를 바꾸어서 x를 로그함수 $f(x) = \ln x$에 대입하면 출력은 $\ln x = y$가 된다. 다음에 이 값을 로그함수 $g(y) = e^y$의 입력으로 사용하면

$$g(y) = g(\ln x) = e^{\ln x} = x$$

가 되므로 이 과정에서도 최종적인 출력은 x가 된다.

지금까지의 과정을 통해 지수함수와 로그함수는 서로 역함수 관계라는 사실을 분명히 알 수 있다. 지수함수와 로그함수가 역함수 관계에 있다는 과정을 그림으로 나타낸 것이 [그림 1-20]이다.

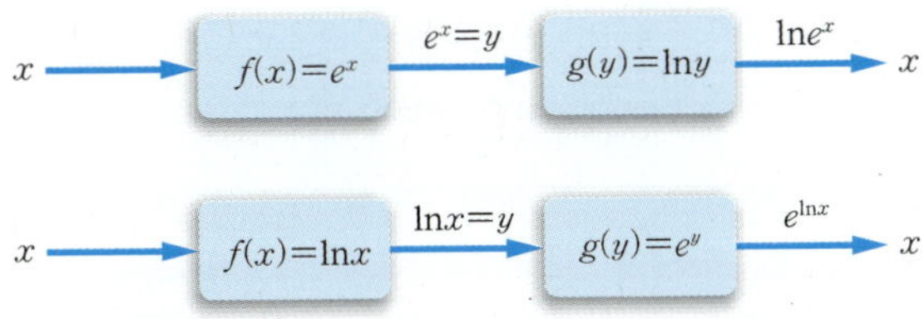

[그림 1-20]

■ 역함수 관계인 지수함수와 로그함수

예제 1-18

함수 $f(x)=5x$ 일 때, 그 역함수는 $\frac{x}{5}$ 가 된다는 사실을 증명하라.

> **key point**
> $g(f(x))=x$
> $f(x)$의 역함수는 $f^{-1}(x)$이다.

풀이

x를 입력으로 한 출력이 $f(x)=5x$ 이므로, $5x$를 입력으로 한 $g(y)$의 값이 x가 되어야 한다. 즉 $5x=y$가 되어야 한다. 따라서 $x=\frac{y}{5}$ 이므로 $g(y)=f^{-1}(y)=x=\frac{y}{5}$ 이다.

결과적으로 $f^{-1}(y)=\frac{y}{5}$ 를 x를 변수로 하는 식으로 바꾸면 $f^{-1}(x)=\frac{x}{5}$ 가 되므로 $f(x)=5x$ 의 역함수는 $f^{-1}(x)=\frac{x}{5}$ 가 된다는 사실을 알 수 있다.

Chapter 01 공학문제

■ 전류

회로이론

전류는 시간과 전하량에 대한 식으로 나타낸다. 전류는 I, t는 시간, Q는 전하량이라고 할 때, 다음 물음에 답하라.

(a) 전류를 시간 및 전하량을 변수로 하는 함수로 표현하라.

(b) 초(sec)당 전하량이 10쿨롱(C)일 때, 전류 I는 몇 암페어(A)인가?

문제 접근

전류는 도체를 통해서 전자가 이동하는 비율이다. 결국 단위시간(t)당 한 점을 통하여 흐르는 전자, 즉 전하량(Q)이 전류(I)이므로 전류는 다음과 같은 식으로 나타낼 수 있다.

$$I=\frac{Q}{t}$$

전류의 단위는 암페어(A), 전하량의 단위는 쿨롱(C)인데, 1초 동안 1쿨롱의 전하량에 해당되는 전자가 한 점을 통과할 때의 전류량을 1암페어로 정의한다.

문제 해결

(a) 전류는 전하가 일정하다고 가정하면 $I(t)=\frac{Q}{t}$와 같이 시간을 변수로 하는 함수로, 시간이 일정하다고 가정하면 $I(Q)=\frac{Q}{t}$와 같이 전하량을 변수로 하는 함수로 표현할 수 있다.

(b) $I=\frac{Q}{t}=\frac{10[\mathrm{C}]}{1[\mathrm{sec}]}=10[\mathrm{A}]$

유제 01 시간과 전하량이 각각 $t=a$, $Q=3a$일 때, 전류를 구하라.

유제 02 전류와 시간이 각각 $I=\sin a$, $t=\operatorname{cosec} a$일 때, 전하량을 구하라.

유제 03 전류와 전하량이 각각 $I=a$, $Q=b$일 때, 시간 t의 로그함수 $\log t$의 값을 구하라. $\log a$와 $\log b$의 값은 각각 3과 7이다.

■ 옴의 법칙

회로이론

전기회로에서 전류(I), 전압(V), 저항(R)의 관계를 $V=IR$로 나타낼 수 있는데, 이를 옴의 법칙이라 한다. 다음 물음에 답하라(단, 전류를 I, 전압을 V, 저항을 R로 표현한다.).

(a) 전류를 저항함수로 표현하라.

(b) 전압을 전류함수로 표현하라.

(c) 저항을 전압함수로 표현하라.

문제 접근

옴의 법칙은 전기회로 내에서의 전압, 전류 및 저항 간의 관계를 설명하는 법칙이다. 저항의 양단에 걸리는 전압이 증가하면 전류도 전압에 비례하여 증가하고, 이때 전류에 대한 전압의 비는 일정하게 유지됨을 나타낸다. 이러한 전압(V), 전류(I), 저항(R) 간의 관계는 $V=IR$로 나타낼 수 있다. 즉 전기회로에서 전압, 전류와 저항 사이에 비례관계가 성립하므로 전압, 전류, 저항 중 두 개의 값을 알면 나머지는 그 두 값에 따라서 결정된다. 따라서 전기회로에서 전압, 전류 및 저항의 관계는 다음과 같은 식으로 정의할 수 있다.

$$V=IR,\ I=\frac{V}{R},\ R=\frac{V}{I}$$

문제 해결

(a) 전류를 나타내는 옴의 법칙은 $I=\frac{V}{R}$이므로, 전압 V가 일정하다고 가정하면 저항 R을 변수로 하여 전류를 $I(R)=\frac{V}{R}$와 같이 저항함수로 나타낼 수 있다.

(b) (a)와 같은 방법으로 전압을 나타내는 식 $V=IR$에서 저항이 일정하다고 가정하면, 전압을 $V(I)=IR$과 같이 전류함수로 표현할 수 있다.

(c) 저항을 나타내는 식 $R=\frac{V}{I}$에서 전압을 변수, 전류를 상수로 취급하여 저항을 $R(V)=\frac{V}{I}$와 같이 전압함수로 나타낼 수 있다.

유제 01 전류와 전압이 각각 $I=\sin a$, $V=\cos a$일 때, 저항을 구하라.

유제 02 전류와 저항이 각각 $I=a^2$, $R=a^{-5}$일 때, 전압을 구하라.

유제 03 저항과 전압이 각각 $R=\log_b 2$, $V=\log_b 16$일 때, 전류를 구하라.

Chapter 01 연습문제

※ 다음 함숫값을 계산하라.

1.1 $y = f(x) = 2x + 1$, $f(0)$

1.2 $y = f(x) = 5x(x-2)$, $f(-1)$

1.3 $y = f(x) = \dfrac{2-x}{2-x^2}$, $f(-3)$

1.4 $y = f(x) = 2x^3 + x^2$, $f(x-2)$

※ 다음 함수의 정의역과 치역을 구간으로 표시하라.

1.5 $y = f(x) = ax$ (a는 상수)

1.6 $y = f(x) = \sqrt{x^2 - 2}$

1.7 $y = f(x) = 1 + \sqrt{1 - x^2}$

1.8 $y = f(x) = x\sqrt{x-5}$

※ 다음 일차함수에서의 기울기를 구하라.

1.9 $y = -4x + 100$

1.10 $\dfrac{2}{5}x = -y + \dfrac{4}{5}$

1.11 $100y - 55 = -25x + 70$

1.12 $ay + bx + c = 0$ (a, b는 상수)

※ 거듭제곱함수 $y = x^n$ ($n = 1, 2, 3, \cdots$)에 대하여 다음이 성립함을 증명하라.

1.13 n이 짝수일 때, $(-x)^n = x^n$

1.14 n이 홀수일 때, $(-x)^n = -x^n$

※ 거듭제곱함수 $f(x)=ax^n(n=1,\ 2,\ 3,\ \cdots)$과 $g(x)=ax^{-n}(n=1,\ 2,\ 3,\ \cdots)$에 대하여 다음 함숫값을 구하라. 단 $a>0$이다.

1.15 $f(a)$

1.16 $f(-1)$

1.17 $f(-a)$

1.18 $g(a)$

1.19 $g(-1)$

1.20 $g(-a)$

※ 다음 삼각함수의 값을 구하라. $\sin\theta=a$, $\cos\theta=b$, $\tan\theta=c$이다. 단, 괄호 안에 지정한 값만을 이용하도록 한다.

1.21 $\cos\left(-\frac{\pi}{4}\right)$

1.22 $\cot\theta+\tan\theta$ $(a,\ b)$

1.23 $\cos\theta\tan\theta$ $(a,\ b)$

1.24 $\tan\theta+\sec\theta$ $(a,\ b)$

1.25 $\sin\left(\frac{\pi}{2}-\theta\right)$

1.26 $\sec^2\theta+\csc^2\theta$ (c)

1.27 $\sec^2\theta+\csc^2\theta$ $(a,\ b)$

1.28 $\tan\frac{\pi}{6}$

1.29 $\sec\frac{\pi}{2}-\csc\frac{\pi}{2}$

1.30 $\tan(-x)\cos\left(\frac{\pi}{2}-x\right)$, $x=\frac{\pi}{4}$

1.31 $\cos\frac{3}{4}\pi$

1.32 $\cos(\theta+\pi)$

※ 다음 역삼각함수의 값을 구하라. 단, $\theta \geq 0$인 최솟값을 구하라.

1.33 $\cos^{-1}\frac{1}{2}$

1.34 $\sin^{-1}0$

1.35 $\tan^{-1}\sqrt{3}$

1.36 $\cos^{-1}\frac{\sqrt{3}}{2}$

1.37 $\sin^{-1}\frac{\sqrt{2}}{2}$

1.38 $\tan^{-1}\frac{\sqrt{3}}{3}$

※ 다음 값을 간단히 하라.

1.39 0.2×10^3

1.40 $\frac{(a^{52})^2}{a\times a^{100}}$

1.41 $\frac{3^{-2}\times 3^7}{27\times 3^3}$

1.42 $\frac{a^{2x}}{a^{x+y}a^x}$

1.43 $\frac{(a^m)^2}{3a^m}$

1.44 $\frac{2e^{\frac{x}{y}}e^y}{e^x}$

※ 다음 값을 간단히 하라. 단, $\log_2 3 = a$, $\log_3 2 = b$이다.

1.45 $\log_2 12$

1.46 $\log_8 9$

1.47 $2\log_3 6 + \log_3 \frac{3}{2}$

1.48 $\log_2 9 - \log_2 6 + 2\log_2\sqrt{12}$

1.49 $3\ln a + 2\ln b + 3\ln c$

1.50 $\log a^3 - \log 2a + 2\log\sqrt{2a}$

※ 회로이론 전류 i, 시간 t, 전하량 Q 사이의 관계는 $Q=it$와 같이 나타낼 수 있다. 다음 물음에 답하라.

1.51 전하량이 시간에 따라 변할 때의 함수 관계를 식으로 나타내라.

1.52 시간은 $\log a$, 전하량은 $\log a^3$일 때, 전류의 값을 구하라.

1.53 시간은 a^2, 전류는 a^3일 때, 전하량의 값을 구하라.

1.54 전류는 $1-\tan a\tan b$, 전하량은 $\tan a+\tan b$일 때, 시간을 구하라.

1.55 전류와 전하량이 각각 a, b일 때, 시간의 로그함수 $\log t$의 값을 구하라(단, $\log a=3$, $\log b=7$).

※ 회로이론 전류 I, 전압 E, 저항 R 사이의 관계는 $E=IR$과 같이 나타낼 수 있다. 다음 물음에 답하라.

1.56 전류가 변함에 따라 전압이 변하는 상황의 함수 관계를 식으로 나타내라.

1.57 전류는 $\cos\left(\frac{\pi}{2}-a\right)$, 전압은 $\sin\left(\frac{\pi}{2}-a\right)$일 때, 저항의 값을 구하라.

1.58 저항은 $\sin^2 a+\cos^2 a$, 전압은 a^2일 때, 전류의 값을 구하라.

1.59 전류는 $\left(\frac{2}{3}\right)^a$, 저항은 3^a일 때, 전압의 값을 구하라.

1.60 저항과 전압이 각각 $\log_b 2$, $\log_b 16$일 때, 전류의 값을 구하라.

m.e.m.o

Chapter

02

도함수와 미분법

Derivative and Differentiation

임의의 함수를 미분하여 얻은 함수를 도함수라고 한다. 이 장에서는 함수의 극한, 연속 및 도함수의 정의부터 시작하여 여러 가지 형태의 함수를 미분하여 도함수를 구하는 방법을 알아봄으로써 미분에 대한 기본 개념과 기초적인 미분법을 익히기로 한다.

2.1 함수의 극한과 연속

2.1.1 극한의 정의

함수 $f(x)$에서, 변수 x가 a와는 다른 값을 취하면서 a에 무한히 가까워지는 것을 $x \to a$라고 표현한다. $x \to a$일 때 함수 $f(x)$가 L이라는 값에 근접, 즉 한없이 가까워지는 것을 **수렴**convergence한다고 하고 다음과 같은 식으로 나타낸다.

$$\lim_{x \to a} f(x) = L \tag{2.1}$$

■ 극한, 극한값

이때 $f(x)$가 한없이 가까워지는 값 L을 $f(x)$의 **극한**limit 혹은 **극한값**limit value이라고 한다([그림 2-1]). 식 (2.1)에서 a는 ∞나 $-\infty$가 될 수도 있다.

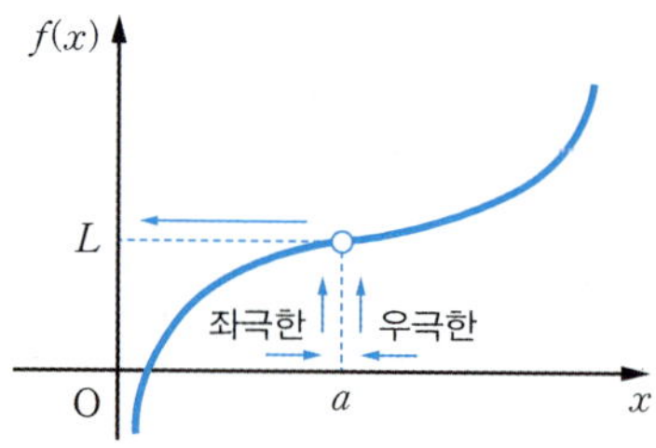

[그림 2-1]

■ 좌극한, 좌극한값

함수 $f(x)$에서 $x < a$인 x에 대하여, x가 a에 한없이 가까워질 때의 극한값 L을 $x = a$에서 함수 $f(x)$의 좌극한 또는 좌극한값이라 하고 다음과 같이 나타낸다.

$$x \to a^- \text{ 일 때 } f(x) \to L \text{ 또는 } \lim_{x \to a^-} f(x) = L$$

■ 우극한, 우극한값

또한 $x > a$인 x에 대하여, x가 a에 한없이 가까워질 때의 극한값 L을 $x = a$에서의 함수 $f(x)$의 우극한 또는 우극한값이라 하고 다음과 같이 나타낸다.

$$x \to a^+ \text{ 일 때 } f(x) \to L \text{ 또는 } \lim_{x \to a^+} f(x) = L$$

즉 $x < a$이면서 a에 가까워지는 경우는 좌측에서 a로 다가오는 것이므로 좌극한, $x > a$이면서 a에 수렴하는 경우는 우측에서 a로 다가오는 것이므

로 우극한이라고 한다.[1]

그러므로 식 (2.1)과 같이 극한값이 존재한다는 것은 좌극한값과 우극한값이 같아지는

$$\lim_{x \to a^-} f(x) = \lim_{x \to a^+} f(x) = L$$

이 성립한다는 것을 의미한다.[2] 만약

$$\lim_{x \to a^-} f(x) \neq \lim_{x \to a^+} f(x)$$

라면 극한값은 존재하지 않는다.

1 좌극한을 $\lim_{x \to a-0} f(x) = L$로, 우극한을 $\lim_{x \to a+0} f(x) = L$로 이해할 수 있다.

2 $\lim_{x \to a} f(x) = L \Leftrightarrow \lim_{x \to a^-} f(x) = \lim_{x \to a^+} f(x) = L$

2.1.2 극한의 정리

함수 $f(x)$와 $g(x)$가 존재할 때, $\lim_{x \to a} f(x) = L$로 수렴하고 $\lim_{x \to a} g(x) = M$으로 수렴하면, 다음과 같은 정리가 성립한다. 여기서 a와 b는 상수이다.

정리 2-1 극한의 정리

(1) $\lim_{x \to a} b = b$

(2) $\lim_{x \to a} \{f(x) \pm g(x)\} = L \pm M$ (복부호동순)

(3) $\lim_{x \to a} f(x)g(x) = LM$

(4) $\lim_{x \to a} \dfrac{f(x)}{g(x)} = \dfrac{L}{M}$ (단, $g(x) \neq 0$, $M \neq 0$)

(5) $\lim_{x \to a} kf(x) = kL$

(6) $\lim_{x \to 0} \dfrac{\sin x}{x} = 1$

(7) $\lim_{x \to 0} \dfrac{\tan x}{x} = 1$

[정리 2-1]의 (6)은 사인함수의 극한에 대한 것으로 삼각함수의 도함수에서 기본이 되는 중요한 이론이다.

예제 2-1

key point
극한의 정리를 참고한다.

다음 극한값을 구하라.

(a) $\lim_{x\to10}5$

(b) $\lim_{x\to-1}(2x^2-x+5)$

(c) $\lim_{x\to2}x(3x-2)$

(d) $\lim_{x\to2}\frac{2x+10}{x^3-1}$

(e) $\lim_{x\to2}\frac{x^2-4}{x-2}$

(f) $\lim_{\theta\to0}\frac{\pi\sin\theta}{\theta}$

풀이

(a) [정리 2-1]의 (1)에 의해 $\lim_{x\to10}5=5$

(b) $\lim_{x\to-1}(2x^2-x+5)=2(-1)^2-(-1)+5=8$

(c) $\lim_{x\to2}x(3x-2)=2(3\cdot2-2)=2(4)=8$

(d) $\lim_{x\to2}\frac{2x+10}{x^3-1}=\frac{2\cdot2+10}{2^3-1}=\frac{14}{7}=2$

(e) 그대로 계산하면 $\lim_{x\to2}\frac{x^2-4}{x-2}=\frac{2^2-4}{2-2}=\frac{0}{0}$의 형태가 되지만,

$\frac{x^2-4}{x-2}=\frac{(x+2)(x-2)}{x-2}=x+2$이므로 $\lim_{x\to2}\frac{x^2-4}{x-2}=\lim_{x\to2}(x+2)=2+2=4$

이다.

(f) $\lim_{\theta\to0}\frac{\pi\sin\theta}{\theta}=\pi\lim_{\theta\to0}\frac{\sin\theta}{\theta}=\pi\cdot1=\pi$

2.1.3 부정형의 극한

함수 $f(x)$의 극한이 $\frac{0}{0}$, $\frac{\infty}{\infty}$와 같은 형태일 때, 부정형이라고 한다. 이와 같은 부정형의 극한을 구하기 위해서는 다음과 같은 전처리가 필요하다.

■ 부정형의 극한 전처리

❶ $\frac{0}{0}$의 형태는 인수분해 또는 유리화한다.

❷ $\frac{\infty}{\infty}$의 형태는 분모의 최고차항으로 나눈다.

예제 2-2

다음 극한값을 구하라.

(a) $\lim_{x \to 1} \frac{x^2-1}{x-1}$ (b) $\lim_{x \to 2} \frac{x^2-3x+2}{x-2}$

(c) $\lim_{x \to 0} \frac{x}{\sqrt{x+1}-1}$ (d) $\lim_{x \to \infty} \frac{3x^2-4x+10}{x^2+2}$

> **key point**
> $\frac{0}{0}$ 이나 $\frac{\infty}{\infty}$ 꼴의 극한은 인수분해 또는 유리화하거나 분모의 최고차항 또는 유리화로 나눈다.

풀이

(a) $\lim_{x \to 1} \frac{x^2-1}{x-1} = \lim_{x \to 1} \frac{(x-1)(x+1)}{x-1} = \lim_{x \to 1}(x+1) = 2$

(b) $\lim_{x \to 2} \frac{x^2-3x+2}{x-2} = \lim_{x \to 2} \frac{(x-2)(x-1)}{x-2} = \lim_{x \to 2}(x-1) = 1$

(c) $$\lim_{x \to 0} \frac{x}{\sqrt{x+1}-1} = \lim_{x \to 0} \frac{x(\sqrt{x+1}+1)}{(\sqrt{x+1}-1)(\sqrt{x+1}+1)}$$
$$= \lim_{x \to 0} \frac{x(\sqrt{x+1}+1)}{x} = \lim_{x \to 0}(\sqrt{x+1}+1) = 2$$

(d) 원식을 분모의 최고차항인 x^2으로 나누어 계산한다.

$$\lim_{x \to \infty} \frac{3x^2-4x+10}{x^2+2} = \lim_{x \to \infty} \frac{3-\frac{4}{x}+\frac{10}{x^2}}{1+\frac{2}{x^2}} = \frac{3}{1} = 3$$

2.1.4 연속의 정의

일반적으로 함수 $f(x)$의 그래프가 임의의 구간에서 끊어지지 않고 계속 이어져 있는 상태를 그 구간에서 연속이라고 한다. 즉 함수 $f(x)$가 점 a에서 정의되어 있어

$$y = f(x) \tag{2.2}$$

와 같은 식이 성립할 때, 함수 $f(x)$는 점 $x=a$에서 **연속**continuous이라고 한다. 만약 함수 $f(x)$가 점 $x=a$에서 식 (2.2)를 만족하지 않으면, 함수 $f(x)$는 점 $x=a$에서 **불연속**discontinuous이라고 한다.

■ 연속과 불연속

불연속이 되는 경우는 다음의 세 가지가 있다.

■ 불연속의 경우

❶ 함수 $f(x)$는 $x=a$에서 함숫값이 정의되지 않지만 극한값은 존재한다.

$$\lim_{x \to a^+} f(x) = \lim_{x \to a^-} f(x),\ f(a)\text{는 정의되지 않음}$$

❷ 함수 $f(x)$는 $x=a$에서 함숫값이 정의되었지만 극한값이 존재하지 않는다.

$$\lim_{x \to a^+} f(x) \neq \lim_{x \to a^-} f(x),\ f(a)\text{는 정의됨}$$

❸ 함수 $f(x)$는 $x=a$에서 함숫값이 정의되었고, 극한값이 존재하지만 함숫값과 극한값이 다르다.

$$\lim_{x \to a^+} f(x) = \lim_{x \to a^-} f(x),\ \lim_{x \to a} f(x) \neq f(a)$$

[그림 2-2]는 점 $x=a$에서 함수 $f(x)$가 불연속인 경우의 예이다.

■ 불연속의 예

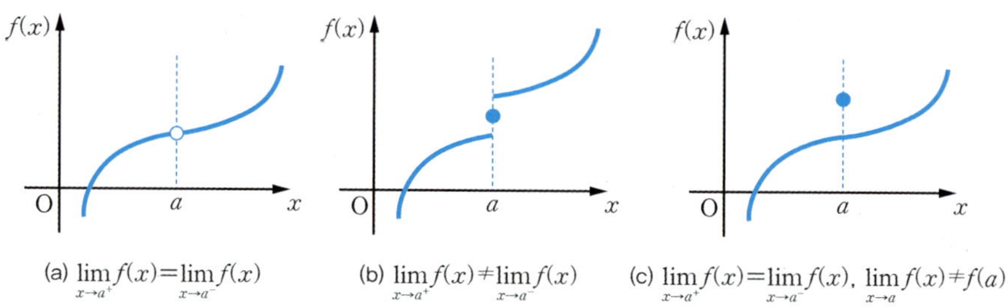

[그림 2-2]

위 세 가지 불연속의 정의로부터 유추할 수 있는 **연속의 정의**는 다음과 같다.

■ 연속의 정의

❶ 극한값 $\lim_{x \to a} f(x)$가 존재한다. 즉, $\lim_{x \to a^+} f(x) = \lim_{x \to a^-} f(x)$

❷ $x=a$에서 정의되는 함숫값 $f(a)$가 존재한다.

❸ $\lim_{x \to a} f(x) = f(a)$

예제 2-3

key point
$x=2$를 기준으로 좌우 극한을 조사한다.

다음 함수들이 점 $x=2$에서 연속인지 불연속인지를 조사하라.

(a) $f(x) = x^2 + x$

(b) $f(x) = \begin{cases} 1, & x \leq 2 \\ 3, & x > 2 \end{cases}$

풀이

(a) $\lim_{x\to 2} f(x) = \lim_{x\to 2}(x^2+x) = 4+2=6$이 되어서, $f(2)=6$이 존재하므로 연속이다.

(b) [그림 2-3]에서 보는 것과 같이 $\lim_{x\to 2^-} f(x) = 1 = f(2)$가 되지만 $\lim_{x\to 2^+} f(x) = 3$이 된다. 따라서 $x\to 2$일 때 좌우극한의 값이 다르므로 연속이 아니다.

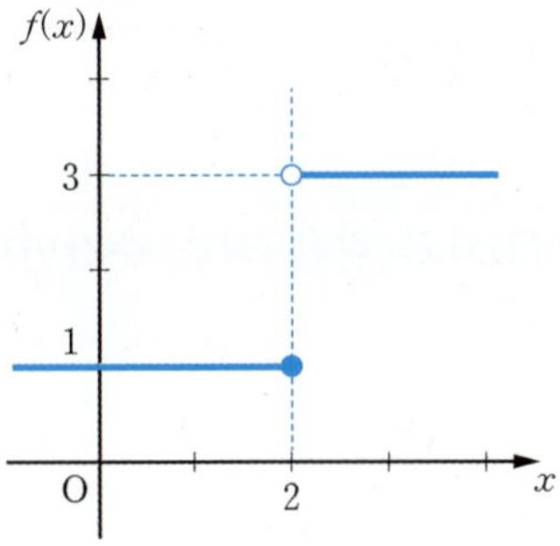

[그림 2-3]

2.2 도함수

2.2.1 변화율과 미분계수

a에 임의의 수 Δx를 더하면 $a+\Delta x$가 되는데, 이때 x는 **증분**increment Δx를 가진다고 한다. 즉 Δx는 x의 변화량을 나타내는 것이다. 함수 $y=f(x)$에서, x의 값이 a에서 $a+\Delta x$로 Δx만큼 변화할 때, y의 값은 $\Delta y = f(a+\Delta x)-f(a)$만큼 변하게 된다([그림 2-4]).

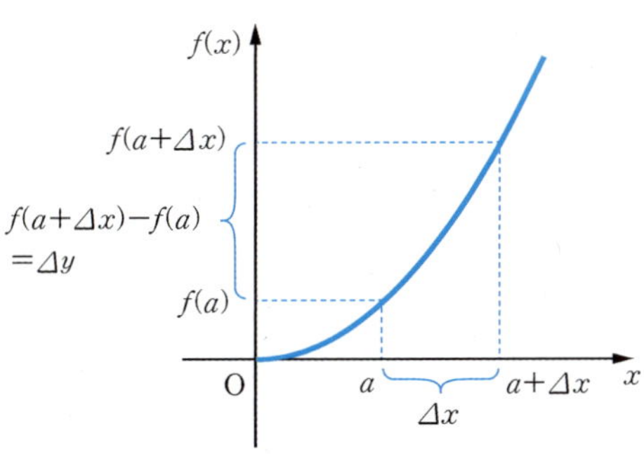

[그림 2-4]

따라서 x의 변화량 Δx와 y의 변화량 Δy의 비를 나타내는 다음과 같은 식을 **평균변화율**average rate of change이라고 한다.

■ 평균변화율

$$기울기=\frac{\Delta y}{\Delta x}=\frac{f(a+\Delta x)-f(a)}{\Delta x} \tag{2.3}$$

$\Delta x \to 0$일 때

$$\lim_{\Delta x \to 0}\frac{\Delta y}{\Delta x}=\lim_{\Delta x \to 0}\frac{f(a+\Delta x)-f(a)}{\Delta x} \tag{2.4}$$

와 같이 평균변화율의 극한이 존재한다면, 식 (2.5)와 같은 식을 **순간변화율**instantaneous rate of change이라고 한다.

■ 순간변화율

$$f'(a)=\lim_{\Delta x \to 0}\frac{f(a+\Delta x)-f(a)}{\Delta x} \tag{2.5}$$

■ 미분계수의 정의

또한 식 (2.5)를 $x=a$에서 함수 $y=f(x)$의 **미분계수**differential coefficient라고도 한다. 이때 함수 $f(x)$는 $x=a$에서 **미분가능**differentiable하다고 한다. 함수 $y=f(x)$가 임의의 구간 내의 모든 점에서 미분계수를 가지는 경우, 함수 $f(x)$는 그 구간에서 미분가능하다고 표현한다.

미분계수는 다음과 같이 표현할 수도 있으며, 모두 같은 뜻이다.

■ 미분계수의 여러 가지 표현

$$f'(a)=\lim_{\Delta x \to 0}\frac{f(a+\Delta x)-f(a)}{\Delta x}=\lim_{x \to a}\frac{f(x)-f(a)}{x-a}$$
$$=\lim_{h \to 0}\frac{f(a+h)-f(a)}{h}=\lim_{b \to a}\frac{f(b)-f(a)}{b-a}$$

예제 2-4

함수 $y=f(x)=x^2$에 대하여 다음 물음에 답하라.

(a) x가 1에서 3으로 변할 때, x의 변화량 Δx와 y의 변화량 Δy를 구하라.

(b) (a)와 같이 변화하는 경우, 평균변화율을 구하라.

(c) (b)와 같은 평균변화율을 가질 때, $x=1$에서의 미분계수를 미분계수의 정의에 따라 구하라.

key point

평균변화율은 $\frac{\Delta y}{\Delta x}$, 미분계수는 $f'(a)=\lim_{\Delta x \to 0}\frac{f(a+\Delta x)-f(a)}{\Delta x}$이다.

풀이

(a) $x_1=1$, $x_2=3$으로 두면

$\Delta x=x_2-x_1=3-1=2$, $\Delta y=y_2-y_1=(x_2)^2-(x_1)^2=3^2-1^2=8$이다.

(b) 평균변화율 $\frac{\Delta y}{\Delta x}=\frac{8}{2}=4$이다.

(c) $x=1$에서의 미분계수는 다음과 같다.

$$\begin{aligned}
f'(1) &= \lim_{\Delta x \to 0}\frac{f(1+\Delta x)-f(1)}{\Delta x} \\
&= \lim_{\Delta x \to 0}\frac{(1+\Delta x)^2-(1)^2}{\Delta x} \\
&= \lim_{\Delta x \to 0}\frac{1+2\Delta x+(\Delta x)^2-1}{\Delta x} \\
&= \lim_{\Delta x \to 0}(2+\Delta x) \\
&= 2
\end{aligned}$$

2.2.2 도함수의 정의

미분계수의 정의에서 $x=a$와 같이 특정한 값을 지정하지 않고, 변수 x 그대로 사용하여 어떤 값에 대해서도 적용할 수 있는 형태로 바꾸어 쓰면 다음과 같은 식이 된다.

$$f'(x)=\lim_{\Delta x \to 0}\frac{f(x+\Delta x)-f(x)}{\Delta x} \tag{2.6}$$

■ 도함수의 정의식

■ 도함수와 미분

식 (2.6)에서 $f'(x)$를 $f(x)$의 **도함수**derivative라고 하고, 이와 같이 임의의 함수 $y=f(x)$의 도함수 $y'=f'(x)$를 구하는 것을 **미분한다**differentiate고 표현한다.

함수 $y=f(x)$의 도함수는 위에서 표기한 대로 미분을 의미하는 기호 $'$prime을 사용하여 y', $f'(x)$로 표현하기도 하고, 변수 x로 함수 $y=f(x)$를 미분하다는 의미로 $\frac{dy}{dx}$, $\frac{df(x)}{dx}$, $\frac{d}{dx}f(x)$와 같이 표현하기도 한다.

도함수 $f'(x)$는 x가 임의의 점을 나타낼 때, 함수 $f(x)$상의 점 x에서 이루어지는 접선의 기울기를 나타낸다. 따라서 $x=a$라는 점에서의 접선의 기울기는 $f'(a)$가 된다. 따라서 임의의 점에서의 미분계수는 곧 그 점에 접하는 접선의 기울기가 된다는 사실을 알 수 있다.

■ 접선의 기울기

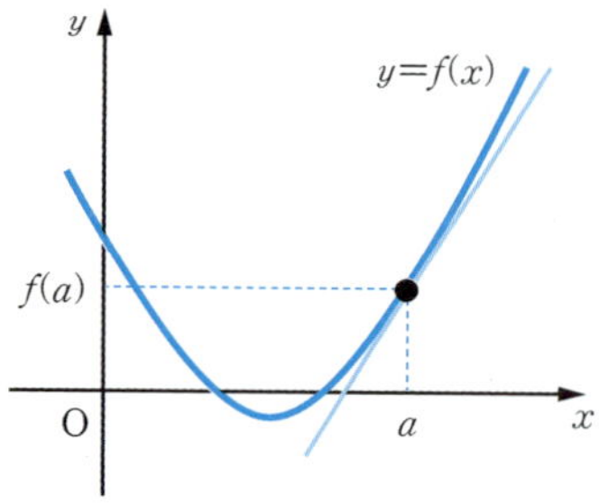

[그림 2-5]

예제 2-5

> **key point**
>
> $f'(x) = \lim_{\Delta x \to 0} \frac{f(x+\Delta x)-f(x)}{\Delta x}$
>
> 접선의 기울기는 미분계수이다.

$y=f(x)=x^2$일 때, (a) 정의에 의하여 함수 $f(x)$의 도함수를 구하고, (b) 함수 $f(x)$와 점 $x=2$에서 접하는 직선의 기울기를 구하라.

풀이

(a) 도함수의 정의 식 (2.6)에 의하여 $y=f(x)=x^2$의 도함수를 구하면 다음과 같다.

$$\begin{aligned} f'(x) &= \lim_{\Delta x \to 0} \frac{f(x+\Delta x)-f(x)}{\Delta x} \\ &= \lim_{\Delta x \to 0} \frac{(x+\Delta x)^2-(x)^2}{\Delta x} \\ &= \lim_{\Delta x \to 0} \frac{x^2+2x\Delta x+(\Delta x)^2-x^2}{\Delta x} \\ &= \lim_{\Delta x \to 0} (2x+\Delta x) = 2x \end{aligned}$$

그러므로 함수 $f(x)$의 도함수 $f'(x)=2x$이다.

(b) 점 $x=2$에서의 접선의 기울기는 $f'(2)$로 나타나므로 $x=2$에서의 미분계수를 구하는 것과 같다. 따라서 미분계수는

$$\begin{aligned} f'(2) &= \lim_{\Delta x \to 0} \frac{f(2+\Delta x)-f(2)}{\Delta x} \\ &= \lim_{\Delta x \to 0} \frac{(2+\Delta x)^2-(2)^2}{\Delta x} \\ &= \lim_{\Delta x \to 0} \frac{4+4\Delta x+(\Delta x)^2-4}{\Delta x} \\ &= \lim_{\Delta x \to 0} (4+\Delta x) = 4 \end{aligned}$$

이므로 접선의 기울기는 4가 된다.

2.3 도함수를 구하는 기본공식

이 절에서는 도함수를 구하는 기본적인 공식, 즉 미분법에 대한 기본적인 공식을 알아보기로 한다.

2.3.1 상수함수의 도함수

임의의 상수로 이루어진 함수 $y=c$의 도함수는 다음과 같다.

$$y'=\frac{dc}{dx}=0 \tag{2.7}$$

■ 상수함수의 도함수

증명

$$y'=\frac{d}{dx}[c]=\lim_{\Delta x\to 0}\frac{f(x+\Delta x)-f(x)}{\Delta x}$$

$$=\lim_{\Delta x\to 0}\frac{c-c}{\Delta x}=0$$

■

예제 2-6

다음 함수의 도함수를 구하라.

(a) $f(x)=\sqrt{5}$ (b) $y=0$

key point

상수함수의 도함수꼴 : $\frac{d(\text{상수})}{dx}=0$

풀이

(a) 함수 $y=f(x)=c$(상수)의 도함수는 $y'=\frac{dc}{dx}=0$이므로

$$y'=\frac{df(x)}{dx}=\frac{d(\sqrt{5})}{dx}=0$$

이다.

(b) 함수 $y=0$도 $y=f(x)=c$(상수)에 해당되므로

$$y'=\frac{dy}{dx}=\frac{d(0)}{dx}=0$$

이다.

2.3.2 거듭제곱함수의 도함수

$y=x^n\ (n>0)$과 같이 표현되는 **거듭제곱함수(멱함수)**power function의 도함수는 다음과 같다.

▪ 거듭제곱함수의 도함수

$$y'=\frac{dx^n}{dx}=nx^{n-1} \tag{2.8}$$

증명

$$y'=\frac{d}{dx}[x^n]=\lim_{\Delta x\to 0}\frac{(x+\Delta x)^n-x^n}{\Delta x}$$

$$=\lim_{\Delta x\to 0}\frac{\left\{x^n+nx^{n-1}\Delta x+\dfrac{n(n-1)}{2!}x^{n-2}(\Delta x)^2+\cdots+(\Delta x)^n\right\}-x^n}{\Delta x}$$

$$=\lim_{\Delta x\to 0}\left\{nx^{n-1}+\frac{n(n-1)}{2!}x^{n-2}\Delta x+\cdots+(\Delta x)^{n-1}\right\}$$

$$=nx^{n-1}$$ ■

예제 2-7

key point
거듭제곱함수의 도함수꼴 : $\dfrac{dx^n}{dx}=nx^{n-1}$

다음 함수의 도함수를 구하라.

(a) $y=\sqrt{x}$　　　　(b) $f(x)=-3x^{-5}$

풀이

(a) $y=\sqrt{x}=x^{\frac{1}{2}}$이므로

$$y'=\frac{dx^{\frac{1}{2}}}{dx}=\frac{1}{2}x^{\frac{1}{2}-1}=\frac{1}{2}x^{-\frac{1}{2}}=\frac{1}{2\sqrt{x}}$$

이다.

(b) $y'=\dfrac{d(-3x^{-5})}{dx}=-3\dfrac{d(x^{-5})}{dx}=(-3)(-5)x^{-5-1}=15x^{-6}=\dfrac{15}{x^6}$

2.3.3 합의 도함수

미분가능한 두 함수 $f(x)$와 $g(x)$의 합 $f(x)+g(x)$나 차 $f(x)-g(x)$의

도함수는 다음과 같이 구할 수 있다.

$$y' = \frac{d}{dx}[f(x) \pm g(x)] = f'(x) \pm g'(x) \qquad (2.9)$$

▪ 합의 도함수

증명

$$\begin{aligned} y' &= \frac{d}{dx}[f(x) \pm g(x)] \\ &= \lim_{\Delta x \to 0} \frac{\{f(x+\Delta x) \pm g(x+\Delta x)\} - \{f(x) \pm g(x)\}}{\Delta x} \\ &= \lim_{\Delta x \to 0} \left[\frac{f(x+\Delta x) - f(x)}{\Delta x} \pm \frac{g(x+\Delta x) - g(x)}{\Delta x} \right] \\ &= f'(x) \pm g'(x) \end{aligned}$$

■

예제 2-8

다음 함수의 도함수를 구하라.

(a) $y = 3x^2 - 5x$

(b) $y = 2\sqrt{x} + \frac{1}{5}x^{-5}$

> **key point**
> 합의 도함수꼴 :
> $\frac{d}{dx}[f(x) \pm g(x)]$
> $= f'(x) \pm g'(x)$

풀이

(a) $y' = 3\frac{dx^2}{dx} - 5\frac{dx}{dx} = 3(2x) - 5(1) = 6x - 5$

(b) $y' = 2\frac{d(\sqrt{x})}{dx} + \frac{1}{5}\frac{d(x^{-5})}{dx} = 2 \cdot \frac{1}{2}x^{\frac{1}{2}-1} + \frac{1}{5}(-5)x^{-5-1}$

$\quad = x^{-\frac{1}{2}} - x^{-6} = \frac{1}{\sqrt{x}} - \frac{1}{x^6}$

2.3.4 곱의 도함수

미분가능한 두 함수 $f(x)$와 $g(x)$의 곱인 $f(x)g(x)$의 도함수는 다음과 같이 구할 수 있다.

$$y' = \frac{d}{dx}[f(x)g(x)] = f'(x)g(x) + f(x)g'(x) \qquad (2.10)$$

▪ 곱의 도함수

증명

$$\begin{aligned} y' &= \frac{d}{dx}[f(x)g(x)] \\ &= \lim_{\Delta x \to 0} \frac{f(x+\Delta x)g(x+\Delta x) - f(x)g(x)}{\Delta} x \\ &= \lim_{\Delta x \to 0} \left[\frac{\{f(x+\Delta x) - f(x)\}g(x+\Delta x)}{\Delta x} + \frac{f(x)\{g(x+\Delta x) - g(x)\}}{\Delta x} \right] \\ &= f'(x)g(x) + f(x)g'(x) \end{aligned}$$

■

또한 미분가능한 세 함수 $f(x)$, $g(x)$, $h(x)$의 곱인 $f(x)g(x)h(x)$의 도함수는 다음과 같이 구할 수 있다.

■ 세 함수의 도함수

$$\begin{aligned} y' &= \frac{d}{dx}[f(x)g(x)h(x)] \\ &= f'(x)g(x)h(x) + f(x)g'(x)h(x) + f(x)g(x)h'(x) \end{aligned} \quad (2.11)$$

예제 2-9

key point
곱의 도함수꼴 :
$\frac{d}{dx}[f(x)g(x)]$
$= f'(x)g(x) + f(x)g'(x)$

다음 함수의 도함수를 구하라.

(a) $f(x) = (x-1)(x+2)$ (b) $f(x) = x^3(x^2-1)$

풀이

(a) $y' = \dfrac{d\{(x-1)(x+2)\}}{dx} = (x-1)'(x+2) + (x-1)(x+2)'$
$= (1)(x+2) + (x-1)(1) = 2x+1$

(b) $y' = \dfrac{d\{x^3(x^2-1)\}}{dx} = (x^3)'(x^2-1) + (x^3)(x^2-1)'$
$= 3x^2(x^2-1) + x^3(2x) = x^2(5x^2-3)$

2.3.5 몫의 도함수

미분가능한 두 함수 $f(x)$와 $g(x)$의 몫인 $f(x)/g(x)$의 도함수는 다음과 같이 구할 수 있다. 이때 $g(x) \neq 0$이다.

■ 몫의 도함수

$$y' = \frac{d}{dx}\left[\frac{f(x)}{g(x)}\right] = \frac{f'(x)g(x) - f(x)g'(x)}{\{g(x)\}^2} \quad (2.12)$$

증명

$y = f(x)\dfrac{1}{g(x)} = f(x)G(x)$로 두면 곱의 도함수 공식을 이용하여

$y' = \dfrac{d}{dx}[f(x)G(x)] = f'(x)G(x) + f(x)G'(x)$와 같이 구할 수 있다.

그러므로 먼저 $G'(x) = \dfrac{d}{dx}G(x) = \dfrac{d}{dx}\left[\dfrac{1}{g(x)}\right]$을 구해보면

$$\begin{aligned}
G'(x) &= \frac{d}{dx}\left[\frac{1}{g(x)}\right] \\
&= \lim_{\Delta x \to 0}\frac{\dfrac{1}{g(x+\Delta x)} - \dfrac{1}{g(x)}}{\Delta x} \\
&= \lim_{\Delta x \to 0}\frac{1}{\Delta x}\left[\frac{g(x) - g(x+\Delta x)}{g(x+\Delta x)g(x)}\right] \\
&= \lim_{\Delta x \to 0}\left[\frac{-1}{g(x+\Delta x)g(x)} \cdot \frac{g(x+\Delta x) - g(x)}{\Delta x}\right] \\
&= -\frac{1}{\{g(x)\}^2} \cdot \lim_{\Delta x \to 0}\frac{g(x+\Delta x) - g(x)}{\Delta x} \\
&= -\frac{g'(x)}{\{g(x)\}^2}
\end{aligned}$$

가 되고, 이 값을 $y' = \dfrac{d}{dx}[f(x)G(x)]$에 대입하면

$$\begin{aligned}
y' &= \frac{d}{dx}[f(x)G(x)] = \frac{d}{dx}\left[f(x)\frac{1}{g(x)}\right] \\
&= f'(x)\frac{1}{g(x)} + f(x)\frac{d}{dx}\left[\frac{1}{g(x)}\right] \\
&= \frac{f'(x)}{g(x)} + f(x)\left[\frac{-g'(x)}{\{g(x)\}^2}\right] \\
&= \frac{f'(x)g(x) - f(x)g'(x)}{\{g(x)\}^2}
\end{aligned}$$

가 된다. ■

예제 2-10

다음 함수의 도함수를 구하라.

(a) $y = \dfrac{1}{2x+1}$

(b) $y = \dfrac{3x}{x^2-7}$

> **key point**
> 몫의 도함수꼴 :
> $\dfrac{d}{dx}\left[\dfrac{f(x)}{g(x)}\right] = \dfrac{f'(x)g(x) - f(x)g'(x)}{\{g(x)\}^2}$

풀이

(a) $$y' = \frac{d}{dx}\left(\frac{1}{2x+1}\right)$$

$$= \frac{(1)'(2x+1)-(1)(2x+1)'}{(2x+1)^2}$$

$$= \frac{0(2x+1)-(2)}{(2x+1)^2} = -\frac{2}{(2x+1)^2}$$

(b) $$y' = \frac{d}{dx}\left(\frac{3x}{x^2-7}\right)$$

$$= \frac{(3x)'(x^2-7)-3x(x^2-7)'}{(x^2-7)^2}$$

$$= \frac{3(x^2-7)-3x(2x)}{(x^2-7)^2} = \frac{-3x^2-21}{(x^2-7)^2}$$

$$= \frac{-3(x^2+7)}{(x^2-7)^2}$$

2.4 함수의 형태에 따른 도함수

2.4.1 합성함수의 도함수

함수 $y=(ax+b)^{10}$에 대하여 생각해보자. 함수를 나타내는 식에서 $ax+b=u$라고 두면, 원래의 함수는 $y=u^{10}$으로 나타낼 수 있다. 이때 원래의 함수 $y=(ax+b)^{10}$은 함수 $y=f(u)=u^{10}$과 함수 $u=ax+b$의 합성함수가 된다.

이와 같이 두 함수 $y=f(u)$와 $u=g(x)$가 미분가능할 때, **합성함수** composite function인 $y=f(g(x))$도 미분가능하며, 그 도함수는 다음과 같이 구할 수 있다.

■ 합성함수의 도함수

$$\begin{aligned} y' &= \frac{dy}{du}\cdot\frac{du}{dx} = f'(u)g'(x) \\ &= f'(g(x))g'(x) \end{aligned} \tag{2.13}$$

Check it up!

✔ 합성함수의 연속 미분

$y=f(g(x))$에 대한 도함수는 $y'=\{f(g(x))\}'=f'(g(x))g'(x)$와 같이 겉과 속을 연속적으로 미분을 수행하는 형태가 된다.

$$y'=\{f(g(x))\}'=\underbrace{f'(g(x))}_{\text{겉미분}}\ \underbrace{g'(x)}_{\text{속미분}}$$

예제 2-11

다음 합성함수의 도함수를 구하라.

(a) $y=(1-3x)^2$ (b) $y=\sqrt{3x^2+2}$

key point

합성함수의 도함수꼴 : $\{f(g(x))\}'=f'(g(x))g'(x)$

풀이

(a) $u=1-3x$라고 두면 $y=u^2$이므로 다음과 같이 구할 수 있다.

$$\begin{aligned}y'&=\frac{d}{dx}(1-3x)^2=\frac{d}{dx}u^2\\&=\frac{dy}{du}\cdot\frac{du}{dx}=2u\cdot(-3)\\&=-6u\\&=6(3x-1)\end{aligned}$$

(b) $u=3x^2+2$라고 두면 $y=u^{\frac{1}{2}}$이므로 다음과 같이 구할 수 있다.

$$\begin{aligned}y'&=\frac{d}{dx}\sqrt{3x^2+2}=\frac{d}{dx}u^{\frac{1}{2}}\\&=\frac{dy}{du}\cdot\frac{du}{dx}=\frac{1}{2}u^{-\frac{1}{2}}\cdot(6x)\\&=\frac{3x}{\sqrt{3x^2+2}}\end{aligned}$$

2.4.2 음함수의 도함수

변수 x에 의한 함수 y에 대하여, $y=f(x)$의 형태로 정의되어 있는 함수

■ 양함수와 음함수

를 **양함수**explicit function, $f(x,y)=0$의 형태로 정의되어 있는 함수를 **음함수**implicit function라고 한다.

음함수 $f(x,y)=0$의 형태 그대로 도함수를 구할 경우,

$$y' = \frac{dy}{du}\cdot\frac{du}{dx} = f'(u)g'(x)$$

와 같은 합성함수의 미분법에서 $y=\{f(x)\}^n$, $u=f(x)$로 두면

$$y' = \frac{d\{f(x)\}^n}{dx} = n\{f(x)\}^{n-1}f'(x)$$

가 된다. 여기서 $y=f(x)$라고 두면

$$\frac{d}{dx}y^n = ny^{n-1}\frac{dy}{dx}$$

가 된다.

그러므로 음함수의 도함수를 구할 경우에는 다음과 같은 성질을 이용한다.

■ 음함수의 도함수

$$\frac{d}{dx}y^n = \frac{d}{dy}y^n\cdot\frac{dy}{dx} = ny^{n-1}\frac{dy}{dx} \tag{2.14}$$

예제 2-12

key point
음함수의 도함수꼴 : $\frac{d}{dx}y^n = \frac{d}{dy}y^n\cdot\frac{dy}{dx} = ny^{n-1}\frac{dy}{dx}$

다음 음함수의 도함수를 구하라.

(a) $y^2=2x$

(b) $2x^2+y^2-5=0$

풀이

(a) $\frac{d}{dx}(y^2)=\frac{d}{dx}(2x)$에서 $\frac{d}{dy}\cdot\frac{dy}{dx}(y^2)=\frac{d}{dx}(2x)$이므로

$\frac{d}{dy}(y^2)\cdot\frac{dy}{dx}=\frac{d}{dx}(2x)$, $2y\cdot\frac{dy}{dx}=2$이다. 따라서 $y'=\frac{dy}{dx}=\frac{1}{y}$이다.

(b) $\frac{d}{dx}(2x^2)+\frac{d}{dx}(y^2)-\frac{d}{dx}(5)=0$에서 $4x+2y\cdot\frac{dy}{dx}=0$이다.

따라서 $y'=\frac{dy}{dx}=-\frac{2x}{y}$이다.

2.4.3 매개변수함수의 도함수

x와 y가 $x=f(t)$, $y=g(t)$와 같이 x와 y가 아닌 다른 변수 t를 매개변수로 하는 함수인 경우, y는 t를 매개변수로 하는 x의 **매개변수함수** parametric function라고 한다. $x=f(t)$, $y=g(t)$가 미분가능할 때, 매개변수함수 y의 도함수는 다음과 같이 구할 수 있다.

$$y' = \frac{dy}{dx} = \frac{\frac{dy}{dt}}{\frac{dx}{dt}} = \frac{g'(t)}{f'(t)} \tag{2.15}$$

■ 매개변수함수의 도함수

예제 2-13

매개변수함수를 이용하여 도함수 $y' = \frac{dy}{dx}$를 구하라.

(a) $x=t+1$, $y=t^2+2t-1$

(b) $x=\sqrt{t}$, $y=t-\frac{1}{t}$ $(x>0)$

key point
매개변수의 도함수꼴 : $\frac{\frac{dy}{dt}}{\frac{dx}{dt}} = \frac{g'(t)}{f'(t)}$

풀이

(a) $\frac{dx}{dt} = \frac{d}{dt}(t+1) = 1$, $\frac{dy}{dt} = \frac{d}{dt}(t^2+2t-1) = 2t+2$

$$\frac{dy}{dx} = \frac{\frac{dy}{dt}}{\frac{dx}{dt}} = \frac{2t+2}{1} = 2(t+1)$$

$t=x-1$이므로 $y' = 2(x-1+1) = 2x$이다.

(b) $\frac{dx}{dt} = \frac{d}{dt}(t^{\frac{1}{2}}) = \frac{1}{2\sqrt{t}}$, $\frac{dy}{dt} = \frac{d}{dt}\left(t-\frac{1}{t}\right) = 1+\frac{1}{t^2}$

$$\frac{dy}{dx} = \frac{\frac{dy}{dt}}{\frac{dx}{dt}} = \frac{1+\frac{1}{t^2}}{\frac{1}{2\sqrt{t}}} = 2\sqrt{t}\left(1+\frac{1}{t^2}\right)$$

$t=x^2$ $(x>0)$ 이므로 $y' = 2x\left(1+\frac{1}{x^4}\right) = 2\left(x+\frac{1}{x^3}\right)$

2.4.4 역함수의 도함수

함수 $y=f(x)$의 역함수가 $x=f(y)$라고 할 때, 양변을 x에 대하여 미분하면

$$1=\frac{df(y)}{dx}\cdot\frac{dy}{dx}=f'(y)\frac{dy}{dx}$$

가 되므로

$$\frac{dy}{dx}=\frac{1}{f'(y)}$$

이 성립한다.

그러므로 역함수의 도함수는 다음과 같은 방법으로 구할 수 있다.

■ 역함수의 도함수

$$y'=\frac{dy}{dx}=\frac{1}{\frac{dx}{dy}}=\frac{1}{f'(y)}\quad (\text{단, } f'(y)\neq 0) \tag{2.16}$$

key point

역함수의 도함수꼴 : $\frac{1}{\frac{dx}{dy}}=\frac{1}{f'(y)}$

예제 2-14

다음 함수의 도함수를 구하라.

(a) $x=y^2$

(b) $x=\frac{y}{y-1}$

풀이

(a) $\frac{dx}{dy}=2y$ 이므로 $\frac{dy}{dx}=\frac{1}{\frac{dx}{dy}}=\frac{1}{2y}$ 이다.

(b) $\frac{dx}{dy}=\frac{y'(y-1)-y(y-1)'}{(y-1)^2}=\frac{-1}{(y-1)^2}$ 이므로,

$\frac{dy}{dx}=\frac{1}{\frac{dx}{dy}}=-(y-1)^2$ 이다.

2.5 삼각함수의 도함수

삼각함수는 전기·전자 공학 분야에서 신호를 표현하는 데 중요하게 사용되는 함수이다. 그러한 신호를 처리하기 위해서는 삼각함수의 도함수에 대해서도 알아둘 필요가 있다. 여러 가지 삼각함수의 미분법을 정리하면 다음과 같다.

정리 2-2 삼각함수의 미분법

(1) $y' = \dfrac{d}{dx}(\sin x) = \cos x$ (2) $y' = \dfrac{d}{dx}(\cos x) = -\sin x$

(3) $y' = \dfrac{d}{dx}(\tan x) = \sec^2 x$ (4) $y' = \dfrac{d}{dx}(\sec x) = \sec x \tan x$

(5) $y' = \dfrac{d}{dx}(\operatorname{cosec} x) = -\operatorname{cosec} x \cot x$

(6) $y' = \dfrac{d}{dx}(\cot x) = -\operatorname{cosec}^2 x$

증명

(1) $y' = \dfrac{d}{dx}(\sin x)$

$$= \lim_{\Delta x \to 0} \frac{\sin(x + \Delta x) - \sin x}{\Delta x}$$

$$= \lim_{\Delta x \to 0} \frac{2\cos\left(\dfrac{2x + \Delta x}{2}\right)\sin\dfrac{\Delta x}{2}}{\Delta x}$$

$$= \lim_{\Delta x \to 0} \cos\left(x + \frac{\Delta x}{2}\right) \cdot \lim_{\Delta x \to 0} \frac{\sin\dfrac{\Delta x}{2}}{\dfrac{\Delta x}{2}}$$ [3]

$$= \cos x$$

3 $\lim\limits_{x \to 0} \dfrac{\sin x}{x} = 1$이다.

(2) $y' = \dfrac{d}{dx}(\cos x) = \dfrac{d}{dx}\left[\sin\left(x + \dfrac{\pi}{2}\right)\right]$

$$= \cos\left(x + \frac{\pi}{2}\right)$$

$$= -\sin x$$

(3) $y' = \dfrac{d}{dx}(\tan x) = \dfrac{d}{dx}\left(\dfrac{\sin x}{\cos x}\right)$

$$= \frac{\frac{d(\sin x)}{dx}\cos x - \sin x\frac{d(\cos x)}{dx}}{\cos^2 x}$$

4 $\cos^2 x + \sin^2 x = 1$

$$= \frac{\cos^2 x + \sin^2 x}{\cos^2 x} = \frac{1}{\cos^2 x} \quad 4$$

$$= \left(\frac{1}{\cos x}\right)^2 = \sec^2 x$$

(4) $y' = \frac{d}{dx}(\sec x) = \frac{d}{dx}\left(\frac{1}{\cos x}\right)$

$$= \frac{0 - \frac{d(\cos x)}{dx}}{\cos^2 x} = \frac{\sin x}{\cos^2 x}$$

$$= \left(\frac{1}{\cos x}\right)\left(\frac{\sin x}{\cos x}\right) = \sec x \tan x$$

(5) $y' = \frac{d}{dx}(\mathrm{cosec}\,x) = \frac{d}{dx}\left(\frac{1}{\sin x}\right)$

$$= \frac{0 - \frac{d(\sin x)}{dx}}{\sin^2 x} = \frac{-\cos x}{\sin^2 x}$$

$$= -\left(\frac{1}{\sin x}\right)\left(\frac{\cos x}{\sin x}\right) = -\mathrm{cosec}\,x \cot x$$

(6) $y' = \frac{d}{dx}(\cot x) = \frac{d}{dx}\left(\frac{\cos x}{\sin x}\right)$

$$= \frac{\frac{d(\cos x)}{dx}\sin x - \cos x\frac{d(\sin x)}{dx}}{\sin^2 x}$$

$$= \frac{-\sin^2 x - \cos^2 x}{\sin^2 x} = -\frac{1}{\sin^2 x}$$

$$= -\left(\frac{1}{\sin x}\right)^2 = -\mathrm{cosec}^2 x$$

■

예제 2-15

key point
삼각함수의 미분법을 참고한다.

다음 삼각함수의 도함수를 구하라.

(a) $y = \sin ax$ (b) $y = 3\cos 3x$

(c) $y = \mathrm{cosec}\,5x$ (d) $y = a\tan bx$

(e) $y = \tan(1+3x^2)$ (f) $y = \sec 2x + \cot 3x$

풀이

(a) $y' = \frac{d}{dx}(\sin ax) = \frac{d}{dx}(\sin ax) \cdot \frac{d}{dx}(ax)$

$$= \cos ax \cdot a = a\cos ax$$

(b) $y' = \dfrac{d}{dx}(3\cos 3x) = 3\dfrac{d}{dx}(\cos 3x) \cdot \dfrac{d}{dx}(3x)$

$$= (-3\sin 3x) \cdot 3 = -9\sin 3x$$

(c) $y' = \dfrac{d}{dx}(\mathrm{cosec}\,5x) = -\mathrm{cosec}\,5x\cot 5x \cdot \dfrac{d}{dx}(5x)$

$$= (-\mathrm{cosec}\,5x\cot 5x) \cdot 5 = -5\,\mathrm{cosec}\,5x\cot 5x$$

(d) $y' = \dfrac{d}{dx}(a\tan bx) = a\dfrac{d}{dx}(\tan bx) \cdot \dfrac{d}{dx}(bx)$

$$= a\sec^2 bx \cdot b = ab\sec^2 bx$$

(e) $y' = \dfrac{d}{dx}\{\tan(1+3x^2)\} = \sec^2(1+3x^2) \cdot \dfrac{d}{dx}(1+3x^2)$

$$= \sec^2(1+3x^2) \cdot 6x = 6x\sec^2(1+3x^2)$$

(f) $y' = \dfrac{d}{dx}(\sec 2x + \cot 3x)$

$$= \frac{d}{dx}(\sec 2x) \cdot \frac{d}{dx}(2x) + \frac{d}{dx}(\cot 3x) \cdot \frac{d}{dx}(3x)$$

$$= \sec 2x\tan 2x \cdot 2 - \mathrm{cosec}^2 3x \cdot 3$$

$$= 2\sec 2x\tan 2x - 3\,\mathrm{cosec}^2 3x$$

2.6 로그함수와 지수함수의 도함수

2.6.1 로그함수의 도함수

1장에서 살펴보았듯이, 로그함수 $y = \log_a x$의 밑수 a가 상수 e인 경우를 자연로그함수라고 하며 다음과 같이 나타낼 수 있다.

$$y = \log_e x = \ln x$$

로그함수의 미분법을 정리하면 다음과 같다.

정리 2-3 로그함수의 미분법

(1) 로그함수 $y=\ln x$에서 $y'=\dfrac{d}{dx}(\ln x)=\dfrac{1}{x}$

(2) 로그함수 $y=\log_a x$에서 $y'=\dfrac{d}{dx}\log_a x=\dfrac{1}{x\ln a}=\dfrac{1}{x}\log_a e$

로그함수의 미분법을 증명하기 위해서는 먼저 다음과 같은 식이 성립한다는 사실을 알아야 한다.

■ e의 정의

$$\lim_{x\to\infty}\left(1+\frac{1}{x}\right)^x=e \tag{2.17}$$

[정리 2-3]은 다음과 같이 증명할 수 있다.

증명

(1) $y'=\dfrac{d}{dx}(\ln x)$

$$\begin{aligned}
&=\lim_{\Delta x\to 0}\frac{\ln(x+\Delta x)-\ln x}{\Delta x}\\
&=\lim_{\Delta x\to 0}\frac{\ln\left(\dfrac{x+\Delta x}{x}\right)}{\Delta x}\\
&=\lim_{\Delta x\to 0}\frac{1}{x}\cdot\frac{x\ln\left(\dfrac{x+\Delta x}{x}\right)}{\Delta x}\\
&=\frac{1}{x}\lim_{\Delta x\to 0}\ln\left(\frac{x+\Delta x}{x}\right)^{\frac{x}{\Delta x}}\\
&=\frac{1}{x}\ln\left\{\lim_{\Delta x\to 0}\left(1+\frac{\Delta x}{x}\right)^{\frac{x}{\Delta x}}\right\}\\
&=\frac{1}{x}\ln e\\
&=\frac{1}{x}
\end{aligned}$$

(2) $y=\log_a x=\dfrac{\ln x}{\ln a}$이므로

$$\begin{aligned}
y'&=\frac{1}{\ln a}(\ln x)'=\frac{1}{\ln a}\left(\frac{1}{x}\right)\\
&=\frac{1}{x\ln a}=\frac{1}{x}\log_a e
\end{aligned}$$

■

예제 2-16

다음 로그함수의 도함수를 구하라.

(a) $y = \ln ax$　　　　(b) $y = \log_b(3x+2)$

> **key point**
>
> $\frac{d}{dx}(\ln x) = \frac{1}{x}$
>
> $\frac{d}{dx}\log_a x = \frac{1}{x}\log_a e$

풀이

(a) $y' = \frac{1}{ax} \cdot \frac{d}{dx}(ax) = \frac{1}{ax} \cdot a = \frac{1}{x}$

(b) $y' = \frac{1}{(3x+2)\ln b} \cdot \frac{d}{dx}(3x+2) = \frac{1}{(3x+2)\ln b} \cdot 3 = \frac{3}{(3x+2)\ln b}$

2.6.2 지수함수의 도함수

지수함수의 미분법을 정리하면 다음과 같다.

정리 2-4 지수함수의 미분법

(1) 지수함수 $y = a^x$ 에서 $y' = \frac{d}{dx}(a^x) = a^x \ln a \quad (a > 0,\ a \neq 1)$

(2) 지수함수 $y = e^x$ 에서 $y' = \frac{d}{dx}(e^x) = e^x$

증명

(1) $x = \log_a y$가 되므로

$$y' = \frac{dy}{dx} = \frac{1}{\frac{dx}{dy}} = \frac{1}{\frac{1}{y\ln a}} = y\ln a = a^x \ln a$$

(2) $x = \log_e y$가 되므로

$$y' = \frac{dy}{dx} = \frac{1}{\frac{dx}{dy}} = \frac{1}{\frac{1}{y}} = y = e^x$$

TIP (2)가 성립한다고 가정하면, (1)은 $(a^x)' = (e^{\ln a^x})' = (e^{x\ln a})' = e^{x\ln a}\ln a = a^x \ln a$로도 증명 가능하다.

■

key point

$$\frac{d}{dx}(a^x) = a^x \ln a$$

$$\frac{d}{dx}(e^x) = e^x$$

예제 2-17

다음 지수함수의 도함수를 구하라.

(a) $y = e^{-100x}$ (b) $y = a^{2x}$

풀이

(a) $y' = e^{-100x} \cdot \dfrac{d}{dx}(-100x) = e^{-100x} \cdot (-100) = -100e^{-100x}$

(b) $y' = a^{2x} \ln a \cdot \dfrac{d}{dx}(2x) = 2a^{2x} \ln a$

2.7 고계 도함수

2.7.1 2계 도함수

함수 $y = f(x)$의 도함수 $f'(x)$가 미분가능하면 그 도함수는

■ 2계 도함수

$$f''(x) = \lim_{\Delta x \to 0} \frac{f'(x + \Delta x) - f'(x)}{\Delta x} \tag{2.18}$$

와 같이 나타낼 수 있다. 이것을 함수 $f(x)$의 **2계 도함수**2nd derivative라고 하고, y'', $f''(x)$, $\dfrac{d^2y}{dx^2}$, $\dfrac{d^2}{dx^2}f(x)$ 등의 기호로 나타낸다.

2.7.2 고계 도함수

2계 도함수와 같은 방법으로 함수 $y = f(x)$를 n회 미분한 도함수는

■ n계 도함수

$$f^{(n)}(x) = \lim_{\Delta x \to 0} \frac{f^{(n-1)}(x + \Delta x) - f^{(n-1)}(x)}{\Delta x} \tag{2.19}$$

와 같이 나타낼 수 있는데, 여기서 $n > 2$인 경우, 즉 3회 이상 미분한 도함수를 **고계 도함수**higher order derivative라고 한다. 일반적인 고계 도함수를

나타내는 n계 도함수 $f^{(n)}(x)$는 $y^{(n)}$, $\dfrac{d^n y}{dx^n}$와 같이 표현하기도 한다.

예제 2-18

다음 함수의 2계 도함수를 구하라.

(a) $y = x^4 + 3x^3$　　(b) $y = \cos 5x$

(c) $y = 2e^{3x}$　　(d) $y = x \ln x$

> **key point**
>
> $f''(x) = \dfrac{d}{dx}\left(\dfrac{dy}{dx}\right)$

풀이

(a) $y' = 4x^3 + 9x^2$

$y'' = 12x^2 + 18x = 6x(2x+3)$

(b) $y' = (-\sin 5x)(5x)' = -5\sin 5x$

$y'' = -5(\cos 5x)(5x)' = -25\cos 5x$

(c) $y' = 2(e^{3x})' = 2(3e^{3x}) = 6e^{3x}$

$y'' = 6(e^{3x})' = 6(3e^{3x}) = 18e^{3x}$

(d) $y' = (x)'\ln x + x(\ln x)' = \ln x + x\left(\dfrac{1}{x}\right) = \ln x + 1$

$y'' = (\ln x + 1)' = \dfrac{1}{x}$

Chapter 02 공학문제

초깃값 정리

회로이론

다음 $f(t)$와 $F(s)$가 전기회로의 상태를 표현하고 있을 때, 각 회로의 초깃값을 구하라.

(a) $f(t)=4e^{-3t}+6e^{-4t}+3e^{-5t}$

(b) $F(s)=\dfrac{4s^2+7s+1}{s(s+1)^2}$

문제 접근

전기회로를 해석하는 데 있어서 중요한 이론 중 하나가 라플라스 변환이다. 라플라스 변환 방법에 대해서는 6장 정적분의 공학문제에서 다루므로, 여기서는 전기신호 $f(t)$를 라플라스 변환한 값을 $F(s)$로 나타낸다는 사실만 알고 문제에 접근하기로 하자.

전기회로를 해석하는 데 사용되는 이론으로, 라플라스 변환을 이용해서 다음과 같은 식으로 나타내는 초깃값 정리가 있다.

$$\lim_{t\to 0^+} f(t)=\lim_{s\to\infty} sF(s)$$

이 식은 $t=0$에서의 $f(t)$, 즉 회로의 초깃값을 라플라스 변환한 함수인 $F(s)$로부터 얻을 수 있으므로 회로의 최초 동작을 확인하는 데 유용하게 사용할 수 있다.

문제 해결

(a) $\lim_{t\to 0^+} f(t)=\lim_{t\to 0^+}(4e^{-3t}+6e^{-4t}+3e^{-5t})=4+6+3=13$

(b) $$\lim_{s\to\infty} sF(s)=\lim_{s\to\infty} s\left\{\frac{4s^2+7s+1}{s(s+1)^2}\right\}=\lim_{s\to\infty}\frac{4s^2+7s+1}{(s+1)^2}$$

$$=\lim_{s\to\infty}\frac{4+\dfrac{7}{s}+\dfrac{1}{s^2}}{1+\dfrac{2}{s}+\dfrac{1}{s^2}}=4$$

유제 01 회로의 상태가 $f(t)=3\sin t+4\cos t+25e^{-3t}$과 같이 표현될 때, 이 회로의 초깃값을 구하라.

유제 02 회로의 상태가 $F(s)=\dfrac{(5s+1)(3s+2)}{(3s+1)(s+1)(s+2)}$와 같이 표현될 때, 이 회로의 초깃값을 구하라.

■ 최종값 정리

회로이론

다음 $f(t)$와 $F(s)$가 전기회로의 상태를 나타내고 있을 때, 각 회로의 최종값을 구하라.

(a) $f(t)=4e^{-3t}+6e^{-4t}+3e^{-5t}$

(b) $F(s)=\dfrac{4s^2+7s+1}{s(s+1)^2}$

문제 접근

앞서 설명한 초깃값 정리가 회로의 최초 동작을 확인하는 데 사용되는 것처럼 회로의 최종 동작을 확인하는 데는 최종값 정리를 사용한다. 최종값 정리는 다음과 같은 식으로 표현된다.

$$\lim_{t\to\infty} f(t)=\lim_{s\to 0} sF(s)$$

위 식은 $t=\infty$에서의 $f(t)$, 즉 회로의 최종값을 $F(s)$로부터 얻을 수 있는 형태로 되어있다. 그러므로 라플라스 변환한 형태 $F(s)$에서 우리가 잘 아는 시간함수 형태 $f(t)$로 바꾸기 위하여 역변환하기 전에 회로의 동작을 미리 확인할 수 있다는 점에서 유용하다.

문제 해결

(a) $\displaystyle \lim_{t\to\infty} f(t)=\lim_{t\to\infty}(4e^{-3t}+6e^{-4t}+3e^{-5t})$

$$=\lim_{t\to\infty}\left(\frac{4}{e^{3t}}+\frac{6}{e^{4t}}+\frac{3}{e^{5t}}\right)=0$$

(b) $\displaystyle \lim_{s\to 0} sF(s)=\lim_{s\to 0} s\left\{\frac{4s^2+7s+1}{s(s+1)^2}\right\}=\lim_{s\to 0}\frac{4s^2+7s+1}{s^2+2s+1}=1$

유제 01 회로의 상태가 $f(t)=1+2.5te^{-2t}+5e^{-3t}$과 같이 표현될 때, 이 회로의 최종값을 구하라.

유제 02 회로의 상태가 $F(s)=\dfrac{(5s+1)(3s+2)}{(3s+1)(s+2)}$와 같이 표현될 때, 이 회로의 최종값을 구하라.

■ 인덕터에서의 전압과 전력

회로이론

인덕터(혹은 코일)에 흐르는 전류가 $i(t)=2te^{-5t}$일 때, (a) 인덕터에 걸리는 전압과 (b) 인덕터에서 소비되는 전력을 구하라. 단, 인덕터 저항인 인덕턴스(L)의 값은 $L=0.5$라고 한다.

문제 접근

인덕터는 전류의 변화를 방해할 수 있도록 만들어진 전기소자이다. 인덕터가 전류의 변화를 방해하는 능력을 인덕턴스라고 하고, 기호 L로 나타낸다.

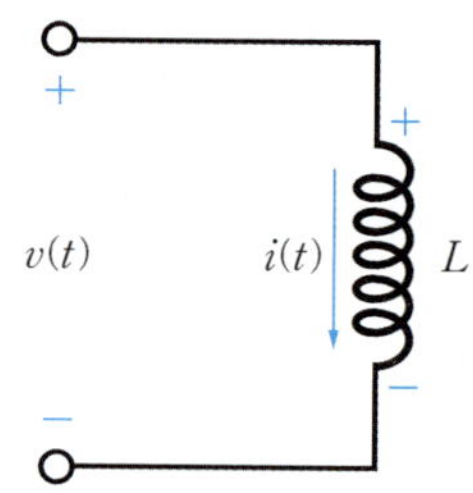

[그림 2-6]

인덕터에 걸리는 전압은

$$v(t)=L\frac{di(t)}{dt}$$

와 같은 식으로 나타내고, 인덕터에서의 전력은 다음과 같은 식을 이용하여 계산한다.

$$p(t)=Li(t)\frac{di(t)}{dt}$$

문제 해결

(a) $v(t)=L\frac{di(t)}{dt}=0.5\frac{d}{dt}(2te^{-5t})$

$=(t)'e^{-5t}+t(e^{-5t})'=e^{-5t}-5te^{-5t}$

$=(1-5t)e^{-5t}$

(b) $p(t)=Li(t)\frac{di(t)}{dt}=i(t)\left\{L\frac{di(t)}{dt}\right\}$

$=(2te^{-5t})\cdot\{(1-5t)e^{-5t}\}$

$=2(1-5t)te^{-10t}$

유제 01 인덕터 전류 $i(t)=3\sin\left(2t-\frac{2}{3}\pi\right)$일 때, 인덕터에 걸리는 전압을 구하라(단, 인덕턴스 $L=1$이다).

유제 02 인덕터 전류 $i(t)=5^{2t}$일 때, 인덕터에서의 전력을 구하라(단, 인덕턴스 $L=1$이다).

■ 커패시터에서의 전압과 전력

회로이론

커패시터에 걸리는 전압이 $v(t)=(1-5t)e^{-5t}$으로 표현될 때, (a) 커패시터에 흐르는 전류와 (b) 커패시터에서의 전력을 구하라. 단, 커패시터가 전기를 축적하는 능력인 커패시턴스(C)의 값은 $C=0.1$이라고 한다.

문제 접근

커패시터는 에너지를 저장하는 전계를 만들 수 있는 전기소자이다. 커패시터가 에너지를 저장하는 능력을 커패시턴스라고 하고, 기호 C로 나타낸다.

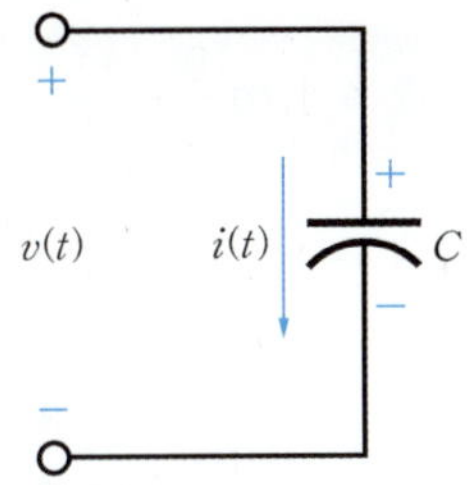

[그림 2-7]

커패시터에 흐르는 전류는 커패시터에 걸리는 전압이 시간에 따라 변화하는 비율에 비례하므로 다음과 같은 식으로 나타내고,

$$i(t)=C\frac{dv(t)}{dt}$$

커패시터에서의 전력은 다음과 같은 식으로 계산한다.

$$p(t)=Cv(t)\frac{dv(t)}{dt}$$

문제 해결

(a) $i(t)=C\frac{dv(t)}{dt}=0.1\frac{d}{dt}\{(1-5t)e^{-5t}\}$

$=0.1\{(1-5t)'e^{-5t}+(1-5t)(e^{-5t})'\}$

$=0.1\{-5e^{-5t}+(1-5t)(-5e^{-5t})\}$

$=(2.5t-1)e^{-5t}$

(b) $p(t)=Cv(t)\frac{dv(t)}{dt}=v(t)\left\{C\frac{dv(t)}{dt}\right\}$

$=(1-5t)e^{-5t}\cdot(2.5t-1)e^{-5t}$

$=-(12.5t^2-7.5t+1)e^{-10t}$

유제 01 커패시터 전압이 $v(t)=t^2e^t$일 때, 커패시터를 흐르는 전류를 구하라(단, 커패시턴스 $C=1$이다).

유제 02 커패시터 전압이 $v(t)=t\,a^{2t}$일 때, 커패시터에서의 전력을 구하라(단, 커패시턴스 $C=1$이다).

Chapter 02 연습문제

※ 다음 극한값을 계산하라.

2.1 $\lim_{x \to 2}(5x-3)$

2.2 $\lim_{x \to 3^+}\sqrt{x-3}$

2.3 $\lim_{x \to 2}3x^3$

2.4 $\lim_{x \to 3}\frac{9-x^2}{x-3}$

2.5 $\lim_{x \to \infty}\frac{3x^2+x+1}{2x^2-x+2}$

2.6 $\lim_{x \to -1}\frac{x^3+3x+9}{x^2+2x+1}$

2.7 $\lim_{x \to \infty}\left(\sqrt{x^2-x}-x\right)$

2.8 $\lim_{x \to 0}\frac{\sin 5x}{x}$

※ 다음 물음에 답하라.

2.9 함수 $f(x)=\begin{cases}3, & x \ge 1 \\ 0, & x < 1\end{cases}$ 이 존재할 때, $\lim_{x \to 1}f(x)$를 구하라.

2.10 함수 $f(x)=x^2+2x$가 $x=1$에서 연속이라는 사실을 증명하라.

※ 다음 함수들의 도함수를 정의에 따라 구하고, 괄호 속의 점과 접하는 접선의 기울기를 구하라.

2.11 $f(x)=3x+2 \quad (x=2)$

2.12 $f(x)=x^2-2 \quad \left(x=\frac{3}{2}\right)$

2.13 $f(x) = \sqrt{x+1} \quad (x = 3)$

2.14 $f(x) = \dfrac{1}{x+3} \quad (x = -2)$

※ 다음 함수의 도함수를 구하라.

2.15 $f(x) = \log 3$

2.16 $y = e^2$

2.17 $y = 3\sqrt{3x}$

2.18 $f(x) = 2x^3 - 3x^2 + 5x - 7$

2.19 $f(x) = x^2\sqrt{x}$

2.20 $y = (2x^2 + 3)(x^2 - 2x - 6)$

2.21 $f(x) = \dfrac{x}{\sqrt{x+1}}$

2.22 $y = \dfrac{3x-1}{x^2+x+2}$

※ 다음 합성함수, 음함수의 도함수를 구하라.

2.23 $y = (3x^2 + 2)^3$

2.24 $y = \dfrac{1}{(5x^2 - 3x + 1)^3}$

2.25 $y = (1-x)^2(2x^2 + x - 1)$

2.26 $x^2 + y^2 = 1$

2.27 $\dfrac{x}{y} + \dfrac{y}{x} = 1$

2.28 $2x^2 + 3x^2y^2 + 4y = 5$

※ 매개변수함수를 이용하여 도함수 $y' = \dfrac{dy}{dx}$를 구하라.

2.29 $x = 2t+1,\ y = t^2 + 4t + 3$

2.30 $x = \dfrac{1}{t+1},\ y = \dfrac{t}{t+1}$

2.31 $x = t^2 + t,\ y = t + \dfrac{1}{t}$

2.32 $x = \cos t + t \sin t,\ y = \sin t - t \cos t$

※ 다음 함수의 도함수를 구하라.

2.33 $x = y^2 + 3y$

2.34 $x - \dfrac{y}{y^2 - 1}$

2.35 $x = y\sqrt{y}$

2.36 $x = \sqrt{y^3 + y + 1}$

※ 다음 함수의 도함수 $y' = \dfrac{dy}{dx}$를 구하라.

2.37 $y = \cos\sqrt{1+x^2}$

2.38 $y = \dfrac{\cos x}{1 + \sin x}$

2.39 $y = (\sin x + \cos x)^3$

2.40 $y = \sin 2x \cot x^2$

2.41 $y = (\sec x + \operatorname{cosec} x)^2$

2.42 $y = \sin^2 x$

2.43 $y = \tan\left(\dfrac{\pi}{3} - 2x\right)$

2.44 $\sin x + \cos y = xy$

※ 다음 함수의 도함수를 구하라.

2.45 $y = e^{-3x}$

2.46 $y = 5^{2x}$

2.47 $y = x^3 e^{3x}$

2.48 $y = e^x \ln x$

2.49 $y = x \ln x - x$

2.50 $y = \dfrac{\ln x}{x}$

2.51 $y = \dfrac{\ln x}{e^{2x}}$

2.52 $y = \dfrac{e^x \sin x}{1 + \cos x}$

※ 다음 식에서 $\dfrac{d^2y}{dx^2}$를 구하라.

2.53 $y = a\sin bx$ (a, b는 상수)

2.54 $y = ae^{bx}$ (a, b는 상수)

2.55 $y = x^2 \ln x$

2.56 $y = x^2 \sin x$

2.57 $y = e^{2x} \cos 3x$

2.58 $x^2 + y^2 = r^2$ (단, r은 상수)

※ 회로이론 다음 $f(t)$와 $F(s)$가 전기회로의 상태를 나타내고 있을 때, 초깃값을 구하라.

2.59 $f(t) = 5\sin 2t + 7\cos 3t$

2.60 $f(t) = e^{3t} + 3e^{-3t} + 3\sin t + 4\cos t + 3.5t^2$

2.61 $F(s)=\dfrac{2s+7}{(s+2)(s+3)}$

2.62 $F(s)=\dfrac{s^2+3s+5}{s(s+2)^2}$

※ 회로이론 다음 $f(t)$와 $F(s)$가 전기회로의 상태를 나타내고 있을 때, 최종값을 구하라.

2.63 $f(t)=100(e^t+e^{-t})$

2.64 $f(t)=3e^{-3t}+e^{-2t}+4e^{-t}$

2.65 $F(s)=\dfrac{as^2+bs+c}{s}$ (a, b, c는 상수)

2.66 $F(s)=\dfrac{5s^2+2s+1}{2s(s+1)^2}$

※ 회로이론 다음 인덕터 및 커패시터 회로에 대하여 물음에 답하라.

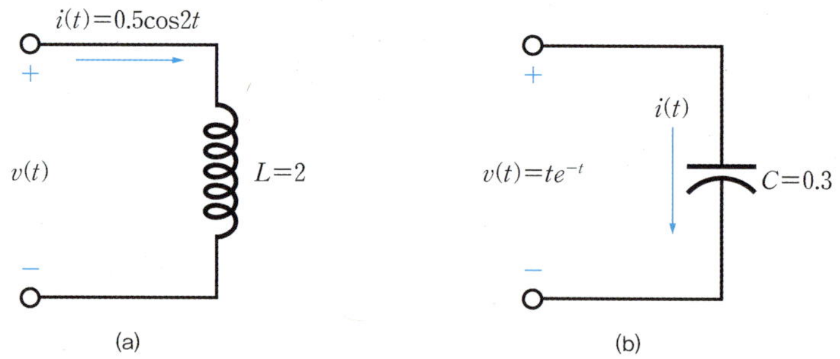

[그림 2-8]

2.67 인덕터에 걸리는 전압을 구하라.

2.68 인덕터에서의 전력을 구하라.

2.69 커패시터에 흐르는 전류를 구하라.

2.70 커패시터에서의 전력을 구하라.

Chapter

03

미분법의 응용

Applications of Differentiation

도함수와 미분의 기본적인 개념을 익힌 후에는 그 응용에 대해서 알아둘 필요가 있다. 이 장에서는 함수의 형태와 극값을 구하는 데 도함수를 이용하는 방법, 미분에서 중요한 이론인 평균값 정리 및 부정형의 극한값을 알 수 있는 로피탈 정리에 대하여 학습하기로 한다.

3.1 함수의 증가와 감소

도함수를 이용하면 다음과 같이 임의의 함수가 가지고 있는 성질을 알 수도 있다. 함수 $f(x)$가 충분히 작은 크기의 수 h에 대하여

$$f(a-h) < f(a) < f(a+h) \tag{3.1}$$

■ 함수의 증가상태와 감소상태

이면, 함수 $f(x)$는 점 a에서 **증가상태**increasing에 있다고 한다. 또한 같은 조건에서

$$f(a-h) > f(a) > f(a+h) \tag{3.2}$$

이면, 함수 $f(x)$는 점 a에서 **감소상태**decreasing에 있다고 한다.

예를 들어, 함수 $f(x)=3x$에서 충분히 작은 임의의 양수 h에 대하여 $x=2$ 좌우에서의 함숫값은 $f(2-h)< f(2)< f(2+h)$이므로 $f(x)=3x$는 $x=2$에서 증가상태에 있다고 한다.

이와 같은 함수의 증가와 감소를 각각 [그림 3-1]의 (a)와 (b)에 나타내었다.

■ 증가하는 함수와 감소하는 함수

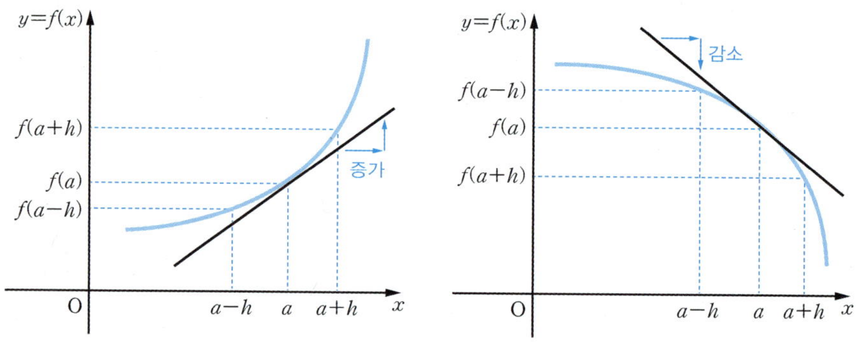

(a) 증가하는 함수 (b) 감소하는 함수

[그림 3-1]

[그림 3-1]을 살펴보면 증가상태를 나타내는 (a)에서의 접선의 기울기는 양수이고, 감소상태를 나타내는 (b)에서의 접선의 기울기는 음수라는 사실을 알 수 있다. 그러므로 한 점에서의 미분계수가 곧 그 점에 접하는 접선의 기울기라는 사실을 떠올리면, 임의의 함수가 증가상태에 있는지 감소상태에 있는지는 미분계수를 구하여 확인할 수 있다.

따라서 함수의 증가 및 감소상태와 미분계수와의 관계는 다음과 같이 정리할 수 있다.

정리 3-1 도함수를 이용한 함수의 증가 및 감소 판정

함수 $f(x)$가 어떤 구간에서 미분가능할 때, 임의의 구간의 모든 x에 대하여

(1) $f'(x) > 0$이면, 함수 $f(x)$는 그 구간에서 증가상태에 있다.

(2) $f'(x) < 0$이면, 함수 $f(x)$는 그 구간에서 감소상태에 있다.

▪ 도함수와 함수의 증감 관계

증가상태에 있는 함수는 **증가함수**increasing function라고 하고, 감소상태에 있는 함수는 **감소함수**decreasing function라고 한다.

▪ 증가함수와 감소함수

예를 들어, 함수 $f(x) = 3x$에서 $f'(x) = 3$이고 이는 모든 x에 대하여 $f'(x) > 0$이므로, $f(x)$는 증가상태에 있다고 할 수 있다. 따라서 함수 $f(x) = 3x$는 증가함수이다.

예제 3-1

다음 함수의 증가 및 감소상태에 대하여 답하라.

(a) $f(x) = 2x$

(b) $f(x) = -3x+2$

(c) $f(x) = 3$

(d) $f(x) = e^x \ (x > 0)$

key point
함수의 도함수 $f'(x)$를 구한 후, [정리 3-1]을 이용한다. 함수의 그래프를 직접 그려볼 수도 있다.

풀이

(a) $f'(x) = 2$가 되어 x의 모든 구간에서 $f'(x) > 0$이므로 $f(x)$는 증가상태이다.

(b) $f'(x) = -3$이 되어 x의 모든 구간에서 $f'(x) < 0$이므로 $f(x)$는 감소상태이다.

(c) $f'(x) = 0$이므로 $f(x)$는 증가하지도 감소하지도 않는 상태이다.

(d) $e > 0, x > 0$이므로 $f'(x) = e^x > 0$이고, x의 모든 구간에서 $f'(x) > 0$이므로 $f(x)$는 증가상태이다.

[그림 3-2]는 위 (a), (b), (c), (d) 함수의 그래프를 그린 것이다. [그림 3-2]를 참고하면 주어진 함수의 증가 및 감소상태를 시각적으로 확인할 수 있다.

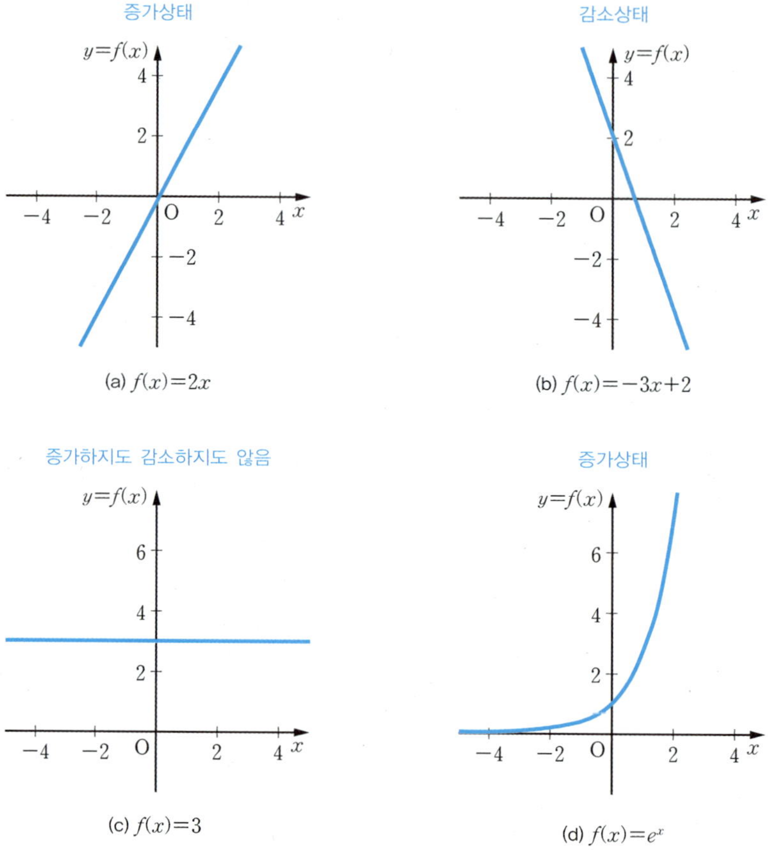

[그림 3-2]

예제 3-2

다음 함수의 증가 및 감소상태에 대하여 설명하라.

(a) $f(x)=x^2+1$　　　　　(b) $f(x)=-x^2-1$

> **key point**
> 함수의 도함수 $f'(x)$를 구한 후, [정리 3-1]을 이용한다.

풀이

(a) $f'(x)=2x$이다. 그러므로 $x<0$의 경우 $f'(x)=2x<0$이므로 $f(x)$는 감소상태이고, $x>0$의 경우 $f'(x)=2x>0$이므로 $f(x)$는 증가상태이다.

(b) $f'(x)=-2x$이다. 그러므로 $x<0$의 경우 $f'(x)=-2x>0$이므로 $f(x)$는 증가상태이고, $x>0$의 경우 $f'(x)=-2x<0$이므로 $f(x)$는 감소상태이다.

[그림 3-3]은 위 (a), (b) 함수의 그래프를 그린 것이다. [그림 3-3]을 참고하면 주어진 함수의 증가 및 감소상태를 시각적으로 확인할 수 있다.

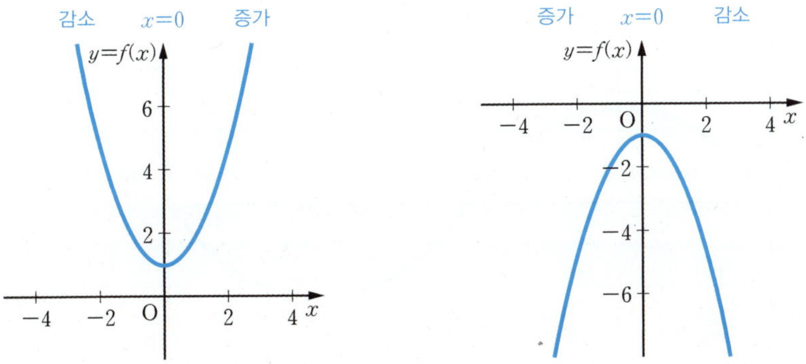

(a) $f(x)=x^2+1$　　(b) $f(x)=-x^2-1$

[그림 3-3]

예제 3-3

다음 함수의 증가 및 감소 구간을 구하라.

(a) $f(x)=\sin x\ (0 \le x \le 2\pi)$

(b) $f(x)=2x^3-3x^2-12x+5$

(c) $f(x)=\dfrac{x}{x^2+1}$

> **key point**
> 함수의 도함수 $f'(x)$를 구한 후, $f'(x)$의 그래프를 그려본다.

풀이

(a) $f'(x)=\cos x$ 이므로 주어진 구간에서 그림으로 나타내면 다음과 같다.

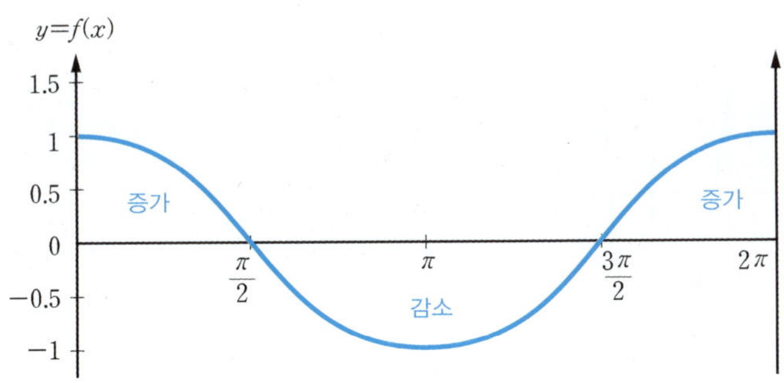

[그림 3-4]

[그림 3-4]에서 $f'(x)>0$ 인 구간, 즉 $0 \le x < \dfrac{\pi}{2},\ \dfrac{3\pi}{2} < x \le 2\pi$ 에서는 $f(x)$가 증가하고, $f'(x)<0$ 인 구간, 즉 $\dfrac{\pi}{2} < x < \dfrac{3\pi}{2}$ 에서는 $f(x)$가 감소한다. 이것을 확인하기 위해 원래의 함수 $f(x)=\sin x\ (0 \le x \le 2\pi)$의 그래프를 그려보면 다음과 같다.

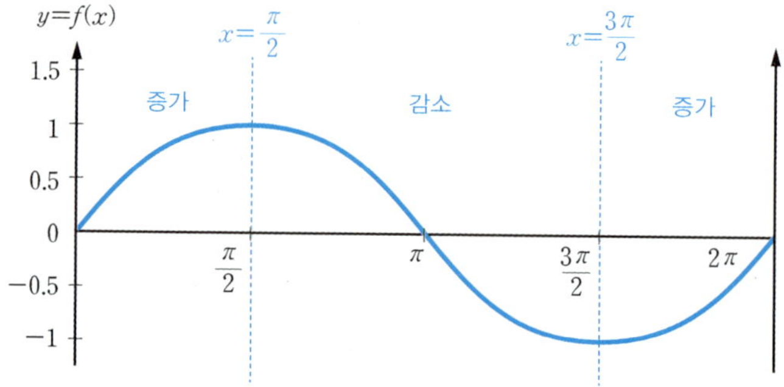

[그림 3-5]

[그림 3-5]를 통해 $f(x)$가 증가하는 구간은 $0 \le x < \frac{\pi}{2}$, $\frac{3\pi}{2} < x \le 2\pi$이고, $f(x)$가 감소하는 구간은 $\frac{\pi}{2} < x < \frac{3\pi}{2}$라는 사실을 확인할 수 있다.

(b) $f'(x) = 6x^2 - 6x - 12 = 6(x+1)(x-2)$이므로 $f'(x) = 6(x+1)(x-2) > 0$을 만족하는 구간, 즉 증가 구간은 $x < -1$, $x > 2$이고, $f'(x) = 6(x+1)(x-2) < 0$을 만족하는 구간, 즉 감소 구간은 $-1 < x < 2$이다.

[그림 3-6]의 $f(x) = 2x^3 - 3x^2 - 12x + 5$의 그래프를 통해 증가 및 감소 구간을 확인할 수 있다.

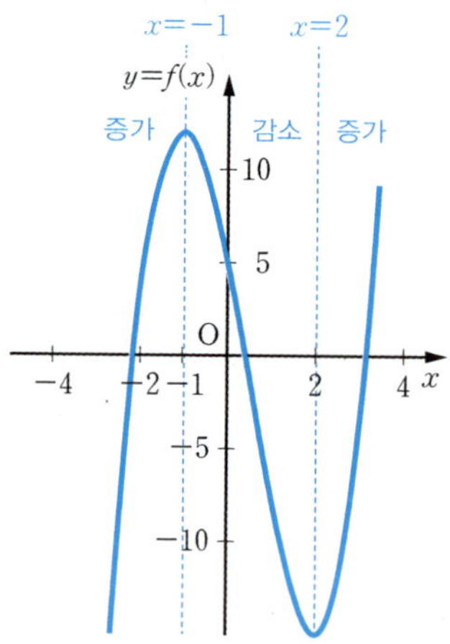

[그림 3-6]

(c) $f'(x) = \frac{(x^2+1) - x(2x)}{(x^2+1)^2} = \frac{-(x+1)(x-1)}{(x^2+1)^2}$이므로, $f'(x)$의 분모는 항상 0보다 크다. 그러므로 $f'(x) > 0$이 되기 위해서는 $-(x+1)(x-1) > 0$이어야 하므로 $(x+1)(x-1) < 0$인 구간, 즉 $-1 < x < 1$이 $f(x)$가 증가하는 구간이다. 또한 $f'(x) < 0$이 되기 위해서는 $-(x+1)(x-1) < 0$이

어야 하므로 $(x+1)(x-1)>0$인 구간, 즉 $x<-1$, $x>1$이 $f(x)$가 감소하는 구간이다.

[그림 3-7]의 $f(x)=\dfrac{x}{x^2+1}$의 그래프를 통해 증가 및 감소 구간을 확인할 수 있다.

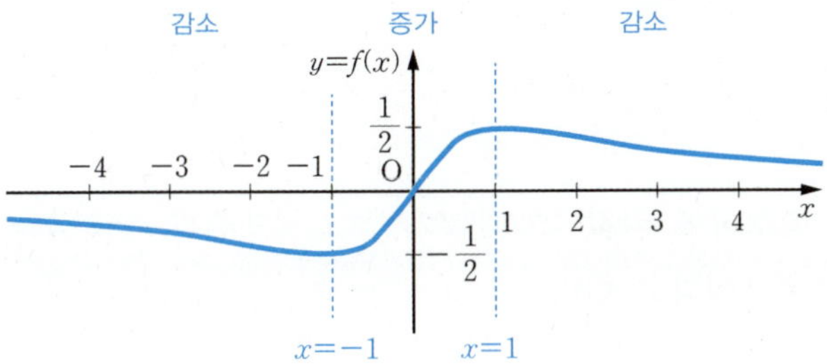

[그림 3-7]

3.2 함수의 극값, 최댓값과 최솟값

3.2.1 극댓값과 극솟값

연속함수 $f(x)$가 점 $x=a$에서 그 근방에서는 가장 큰 값인 $y=f(a)$를 가지고, 점 $x=b$에서 그 근방에서 가장 작은 값인 $y=f(b)$를 가진다고 가정하자.

■ 극대와 극소

이때 함수 $f(x)$는 점 a에서 **극대**local maximum가 된다고 한다. 여기서 극대가 되는 점 $x=a$를 **극댓점**local maximum point, 극댓점에서의 값 $y=f(a)$를 **극댓값**local maximum value이라고 한다. 또한 함수 $f(x)$는 점 b에서 **극소**local minimum가 된다고 하며, 극소가 되는 점 $x=b$를 **극솟점**local minimum point, 극솟점에서의 값 $y=f(b)$를 **극솟값**local minimum value이라고 한다.

[그림 3-8]에는 함수 $f(x)$의 극대와 극소 상황 및 극댓점과 극댓값, 극솟점과 극솟값을 나타내었다.

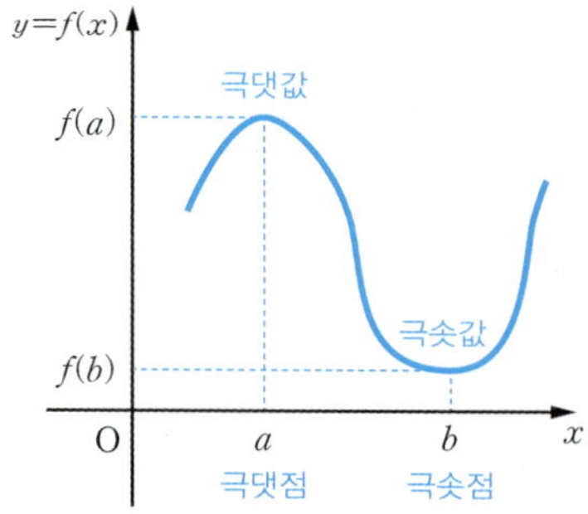

[그림 3-8]

■ 극값과 극점

극댓값과 극솟값을 총칭하여 **극값**local extreme value, 극댓점과 극솟점을 총칭하여 **극점**local extreme point이라고 한다.

여기서 한 가지 주의할 점은 점 a와 b는 그 근방에서 가장 큰 값과 작은 값일 뿐이지 함수의 전 구간에서 가장 큰 값이나 작은 값은 아니라는 사실이다. 그러므로 하나의 함수에는 다수의 극댓점과 극솟점이 있을 수 있다. 이런 상황을 나타낸 것이 [그림 3-9]이다. 즉 여러 개의 극댓점 $x=a$, c, e와 극솟점 $x=b$, d에 따른, 다수의 극댓값 $y=f(a)$, $f(c)$, $f(e)$와 극솟값 $y=f(b)$, $f(d)$가 있을 수 있다.

■ 다수의 극댓값과 극솟값

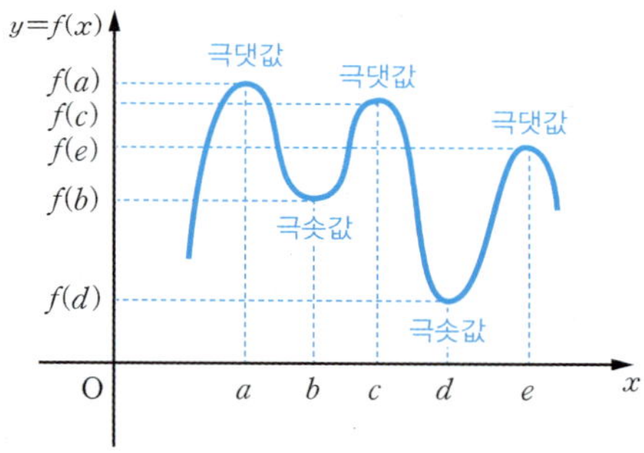

[그림 3-9]

함수 $f(x)$의 극댓점과 극솟점 및 극댓값과 극솟값은 1계 도함수를 이용하여 구할 수도 있고, 2계 도함수를 이용하여 구할 수도 있다. 먼저 1계 도함수를 이용하여 극점 및 극값을 구하는 방법은 다음과 같다.

■ 1계 도함수와 극값과의 관계

함수 $f(x)$의 1계 도함수 $f'(x)$가 $f'(a)=0$인 경우, 점 $x=a$를 중심으로 한 근방에서

❶ $f'(x)$의 부호가 양(+)에서 음(−)으로 바뀌면, $x=a$는 극댓점, $f(a)$는 극댓값이 된다.

❷ $f'(x)$의 부호가 음(−)에서 양(+)으로 바뀌면, $x=a$는 극솟점, $f(a)$는 극솟값이 된다.

■ 1계 도함수의 극값 판정

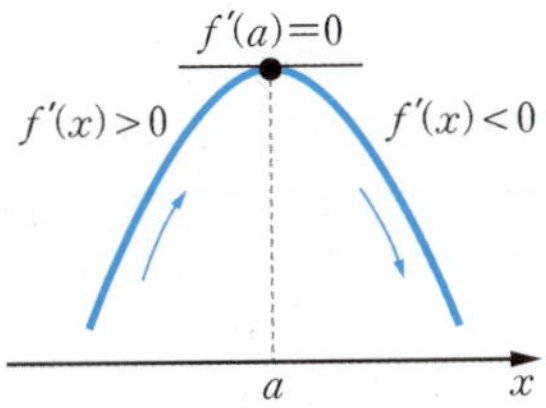

(a) 극대

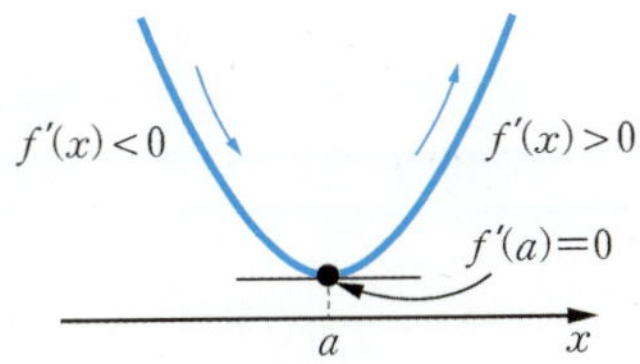

(b) 극소

[그림 3-10]

[그림 3-10]을 통해, 미분가능한 함수 $f(x)$가 $x=a$에서 극값을 가지면, $f'(a)=0$이 됨을 알 수 있다.

예제 3-4

다음 함수의 극점 및 극값을 구하라.

(a) $y=f(x)=x^2$ (b) $y=f(x)=-x^2$

key point
$f'(x)$를 구하여 부호를 조사한다.

풀이

(a) $f'(x)=2x$이므로 $f'(x)=0$이 되는 x의 값은 $x=0$이다. 그리고 $x<0$일 때 $f'(x)$의 부호는 음(−)이고, $x>0$일 때 $f'(x)$의 부호는 양(+)이다. 따라서 $f'(x)$의 부호는 $x=0$을 중심으로 음(−)에서 양(+)으로 바뀌고 있으므로 $x=0$은 극솟점, $f(0)=0$은 극솟값이 된다.

(b) $f'(x)=-2x$이므로 $f'(x)=0$이 되는 x의 값은 $x=0$이다. 그리고 $x<0$일 때 $f'(x)$의 부호는 양(+)이고, $x>0$일 때 $f'(x)$의 부호는 음(−)이다. 따라서 $f'(x)$의 부호는 $x=0$을 중심으로 양(+)에서 음(−)으로 바뀌고 있으므로 $x=0$은 극댓점, $f(0)=0$은 극댓값이 된다.

다음으로 2계 도함수를 이용하여 극점 및 극값을 구하는 방법을 알아보자.

함수 $f(x)$, $f'(x)$, $f''(x)$가 점 a와 그 근방에서 연속인 경우, $f'(a)=0$을 만족하면 점 $x=a$에서 극값 $f(a)$를 가진다.

■ 2계 도함수와 극값과의 관계

❶ $f''(a)<0$이면 $f(a)$는 극댓값이 된다.

❷ $f''(a)>0$이면 $f(a)$는 극솟값이 된다.

❸ $f''(a)=0$이면 판단이 불가능하다.

■ 2계 도함수의 극값 판정

[표 3-1]

(a) $f''(a)<0$인 경우

x	$\cdots$	a	$\cdots$
$f'(x)$	$+$	0	$-$
$f''(x)$	$-$	$-$	$-$
$f(x)$	↗	극댓값	↘

(b) $f''(a)>0$인 경우

x	$\cdots$	a	$\cdots$
$f'(x)$	$-$	0	$+$
$f''(x)$	$+$	$+$	$+$
$f(x)$	↘	극솟값	↗

예제 3-5

key point
$f'(x)=0$이 되는 점을 조사한다.

다음 함수의 극값을 구하고, 극댓값과 극솟값을 구분하라.

(a) $y=f(x)=x^2$ (b) $y=f(x)=-x^2$

풀이

(a) $f'(x)=2x$이므로 $f'(x)=0$이 되는 x의 값은 $x=0$이다. 즉 $f'(0)=0$이 되므로 점 $x=0$에서 극값 $f(0)=0$을 가진다. 그런데 $f''(x)=2$, $f''(0)>0$이므로 극값 0은 극솟값이다.

(b) $f'(x)=-2x$이므로 $f'(x)=0$이 되는 x의 값은 $x=0$이다. 즉 $f'(0)=0$이 되므로 점 $x=0$에서 극값 $f(0)=0$을 가진다. 그런데 $f''(x)=-2$, $f''(0)<0$이므로 극값 0은 극댓값이다.

[그림 3-11]은, [예제 3-4]에서 1계 도함수, [예제 3-5]에서는 2계 도함수를 이용하여 극점과 극값을 구해본 $f(x)=x^2$ 및 $f(x)=-x^2$의 그래프를 나타낸 것이다. 이 그래프를 통해 극솟값과 극댓값을 확인할 수 있다.

■ 함수 $f(x)$의 그래프를 통한 극값의 확인

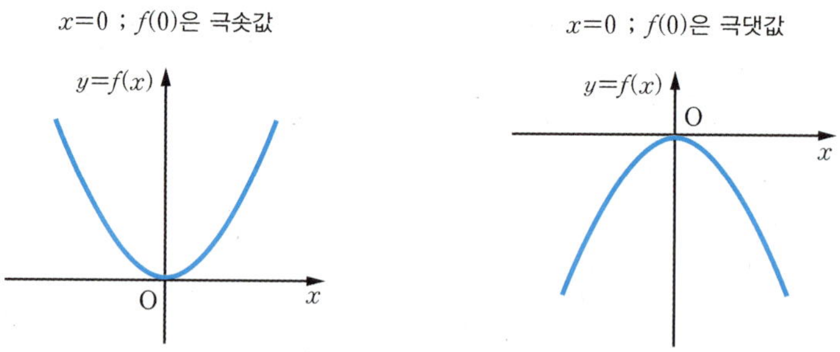

(a) $f(x)=x^2$ (b) $f(x)=-x^2$

[그림 3-11]

예제 3-6

함수 $y=2x^3-9x^2+12x-2$의 극값을 구하라.

> **key point**
> $y'=0$이 되는 값을 구하여 부호의 변화를 조사한다.

풀이

$y'=6x^2-18x+12=6(x-1)(x-2)$이므로 $y'=0$이 되는 x의 값은 $x=1$, 2이다. y'의 부호는 $x<1$일 때 양(+), $1<x<2$일 때 음(−), $x>2$일 때의 양(+)이다. 따라서 $x=1$을 중심으로 해서는 양(+)에서 음(−)으로 변화하므로 $x=1$에서 극댓값을 가지고, $x=2$를 중심으로 해서는 음(−)에서 양(+)으로 변하므로 $x=2$에서는 극솟값을 가지게 된다.

이와 같이 1계 도함수를 이용하는 방법으로 극점과 극값을 계산할 때는 다음과 같이 $y'=0$이 되는 점을 기준으로 y'의 부호를 표를 이용해 나타내는 것이 유용하다.

x	…	1	…	2	…
y'	+	0	−	0	+
y	↗	극대	↘	극소	↗

그러므로 극대가 되는 점인 $x=1$과 극소가 되는 점인 $x=2$에서의 y의 값을 계산하면

$$y\big|_{x=1}=2(1)^3-9(1)^2+12(1)-2=3$$
$$y\big|_{x=2}=2(2)^3-9(2)^2+12(2)-2=2$$

이다. 따라서 극댓값은 3이고, 극솟값은 2이다.

함수 $y=2x^3-9x^2+12x-2$의 그래프를 그려보면 다음과 같다.

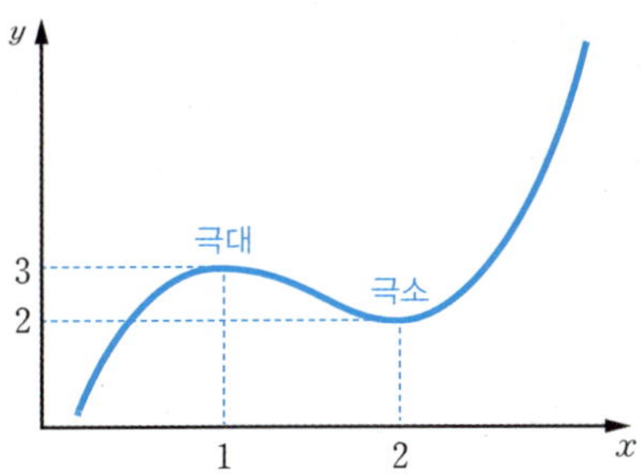

[그림 3-12]

3.2.2 최댓값과 최솟값

■ 최댓값과 최솟값

앞에서 논의한 극댓값과 극솟값은 분명히 임의의 점 근방에서 그 함수의 **최댓값**maximum value이나 **최솟값**minimum value이 될 수도 있다. 그러나 주어진 구간에서 최댓값이나 최솟값을 구하려면 반드시 생각해야 할 점이 있다. 주어진 구간이 $a \le x \le b$라고 할 때, 구간 내에서 극대나 극소가 되는 점이 다수 있을 수 있다는 점이다.

다수의 극댓값이나 극솟값들을 서로 비교해서 그 중에서 가장 큰 값과 가장 작은 값을 가려내야 최댓값이나 최솟값이 구해진다. 또한 최댓값이나 최솟값이 구간 내부의 극점에서뿐만 아니라 구간의 말단인 $x=a$ 혹은 $x=b$에서 얻어질 수도 있다. 그러므로 구간 $a \le x \le b$에서 함수의 최댓값이나 최솟값을 가려내기 위해서는 내부의 극점과 같이 구간 양단에서의 값도 비교해볼 필요가 있다.

예제 3-7

key point

극값과 말단의 값을 비교한 후, 주어진 구간에서의 극댓값과 극솟값을 찾아본다.

다음 주어진 구간에서의 함수의 최댓값과 최솟값을 구하라.

(a) $y=x^2 \ (0 \le x \le 1)$

(b) $f(x)=(x-1)^2 \ (0 \le x \le 3)$

풀이

(a) [예제 3-5]에서 $y=x^2$은 $x=0$에서 극솟값 0을 가진다는 사실을 알았다. 이 문제에서 $x=0$은 구간의 말단에 속하는 두 점 중의 한 점이고, 나머지 말단의 점은 $x=1$이므로 $y|_{x=1}=1$이 된다. 그러므로 주어진 구간에서 최댓값은 1이 되고, 극솟값이었던 0이 최솟값이 된다.

(b) $f'(x)=2(x-1)$이고, $f(1)=0$이므로 $x=1$에서 극값 0을 가진다. $f''(x)=2>0$이므로 극값 0은 극솟값이다. 말단의 점에서의 값을 구해보면 $f(0)=1, f(3)=4$이므로 더 큰 값인 4가 최댓값이 된다. 그러므로 원 함수는 주어진 구간에서 최댓값 4, 최솟값 0을 가진다.

위 (a)와 (b)의 함수의 그래프는 [그림 3-13]과 같다. 이 그래프를 통해 주어진 구간에서의 최댓값과 최솟값을 확인할 수 있다.

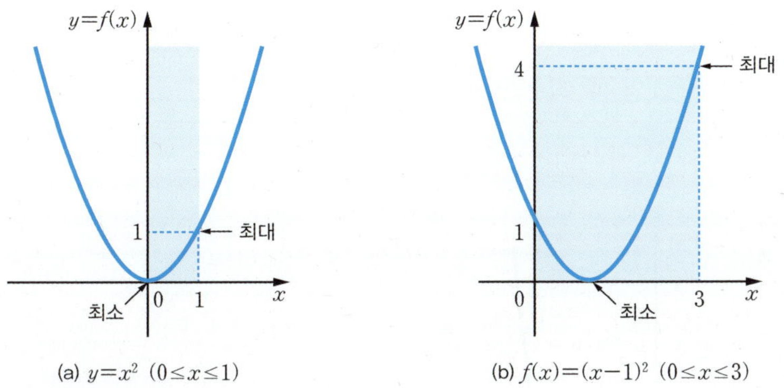

[그림 3–13]

예제 3-8

함수 $f(x)=x^4-2x^2+1$의 최댓값과 최솟값을 구하라. 단, 이 함수의 구간은 $-\dfrac{3}{2}\le x\le\dfrac{3}{2}$이다.

> **key point**
> 극값과 말단의 값을 비교한다.

풀이

$f'(x)=4x^3-4x=4x(x-1)(x+1)$이므로 $x=-1, 0, 1$에서 $f'(x)=0$이 된다. 그러므로 $x=-1$, 0, 1을 기준으로 도함수의 부호를 나타내는 표를 작성하면 다음과 같다.[1]

x	$\cdots$	-1	$\cdots$	0	$\cdots$	1	$\cdots$
$f'(x)$	$-$	0	$+$	0	$-$	0	$+$
$f(x)$	↘	극소	↗	극대	↘	극소	↗

1 $f'(x)$에 $x=-1$, 0, 1 사이의 임의의 값을 대입해보면 $f'(x)$의 부호를 알 수 있다.

극점의 위치를 알았으므로 구간 말단의 값을 포함한 각 점에서 $f(x)$의 값을 구해보면

$$f(-1)=(-1)^4-2(-1)^2+1=0,\quad f(0)=(0)^4-2(0)^2+1=1,$$

$$f(1)=(1)^4-2(1)^2+1=0,\quad f\left(-\frac{3}{2}\right)=\left(-\frac{3}{2}\right)^4-2\left(-\frac{3}{2}\right)^2+1=\frac{25}{16},$$

$$f\left(\frac{3}{2}\right)=\left(\frac{3}{2}\right)^4-2\left(\frac{3}{2}\right)^2+1=\frac{25}{16}$$

이고, 여기서 $\dfrac{25}{16}>1$이다.

따라서 함수 $f(x)=x^4-2x^2+1$은 $x=-\frac{3}{2}$과 $x=\frac{3}{2}$일 때 최댓값 $\frac{25}{16}$를 가지고, $x=-1$과 $x=1$일 때 최솟값 0을 가진다.

[그림 3-14]는 $f(x)=x^4-2x^2+1$의 그래프이다.

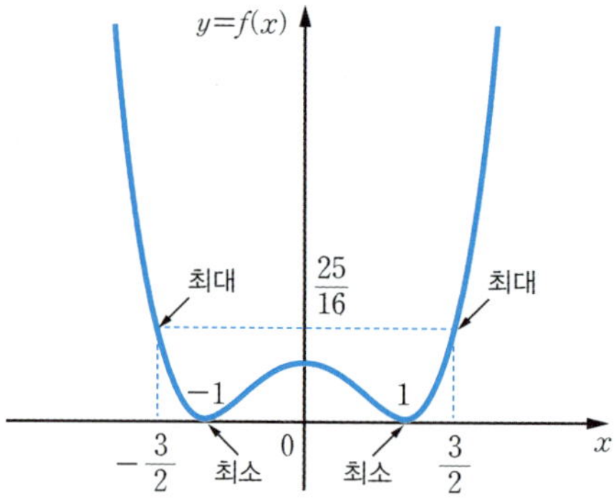

[그림 3-14]

3.3 평균값 정리

평균값 정리는 미적분학에서 매우 중요한 이론으로, 평균값 정리를 이해하기 위해서는 먼저 연속함수의 성질과 롤의 정리를 이해하는 것이 필요하다. 연속함수에 대해서는 앞에서 학습하였으므로 여기서는 롤의 정리에 대하여 아는 것부터 시작해보자.

3.3.1 롤의 정리

[그림 3-15]는 **롤의 정리**Rolle's theorem를 이해하기 위해 나타낸 것이다. 롤의 정리의 기하학적 의미는, 함수 $y=f(x)$가 폐구간 $[a, b]$에서 연속일 때 이 곡선에 접하면서 x축에 평행한 직선을 a와 b 사이에서 적어도 하나 그을 수 있다는 것이다. 이는 다른 말로, 이 함수에서 $f(a)=f(b)$이면 $f'(c)=0$인 점 c가 개구간 (a, b) 안에 적어도 하나 존재한다는 뜻이다.

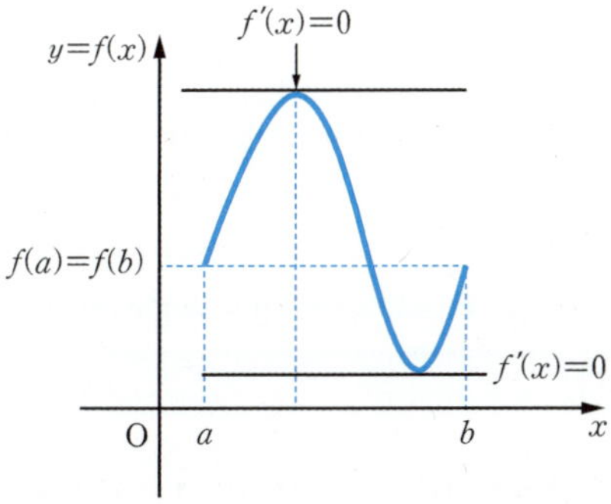

[그림 3-15]

정리 3-2 롤의 정리

함수 $f(x)$가 $a \le x \le b$에서 연속이고 $a < x < b$의 모든 점에서 미분 가능할 때, $f(a)=f(b)$이면 $f'(c)=0$이 되는 점 $c\,(a<c<b)$가 적어도 하나는 존재한다.

증명

구간 $a \le x \le b$에서 연속인 함수 $f(x)$의 최댓값을 M, 최솟값을 N이라고 하자. 만약 $M=N$이라면, 이 함수는 일정한 값 $M=N$일 수밖에 없으므로 구간 내의 모든 점에서 $f'(x)=0$이 된다. 그러므로 $x=c$인 경우로 생각하여 롤의 정리는 성립한다.

다음으로 $M>N$이 되는 경우를 생각해보면, $f(a)=f(b)$이기 때문에 양단의 점이 최댓값과 최솟값이 될 수는 없다. 점 $x=c(a<c<b)$에서 최댓값 $f(c)=M$을 가진다고 하면, 이 최댓값은 $x=c$ 근방에서의 극댓값이 되기 때문에 $f'(c)=0$이 되어야 한다. 점 $x=c(a<c<b)$에서 최솟값 $f(c)=N$을 가지는 경우, 이 최솟값은 $x=c$ 근방에서의 극솟값이 되기 때문에 역시 $f'(c)=0$이 되어야 한다. 따라서 롤의 정리는 어떤 경우에도 성립한다. ■

예제 3-9

다음 함수가 주어진 구간에서 롤의 정리의 조건 $f(a)=f(b)$를 만족하는지를 조사하고, 롤의 정리를 만족하는 c를 구하라.

(a) $f(x)=x^2-2x \quad (0 \le x \le 2)$

(b) $f(x)=x^2-4x-2 \quad (1 \le x \le 3)$

> **key point**
> $f(a)=f(b)$이면 $f'(c)=0$이 되는 점 $c\,(a<c<b)$가 적어도 하나는 존재한다.

풀이

(a) $a=0$, $b=2$로 두면 $f(0)=0-0=0$, $f(2)=4-4=0$이므로 $f(0)=f(2)$,

즉 $f(a)=f(b)$를 만족한다.

$f'(x)=2x-2$에서 $f'(c)=2c-2=0$이 되어야 하므로 $c=1$이고, $0<c<2$이므로 롤의 정리가 성립한다.

(b) $a=1, b=3$로 두면 $f(1)=1-4-2=-5$, $f(3)=9-12-2=-5$이므로 $f(1)=f(3)$, 즉 $f(a)=f(b)$를 만족한다.

$f'(x)=2x-4$에서 $f'(c)=2c-4=0$이 되어야 하므로 $c=2$이고, $1<c<3$이므로 롤의 정리가 성립한다.

예제 3-10

함수 $f(x)=x^3-9x\ (-3\le x\le 3)$가 롤의 정리를 만족하는 x의 값을 구하라.

key point
$f(a)=f(b)$이면 $f'(c)=0$이 되는 점 $c\,(a<c<b)$가 적어도 하나는 존재한다.

풀이

$$f(-3)=(-3)^3-9(-3)=0,\ f(3)=(3)^3-9(3)=0$$

즉 $f(-3)=f(3)$이므로 롤의 정리를 만족한다.

다음에 $f'(x)=3x^2-9=0$을 만족하는 x의 값은 $x^2=3$에서 $x=\pm\sqrt{3}$이 된다. 이 값들은 -3과 3 사이에 있으므로 주어진 구간 내의 값이다. 따라서 롤의 정리를 만족하는 값은 $x=\pm\sqrt{3}$이다.

3.3.2 평균값 정리

다음과 같은 이론을 **평균값 정리**mean value theorem라고 한다. 평균값 정리는 롤의 정리를 이용해 증명할 수 있다.

정리 3-3 평균값 정리

함수 $f(x)$가 구간 $a\le x\le b$에서 연속이고 미분가능하면,

$$f'(c)=\frac{f(b)-f(a)}{b-a}\quad(a<c<b)$$

가 성립하는 점 c가 적어도 하나는 존재한다.

증명

$$g(x)=\frac{f(b)-f(a)}{b-a}(x-a)+f(a)-f(x)$$

라고 하자. $g(x)$는 구간 $a \le x \le b$에서 연속이고 미분가능한 함수이다.

$$g(a)=\frac{f(b)-f(a)}{b-a}(a-a)+f(a)-f(a)=0$$

$$g(b)=\frac{f(b)-f(a)}{b-a}(b-a)+f(a)-f(b)=0$$

이므로 $g(a)=g(b)=0$이 성립한다. 따라서 롤의 정리에 의하여

$$\begin{aligned} g'(x) &= \frac{f(b)-f(a)}{b-a}\frac{d}{dx}(x-a)+\frac{d}{dx}\{f(a)-f(x)\} \\ &= \frac{f(b)-f(a)}{b-a}-f'(x) \end{aligned}$$

이고,

$$g'(c)=\frac{f(b)-f(a)}{b-a}-f'(c)=0$$

인 c가 구간 $(a,\ b)$에 적어도 하나는 존재한다. 그러므로

$$f'(c)=\frac{f(b)-f(a)}{b-a} \quad (a<c<b)$$

가 성립한다. ■

평균값 정리는 [그림 3-16]에 나타낸 것처럼 함수 $f(x)$상의 두 점 $(a,\ f(a))$와 $(b,\ f(b))$를 잇는 직선과 같은 기울기를 가지는 접선을 $a<c<b$ 사이에 적어도 하나 그을 수 있음을 의미하기도 한다.

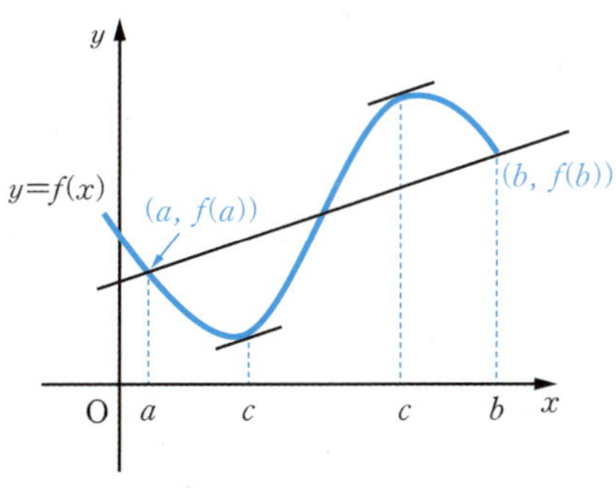

[그림 3-16]

평균값의 정리를 확장한 개념으로 코시의 정리Cauchy's theorem가 있다. 코시의 평균값 정리는 두 함수의 비에서도 평균값 정리가 적용됨을 보여준다.

정리 3-4 코시의 평균값 정리

두 함수 $f(x)$, $g(x)$가 구간 $a \le x \le b$에서 연속이고 구간 $a < x < b$에서 미분가능하면,

$$\frac{f'(c)}{g'(c)} = \frac{f(b)-f(a)}{g(b)-g(a)} \quad (a < c < b)$$

가 성립하는 점 c가 반드시 존재한다. 단, $g(a) \ne g(b)$이고, 구간 $a < x < b$에서 $f'(x) \ne 0$, $g'(x) \ne 0$이다.

코시의 평균값 정리에서 $g(x) = x$로 두면 평균값 정리와 일치한다. 코시의 평균값 정리를 이용해 다음 절에서 배울 로피탈의 정리를 증명할 수 있다.

예제 3-11

> **key point**
> $f(a)$와 $f(b)$의 값을 구하여 $f'(c) = \dfrac{f(b)-f(a)}{b-a}$에 대입한다.

함수 $f(x)$에 대하여 $f'(c) = \dfrac{f(b)-f(a)}{b-a}$ $(a < c < b)$가 성립하는 c를 구하라.

(a) $f(x) = 2x^2 + 1$ $(a = 1, b = 3)$ (b) $f(x) = x^2$ (a, b는 상수)

풀이

(a) $f(3) = 18 + 1 = 19$, $f(1) = 2 + 1 = 3$이므로

$$f'(c) = \frac{f(3)-f(1)}{3-1} = \frac{16}{2} = 8$$

이다.

$f'(x) = 4x$이므로 $f'(c) = 4c = 8$이다. 따라서 $c = 2(1 < C < 3)$가 된다.

(b) $f(b) = b^2$, $f(a) = a^2$이므로

$$f'(c) = \frac{b^2 - a^2}{b-a} = \frac{(b-a)(b+a)}{b-a} = b + a$$

이다.

$f'(x) = 2x$이므로 $f'(c) = 2c = a + b$이다. 따라서

$c = \dfrac{a+b}{2}\left(a < c = \dfrac{a+b}{2} < b\right)$가 된다.

예제 3-12

함수 $f(x)=x^2-5x+6\ (1 \le x \le 5)$이 평균값 정리를 만족하는 c를 구하라.

풀이

$a=1,\ b=5$를 대입하면, $f(1)=1-5+6=2,\ f(5)=25-25+6=6$이므로

$$f'(c)=\frac{f(b)-f(a)}{b-a}=\frac{f(5)-f(1)}{5-1}=\frac{4}{4}=1$$

이다.

$f'(x)=2x-5$이므로 $f'(c)=2c-5=1$이 된다. 따라서 $c=3(1<c<5)$이다.

key point
평균값 정리
$f'(c)=\dfrac{f(b)-f(a)}{b-a}$를
이용한다.

3.4 부정형의 극한(로피탈의 정리)

함수 $f(x)$와 $g(x)$가 점 $x=a$ 근방에서 연속일 때, $f(a)=0,\ g(a)=0$이면 $\dfrac{f(x)}{g(x)}$는 $x=a$에서 $\dfrac{0}{0}$의 형태가 되기 때문에 **부정형**indeterminate form이라고 한다. 이밖에도 부정형에는 $\dfrac{\infty}{\infty}$, $0\cdot\infty$, $\infty-\infty$, 0^0, ∞^0, 0^∞, …와 같은 형태가 있다. 일반적인 방법으로는 값이 정해지지 않는 이러한 부정형도 극한의 형태로 값이 존재하는 경우가 있다. **로피탈의 정리**L'Hôpital's rule는 이러한 부정형의 극한값을 구하는 방법이다.

■ 부정형

■ 부정형의 극한값과 로피탈의 정리

정리 3-5 로피탈의 정리

함수 $f(x)$와 $g(x)$가 점 $x=a$ 근방에서 미분가능할 때, $g'(x)\neq 0$이고 $f(a)=g(a)=0$ 혹은 $f(a)=g(a)=\pm\infty$이면, 우변의 극한이 존재한다는 가정 하에 다음 식이 성립한다.

$$\lim_{x\to a}\frac{f(x)}{g(x)}=\lim_{x\to a}\frac{f'(x)}{g'(x)}$$

증명

$\lim_{x\to a} g'(x) = g'(a)$, $\lim_{x\to a} f'(x) = f'(a)$에서

$$\lim_{x\to a}\frac{f'(x)}{g'(x)} = \frac{f'(a)}{g'(a)} = \frac{\lim_{x\to a}\frac{f(x)-f(a)}{x-a}}{\lim_{x\to a}\frac{g(x)-g(a)}{x-a}} = \lim_{x\to a}\frac{f(x)-f(a)}{g(x)-g(a)}$$

가 된다. 여기서 $f(a) = g(a) = 0$이므로

$$\lim_{x\to a}\frac{f'(x)}{g'(x)} = \lim_{x\to a}\frac{f(x)}{g(x)}$$

가 성립한다. ■

예제 3-13

key point

$$\lim_{x\to a}\frac{f(x)}{g(x)} = \lim_{x\to a}\frac{f'(x)}{g'(x)}$$

다음 극한값을 구하라.

(a) $\lim_{x\to 0}\frac{\sin x}{x}$

(b) $\lim_{x\to 1}\frac{x^2+2x-3}{x^2-1}$

(c) $\lim_{x\to 0}\frac{e^x-1}{x}$

(d) $\lim_{x\to \infty}\frac{\ln x}{x}$

풀이

(a) $x\to 0$이면 $\frac{\sin x}{x} = \frac{0}{0}$의 형태이므로 부정형이다. 그러므로 로피탈의 정리를 이용하여 다음과 같이 극한값을 구할 수 있다.

$$\lim_{x\to 0}\frac{\sin x}{x} = \lim_{x\to 0}\frac{(\sin x)'}{x'} = \lim_{x\to 0}\frac{\cos x}{1} = 1$$

(b) $x\to 1$이면 $\frac{x^2+2x-3}{x^2-1} = \frac{0}{0}$의 형태이므로 부정형이다. 그러므로 로피탈의 정리를 이용하여 다음과 같이 극한값을 구할 수 있다.

$$\lim_{x\to 1}\frac{x^2+2x-3}{x^2-1} = \lim_{x\to 1}\frac{(x^2+2x-3)'}{(x^2-1)'} = \lim_{x\to 1}\frac{2x+2}{2x} = \frac{4}{2} = 2$$

(c) $x\to 0$이면 $\frac{e^x-1}{x} = \frac{0}{0}$의 형태이므로 부정형이다. 그러므로 로피탈의 정리를 이용하여 다음과 같이 극한값을 구할 수 있다.

$$\lim_{x\to0}\frac{e^x-1}{x}=\lim_{x\to0}\frac{(e^x-1)'}{x'}=\lim_{x\to0}\frac{e^x}{1}=e^0=1$$

(d) $x\to\infty$ 이면 $\frac{\ln x}{x}=\frac{\infty}{\infty}$ 의 형태이므로 부정형이다. 그러므로 로피탈의 정리를 이용하여 다음과 같이 극한값을 구할 수 있다.

$$\lim_{x\to\infty}\frac{\ln x}{x}=\lim_{x\to\infty}\frac{(\ln x)'}{(x)'}=\lim_{x\to\infty}\frac{\frac{1}{x}}{1}=\lim_{x\to\infty}\frac{1}{x}=0$$

다이오드 특성

전자회로

다음 식은 다이오드의 특성을 나타내는 근사식이다. 이 근사식을 이용하여 물음에 답하라.

$$I_D = I_s(e^{V_D/0.026} - 1)$$

(a) 근사식이 나타내는 함수의 증감에 대하여 설명하라(단, $I_s = 1$).

(b) V_D의 구간이 $[0,\ 0.8]$일 때 최댓값과 최솟값을 구하라.

문제 접근

반도체 소자인 다이오드는 두 개의 단자를 가진 소자로 [그림 3-17(a)]와 같이 생겼으며, 기호로는 [그림 3-17(b)]와 같이 나타낸다.

(a)

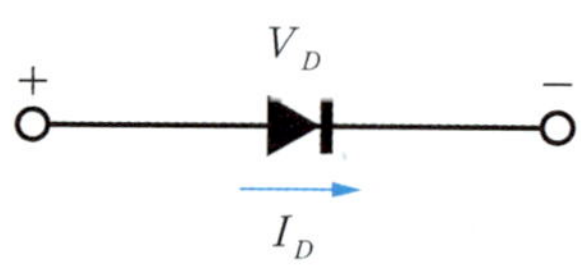

(b)

[그림 3-17]

다이오드는 두 단자 사이에 전압을 걸어야 동작을 할 수 있는데, 전압을 거는 방법에는 두 가지가 있다. 이는 흔히 순방향 바이어스(forward bias)나 역방향 바이어스(reverse bias)를 가한다고 표현한다. 바이어스란 일정한 직류 전압을 말한다. 순방향 바이어스는 [그림 3-17(b)]에 나타낸 것과 같이 전압을 거는 방법으로, 이렇게 바이어스를 가하면 다이오드 기호의 화살표 방향으로 전류가 흐르게 된다. 반면에 역방향 바이어스를 가하면 전류가 흐르지 않는다.

이와 같은 다이오드의 특성은 [그림 3-18]과 같이 다이오드에 인가하는 전압 V_D와 그때 통과하는 전류 I_D와의 관계로 나타낼 수 있다.

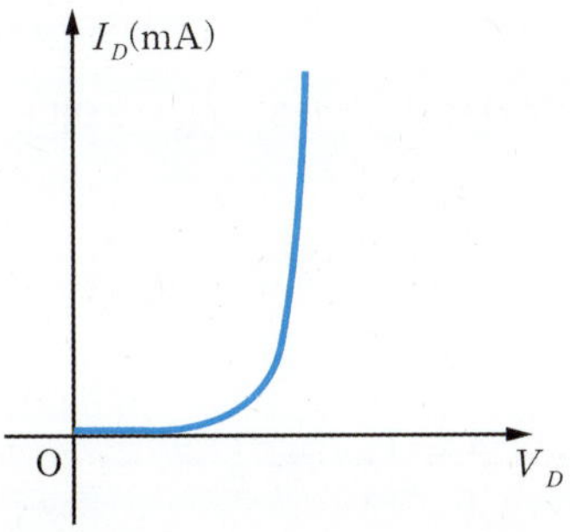

[그림 3-18]

[그림 3-18]과 같은 다이오드의 특성은 다음과 같은 근사식으로 나타낼 수도 있다.

$$I_D = I_s(e^{V_D/0.026} - 1)$$

문제 해결

(a) $I_D(V_D) = e^{V_D/0.026} - 1$과 같이 나타낼 수 있고, 이 식의 도함수를 구하면

$\dfrac{dI_D}{dV_D} = \dfrac{1}{0.026}e^{V_D/0.026} > 0$이 되므로 근사식은 증가함수이다.

(b) 구간 $[0,\ 0.8]$은 $0 \leq V_D \leq 0.8$을 의미하고, 근사식이 증가함수이므로 V_D의 값이 증가함에 따라 I_D의 값도 증가하게 된다. 따라서 최댓값은 $I_D(0) = e^0 - 1 = 0$이고, 최솟값은 $I_D(0.8) = e^{0.8/0.026} - 1 \simeq e^{30.77} - 1$이 된다.

유제 01 $I(x) = 100(e^x - 1)$에서 함수의 증감에 대하여 조사하고, 구간 $[0,\ 1]$에서 최댓값과 최솟값을 구하라.

유제 02 $I(x) = 100(e^{-x} - 1)$에서 함수의 증감에 대하여 조사하고, 구간 $[0,\ 1]$에서 최댓값과 최솟값을 구하라.

■ JFET의 입출력 관계

전자회로

다음 반도체 소자 JFET의 입출력 관계식을 이용하여 물음에 답하라. 여기서 $V_P = 0.5$, $I_{DS} = 2$이다.

$$I_D = I_{DS}\left(1 - \frac{V_{GS}}{V_P}\right)^2$$

(a) JFET의 입출력 관계식인 함수의 증감에 대하여 설명하라(단, $-3 \leq V_{GS} \leq -1$).

(b) 출력 I_D의 최댓값과 최솟값을 구하라.

문제 접근

JFET(Junction Field Effect Transistor)는 전압으로 출력을 제어하는 방식의 소자로 [그림 3-19(a)]와 같이 생겼으며, 기호로는 [그림 3-19(b)]와 같이 나타낸다.

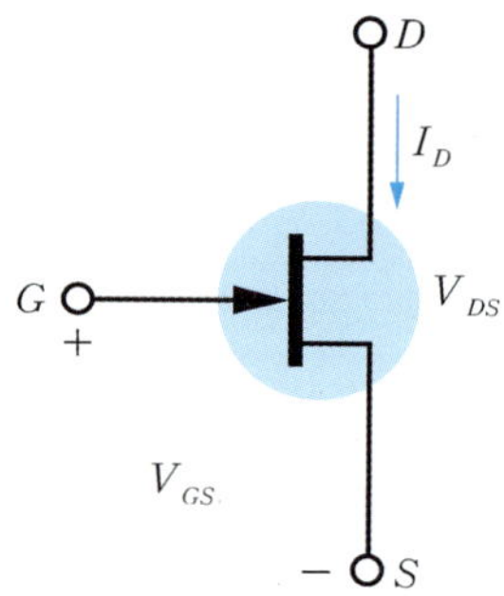

[그림 3-19]

JFET의 입출력인 입력 전압 V_{GS}와 출력 전류 I_D는 [그림 3-20]과 같은 특성을 나타낸다.

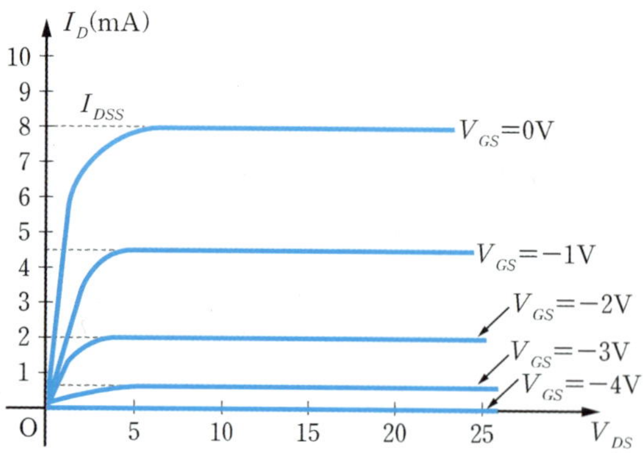

[그림 3-20]

JFET의 입출력 관계식은 다음과 같은 식으로 나타낼 수 있다. 이 식을 쇼클리(Shockley) 방정식이라고 한다. 여기서 I_{DS}와 V_P는 상수이다.

$$I_D = I_{DS}\left(1 - \frac{V_{GS}}{V_P}\right)^2$$

문제 해결

(a) $I_D(V_{GS}) = 2\left(1 - \frac{V_{GS}}{0.5}\right)^2 = 2(1 - 2V_{GS})^2$과 같이 나타낼 수 있고, 이 식의 도함수를 구하면 $\frac{dI_D}{dV_{GS}} = 4(1-2V_{GS})(-2) = 16V_{GS} - 8$이다. 그러므로 $V_{GS} > 0.5$에서는 $\frac{dI_D}{dV_{GS}} > 0$이 되어 증가함수이고, $V_{GS} < 0.5$에서는 $\frac{dI_D}{dV_{GS}} < 0$이 되어 감소함수가 된다. 주어진 범위 $-3 \le V_{GS} \le -1$은 $V_{GS} < 0.5$에 속하므로 감소함수의 영역이다.

(b) 입출력 관계식이 감소함수이므로 V_{GS}의 값이 증가함에 따라 I_D의 값이 감소하게 된다. 따라서 최댓값은 $I_D(-3) = 2(1+6)^2 = 98$이고, 최솟값은 $I_D(-1) = 2(1+2)^2 = 18$이다.

유제 01 $I(x) = 10(1-3x)^2$에서 함수의 증감에 대하여 조사하고, 구간 $[0.5,\ 1]$에서 최댓값과 최솟값을 구하라.

유제 02 $I(x) = -\frac{1}{2}(1-x)^2$에서 함수의 증감에 대하여 조사하고, 구간 $[1,\ 3]$에서 최댓값과 최솟값을 구하라.

Chapter 03 연습문제

※ 다음 함수의 증가 및 감소상태에 대하여 설명하라.

3.1 $f(x) = \cos x \ (0 \le x \le 2\pi)$

3.2 $f(x) = Ax + B$ (단, A, B는 상수)

3.3 $f(x) = x^2 - 2x + 1$

3.4 $f(x) = \dfrac{2}{3}x^2 - 2x + 5$

3.5 $f(x) = x^3 - 12x + 11$

3.6 $f(x) = x^3 - x^2 - x + 1$

※ 다음 함수의 극댓값과 극솟값을 구하라.

3.7 $f(x) = x^3 - 3x + 2$

3.8 $f(x) = -x^3 + 3x + 1$

3.9 $f(x) = x^3 - 3x^2 + 3x$

3.10 $f(x) = 3x^4 - 8x^3 - 6x^2 + 24x - 1$

3.11 $f(x) = \dfrac{1}{2}x - \sin x \ (0 < x < 2\pi)$

3.12 $f(x) = \dfrac{e^x + e^{-x}}{2}$

3.13 $f(x) = x^4 + 3x^2 + 1$

3.14 $f(x) = x + \dfrac{1}{x} \ (x \ne 0)$

※ 다음 함수의 최댓값과 최솟값을 구하라.

3.15 $f(x) = x^2 - 2x + 1 \ (-1 \le x \le 2)$

3.16 $f(x) = -x^3 + 2x^2 \ (-1 \le x \le \dfrac{4}{3})$

3.17 $f(x) = 2x^3 - 9x^2 + 12x - 5 \ (0 \le x \le 3)$

3.18 $f(x) = x^4 - 6x^2 + 8x + 11$

3.19 $f(x) = x^3 \ (-1 \le x \le 1)$

3.20 $f(x) = \sin x + \cos x \ (0 \le x \le \frac{\pi}{2})$

3.21 $f(x) = \dfrac{x}{x^2 + 2} \ (-1 \le x \le 4)$

3.22 $f(x) = e^x + e^{-x} \ (-1 \le x \le 2)$

※ 다음 함수가 주어진 구간에서 롤의 정리의 조건 $f(a) = f(b)$를 만족하는지를 조사하고, 롤의 정리를 만족하는 c의 값을 구하라.

3.23 $f(x) = x^2 + 1 \ (-1 \le x \le 1)$

3.24 $f(x) = x^2 - 4x + 5 \ (0 \le x \le 4)$

3.25 $f(x) = \sin x \ (0 \le x \le \pi)$

3.26 $f(x) = e^x + e^{-x} \ (-1 \le x \le 1)$

※ 다음 함수가 평균값 정리를 만족하는 c의 값을 구하라.

3.27 $f(x) = e^x \ (0 \le x \le 1)$

3.28 $f(x) = \cos x \ (-\pi \le x \le \pi)$

3.29 $f(x) = x^3 - x^2 - x + 1 \ (-1 \le x \le 2)$

3.30 $f(x) = 2\sqrt{x} \ (1 \le x \le 4)$

※ 다음 함수가 구간 $a \le x \le b$에서 평균값 정리를 만족할 수 있는 a, b, c 간의 관계를 구하라.

3.31 $f(x) = x^3$

3.32 $f(x) = \dfrac{1}{x}$

3.33 $f(x) = \sqrt{x}$

3.34 $f(x) = \ln x$

※ 다음 극한값을 구하라.

3.35 $\lim_{x\to 0}\frac{1-\cos x}{x}$

3.36 $\lim_{x\to 0^+}\frac{\ln x}{\cot x}$

3.37 $\lim_{x\to 0}\frac{x+\sin 3x}{x-\sin 3x}$

3.38 $\lim_{x\to 1}\frac{\ln x}{x-1}$

3.39 $\lim_{x\to 0}\frac{\sin x}{x\cos x}$

3.40 $\lim_{x\to\infty}\frac{e^x}{x^2-1}$

3.41 $\lim_{x\to -\infty}\frac{3x^3}{1+x^3}$

3.42 $\lim_{x\to\infty}\frac{e^{2x}}{x^3}$

3.43 $\lim_{x\to 0}\frac{\tan x - x}{x^3}$

3.44 $\lim_{x\to\frac{\pi}{2}}\frac{\ln(\sin x)}{\cot x}$

※ 전자회로 다이오드 특성을 나타내는 다음 식을 이용하여 물음에 답하라.

$$I_D = I_s(e^{V_D/0.026}-1)$$

3.45 근사식을 x(전압)를 변수로 하는 함수 y(전류)에 대한 식으로 고쳐 쓰라(단, $I_s = 0.26$).

3.46 도함수 $\frac{dy}{dx}$를 구하라.

3.47 x의 구간이 $[0.026,\ 0.104]$일 때, y의 최댓값과 최솟값을 구하라.

※ 전자회로 다음 반도체 소자 JFET의 입출력 관계식(쇼클리 방정식)을 이용하여 물음에 답하라.

$$I_D = I_{DS}\left(1-\frac{V_{GS}}{V_P}\right)^2$$

3.48 $V_P = \frac{1}{3}$, $I_{DS} = -\frac{1}{3}$일 때, $\frac{dI_D}{dV_{GS}}$를 구하라.

3.49 JFET의 입출력 관계식의 증감에 대하여 설명하라(단, $\frac{1}{3} \le V_{GS} \le 1$).

3.50 출력 I_D의 최댓값과 최솟값을 구하라.

Chapter

04

편미분

Partial Differentiation

기본적으로는 하나의 독립변수를 가지는 1변수 함수의 미적분학을 공부하지만, 실제 적용을 위해서는 자연적인 현상의 응용인 공학적 모델의 설계에 사용되는 2변수 함수 이상을 필요로 하는 경우가 많다. 그러므로 이 장에서는 다변수함수의 개념을 익히고 지금까지 하나의 변수로만 다루던 미분법을 여러 개의 변수로 확장하여 연산하는 방법에 대하여 학습한다.

4.1 다변수함수

4.1.1 다변수함수의 정의

지금까지는 독립변수 x와 종속변수 y로 구성되는 $y=f(x)$ 형태의 함수를 다루어왔다. 즉 독립변수가 하나인 형태의 함수이다. 이와 같은 형태로 이루어진 함수의 확장형에 대하여 생각해보자.

두 개의 변수 x와 y가 존재하고 이 두 변수의 값에 따라 결정되는 변수 z가 존재할 때, z는 x와 y의 함수라고 한다. 이 변수들의 관계는 다음과 같은 식으로 표현한다.

■ 2변수함수

$$z=f(x,y) \tag{4.1}$$

여기서 x와 y는 독립변수이고, z는 종속변수가 된다. 식 (4.1)과 같이 독립변수 2개로 표현되는 함수를 **2변수함수**function of two variables라고 한다.

예를 들어, 기체의 부피는 압력과 온도에 따라 변하게 된다. 이런 경우 압력을 x, 온도를 y로 두면, 기체의 부피는 두 변수 x, y, 즉 압력과 온도에 따라 변하는 수 $z=f(x,y)$로 둘 수 있다.

2변수함수의 형태를 확장하여 여러 개의 변수 x_1, x_2, x_3, $\cdots$, x_n을 가진 함수 y의 형태를 구성하면 다음과 같다.

■ 다변수함수

$$y=f(x_1,\ x_2,\ x_3,\ \cdots,\ x_n) \tag{4.2}$$

식 (4.2)는 독립변수가 n개이므로 n변수 함수라고 할 수 있는데, $n \geq 2$의 경우에 일반적으로 **다변수함수**function of several variables라고 한다.

예제 4-1

key point
다변수함수 : $y=f(x_1,\ x_2,\ \cdots,\ x_n)$

다음을 다변수함수로 표현하라.

(a) 높이 h, 반지름 r에 의해 정해지는 원통의 체적 V

(b) 전압 v, 전류 i에 의해 정해지는 전력 P

(c) 3차원 공간에서의 위치 x, y, z와 시간 t에 의해 정해지는 전위차 E

풀이

(a) 2변수함수 $V=V(r, h)$로 표현할 수 있다.

(b) 2변수함수 $P=P(v, i)$로 표현할 수 있다.

(c) 4변수함수 $E=E(x, y, z, t)$로 표현할 수 있다.

4.1.2 다변수함수의 극한과 연속

다변수함수의 극한과 연속에 대하여 알기 위해서 가장 간단한 예인 2변수함수의 경우를 살펴보자.

2변수함수 $z=f(x, y)$에서 x와 y가 각각 a와 b에 가까워질 때, z는 일정한 값 L에 가까워진다고 가정해보자. 이때 z는 L에 **수렴한다**converge고 하며, L을 2변수함수 $z=f(x, y)$의 **극한**limit이라고 한다. 2변수함수의 극한을 기호로는 다음과 같이 표현한다.

■ 2변수함수의 수렴과 극한

$$\lim_{\substack{x\to a\\ y\to b}} f(x, y)=\lim_{(x, y)\to(a, b)} f(x, y)=L \tag{4.3}$$

2변수함수의 함숫값 $f(a, b)$가 존재하고,

$$\lim_{\substack{x\to a\\ y\to b}} f(x, y)=f(a, b) \tag{4.4}$$

■ 2변수함수의 함숫값

식 (4.4)가 성립할 때, 2변수 함수 $z=f(x, y)$는 점 (a, b)에서 **연속**continuous이라고 한다.

■ 2변수함수의 연속

또한 2개의 2변수함수 $f(x, y)$와 $g(x, y)$가 점 (a, b)에서 연속이면, 두 함수의 연산으로 이루어진 다음과 같은 함수도 연속성을 가진다.

■ 2변수함수의 연산

❶ $f(x, y)\pm g(x, y)$

❷ $f(x, y)\cdot g(x, y)$

❸ $\dfrac{f(x, y)}{g(x, y)}$ (단, $g(x, y)\neq 0$)

예제 4-2

key point
제곱근 안은 양수가 되어야 한다.

다음 물음에 답하라.

(a) 함수 $z=f(x,\ y)=\sqrt{x^2+y^2-1}$ 의 정의역을 구하라.

(b) 점 (4, 1)에서 함수 $z=f(x,\ y)=\sqrt{x^2+y^2-1}$ 의 값을 구하라.

풀이

(a) $f(x,\ y)=\sqrt{x^2+y^2-1}$ 은 제곱근 안이 $x^2+y^2-1\geq 0$을 만족해야 하므로, 정의역은 $\{(x,\ y)\,|\,x^2+y^2\geq 1\}$이다.

(b) $f(x,\ y)=\sqrt{x^2+y^2-1}$ 에 $x=4,\ y=1$을 대입하면,

$$f(4,\ 1)=\sqrt{4^2+1^2-1}=4$$

예제 4-3

key point
$x=a,\ y=b$
$\rightarrow f(x,\ y)=f(a,\ b)$

다음 물음에 답하라.

(a) $z=f(x,\ y)=x^3+4y^2$일 때 $f(1,\ 2)$를 구하라.

(b) $a=g(x,\ y)=2x^2+y^2$일 때 $g(2,\ 1)$을 구하라.

(c) $x=1,\ y=1$일 때, $c=z-a$를 구하라. 단, z와 a의 값은 (a)와 (b)의 값을 사용한다.

(d) $x=2,\ y=2$일 때, $c=z+a$를 구하라. 단, z와 a의 값은 (a)와 (b)의 값을 사용한다.

풀이

(a) $f(1,\ 2)=1^3+4\cdot 2^2=17$

(b) $g(2,\ 1)=2\cdot 2^2+1^2=9$

(c) $c=z-a=x^3+4y^2-2x^2-y^2=x^3-2x^2+3y^2$

$x=1,\ y=1$을 대입하면, $c=1^3-2\cdot 1^2+3\cdot 1^2=2$이다.

(d) $c=z+a=x^3+4y^2+2x^2+y^2=x^3+2x^2+5y^2$

$x=2,\ y=2$를 대입하면, $c=2^3+2\cdot 2^2+5\cdot 2^2=36$이다.

예제 4-4

다음 극한값을 구하라.

(a) $\lim\limits_{\substack{x\to 2\\ y\to 2}} ax^2+by^2$ (a, b는 상수)

(b) $\lim\limits_{\substack{x\to 2\\ y\to 2}} \dfrac{x^2+y^2}{xy}$

(c) $\lim\limits_{\substack{x\to 2\\ y\to 2}} \dfrac{xy-1}{x^2y+2xy+xy^2}$

(d) $\lim\limits_{\substack{x\to \pi\\ y\to \pi}} \dfrac{\sin 2x-\cos 2y}{\sin x+\cos y}$

key point

$\lim\limits_{\substack{x\to a\\ y\to b}} f(x,\ y)=f(a,\ b)$

풀이

x와 y에 각각의 극한값을 대입한다.

(a) $\lim\limits_{\substack{x\to 2\\ y\to 2}} ax^2+by^2=4a+4b$

(b) $\lim\limits_{\substack{x\to 2\\ y\to 2}} \dfrac{x^2+y^2}{xy}=\dfrac{2^2+2^2}{2\cdot 2}=2$

(c) $\lim\limits_{\substack{x\to 2\\ y\to 2}} \dfrac{xy-1}{x^2y+2xy+xy^2}=\dfrac{2\cdot 2-1}{2^2\cdot 2+2\cdot 2\cdot 2+2\cdot 2^2}=\dfrac{1}{8}$

(d) $\lim\limits_{\substack{x\to \pi\\ y\to \pi}} \dfrac{\sin 2x-\cos 2y}{\sin x+\cos y}=\dfrac{\sin 2\pi-\cos 2\pi}{\sin \pi+\cos \pi}=\dfrac{0-1}{0-1}=1$

4.2 편도함수

4.2.1 편미분계수

2변수함수 $z=f(x,\ y)$에서 변수 y를 상수 b로 바꾸면 $z=f(x,\ b)$라는 1변수함수가 된다. 이렇게 만들어진 함수 $f(x,\ b)$가 $x=a$에서 미분가능하면, 함수 $f(x,\ y)$는 점 $(a,\ b)$에서 x에 대하여 **편미분가능**partial differentiable 하다고 한다. 이때 x에 대한 **편미분계수**partial differential coefficient는

$$f_x(a,\ b)=\lim_{\Delta x\to 0}\frac{f(a+\Delta x,\ b)-f(a,\ b)}{\Delta x} \tag{4.5}$$

■ x에 대한 편미분계수

와 같이 정의할 수 있다.

같은 식으로 $z=f(x,\ y)$에서 변수 x를 상수 a로 바꾸면 $z=f(a,\ y)$라는 1변수함수가 된다. 이렇게 만들어진 함수 $f(a,\ y)$가 $y=b$에서 미분가능하면, 함수 $f(x,\ y)$는 점 $(a,\ b)$에서 y에 대하여 편미분가능하다고 한다. 이때 y에 대한 편미분계수는 다음 식으로 정의된다.

■ y에 대한 편미분계수

$$f_y(a,\ b)=\lim_{\Delta y\to 0}\frac{f(a,\ b+\Delta y)-f(a,\ b)}{\Delta y} \tag{4.6}$$

예제 4-5

함수 $f(x,\ y)=2x^2y^2+3x+4y$에 대하여 편미분계수 $f_x(1,\ 2)$와 $f_y(2,\ 1)$을 구하라.

key point

$$f_x(a,\ b)=\lim_{\Delta x\to 0}\frac{f(a+\Delta x,\ b)-f(a,\ b)}{\Delta x}$$

$$f_y(a,\ b)=\lim_{\Delta y\to 0}\frac{f(a,\ b+\Delta y)-f(a,\ b)}{\Delta y}$$

풀이

x에 대한 편미분계수는 $f_x(a,\ b)=\lim\limits_{\Delta x\to 0}\dfrac{f(a+\Delta x,\ b)-f(a,\ b)}{\Delta x}$이므로

$$\begin{aligned}f_x(1,\ 2)&=\lim_{\Delta x\to 0}\frac{f(1+\Delta x,\ 2)-f(1,\ 2)}{\Delta x}\\&=\lim_{\Delta x\to 0}\frac{8(1+\Delta x)^2+3(1+\Delta x)+8-19}{\Delta x}\\&=\lim_{\Delta x\to 0}\frac{8\{1+2\Delta x+(\Delta x)^2\}+3+3\Delta x+8-19}{\Delta x}\\&=\lim_{\Delta x\to 0}\frac{16\Delta x+(\Delta x)^2+3\Delta x}{\Delta x}=\lim_{\Delta x\to 0}(19+\Delta x)=19\end{aligned}$$

y에 대한 편미분계수는 $f_y(a,\ b)=\lim\limits_{\Delta y\to 0}\dfrac{f(a,\ b+\Delta y)-f(a,\ b)}{\Delta y}$이므로

$$\begin{aligned}f_y(2,\ 1)&=\lim_{\Delta y\to 0}\frac{f(2,\ 1+\Delta y)-f(2,\ 1)}{\Delta y}\\&=\lim_{\Delta y\to 0}\frac{8(1+\Delta y)^2+6+4(1+\Delta y)-18}{\Delta y}\\&=\lim_{\Delta y\to 0}\frac{8\{1+2\Delta y+(\Delta y)^2\}+6+4\Delta y+4-18}{\Delta y}\\&=\lim_{\Delta y\to 0}\frac{16\Delta y+(\Delta y)^2+4\Delta y}{\Delta y}=\lim_{\Delta y\to 0}(20+\Delta y)=20\end{aligned}$$

4.2.2 편도함수

2변수함수 $z=f(x,\ y)$에서 변수 y를 고정하고 변수 x만의 함수가 되도록 하여 미분한 것을 x에 대한 **편도함수**partial derivative라고 하고, 변수 x를 고정하여 변수 y만의 함수가 되도록 하여 미분한 것을 y에 대한 편도함수라고 한다.

x에 대한 편도함수는

$$\frac{\partial f(x,\ y)}{\partial x}=\lim_{\Delta x\to 0}\frac{f(x+\Delta x,\ y)-f(x,\ y)}{\Delta x} \tag{4.7}$$

■ x에 대한 편도함수

와 같은 식으로 나타내며, f_x라고 표기하기도 한다.

y에 대한 편도함수는

$$\frac{\partial f(x,\ y)}{\partial y}=\lim_{\Delta y\to 0}\frac{f(x,\ y+\Delta y)-f(x,\ y)}{\Delta y} \tag{4.8}$$

■ y에 대한 편도함수

와 같은 식으로 나타내며, f_y라고 표기하기도 한다.

다변수함수인 경우도 2변수함수에서와 같은 방법으로 하나의 변수만의 함수가 되도록 하여 그 변수에 대한 편도함수를 구할 수 있다. 이와 같이 특정 변수에 주목한 편도함수를 구하는 것을 **편미분**partial differentiation이라고 한다. 편미분은 전자기학에서 스칼라나 벡터장의 미분연산에 아주 많이 활용되는 수학적 방법이다.

■ 편미분

예제 4-6

다음 함수의 편도함수를 구하여라.

(a) $z=f(x,\ y)=x+y$

(b) $z=f(x,\ y)=xy^2+x^2y$

key point

$\frac{\partial z}{\partial x}=\frac{\partial f}{\partial x},\ \frac{\partial z}{\partial y}=\frac{\partial f}{\partial y}$

풀이

(a) $\frac{\partial z}{\partial x}=\frac{\partial f}{\partial x}=\frac{\partial}{\partial x}(x+y)=\frac{\partial x}{\partial x}+\frac{\partial y}{\partial x}=1+0=1$

$\frac{\partial z}{\partial y}=\frac{\partial f}{\partial y}=\frac{\partial}{\partial y}(x+y)=\frac{\partial x}{\partial y}+\frac{\partial y}{\partial y}=0+1=1$

(b) $\dfrac{\partial z}{\partial x}=\dfrac{\partial f}{\partial x}=\dfrac{\partial}{\partial x}(xy^2+x^2y)=y^2+2xy$

$\dfrac{\partial z}{\partial y}=\dfrac{\partial f}{\partial y}=\dfrac{\partial}{\partial y}(xy^2+x^2y)=2xy+x^2$

예제 4-7

key point

$f_x(x,\ y)=\dfrac{\partial f}{\partial x}$

$f_y(x,\ y)=\dfrac{\partial f}{\partial y}$

2변수함수 $z=f(x,\ y)=xy^2+3xy+x^2y$에 대하여 다음 편미분계수의 값을 구하라.

(a) $f_x(1,\ 2)$ (b) $f_y(1,\ 2)$

풀이

(a) $f_x(x,\ y)=\dfrac{\partial f}{\partial x}=\dfrac{\partial}{\partial x}(xy^2+3xy+x^2y)=y^2+3y+2xy$

$f_x(1,\ 2)=2^2+3(2)+2(1)(2)=14$

(b) $f_y(x,\ y)=\dfrac{\partial f}{\partial y}=\dfrac{\partial}{\partial y}(xy^2+3xy+x^2y)=2xy+3x+x^2$

$f_y(1,\ 2)=2(1)(2)+3(1)+1^2=8$

Check it up!

✔ 편미분과 벡터의 미분연산[1]

∇(나블라)nabla라는 연산자가 있다. ∇는 다음과 같이 각각 x, y, z에 대해 편미분을 취하는 형태로 표현된다.

$$\nabla=\frac{\partial}{\partial x}\vec{i}+\frac{\partial}{\partial y}\vec{j}+\frac{\partial}{\partial z}\vec{k}$$

이 연산자를 활용하면 임의의 스칼라함수를 각각의 축에 대하여 편미분하여 다음과 같은 벡터함수를 정의할 수 있다.

$$\mathrm{grad}f=\nabla f=\frac{\partial f}{\partial x}\vec{i}+\frac{\partial f}{\partial y}\vec{j}+\frac{\partial f}{\partial z}\vec{k}$$

위의 결과는 스칼라함수의 기울기로서 **그래디언트**gradient라고 한다.

1 벡터함수에 대해서는 8장에서 자세히 다루기로 한다.

4.2.3 고계 편도함수

2변수함수 $z = f(x, y)$의 편도함수 $f_x = \frac{\partial f}{\partial x}$와 $f_y = \frac{\partial f}{\partial y}$를 다시 편미분하는 것, 즉 편도함수의 편도함수를 구하는 것도 생각할 수 있다. 편도함수 역시 x와 y의 함수로 이루어지기 때문이다.

편도함수 $f_x = \frac{\partial f}{\partial x}$와 $f_y = \frac{\partial f}{\partial y}$를 한 번 더 편미분한 것을 **2계 편도함수** second-order partial derivative라고 하고, 다시 편미분하는 변수에 따라 다음과 같이 표현한다.

■ 2계 편도함수

$$\frac{\partial}{\partial x}\left(\frac{\partial f}{\partial x}\right) = \frac{\partial^2 f}{\partial x^2} = f_{xx} \tag{4.9}$$

$$\frac{\partial}{\partial y}\left(\frac{\partial f}{\partial x}\right) = \frac{\partial^2 f}{\partial y \partial x} = f_{xy} \tag{4.10}$$

$$\frac{\partial}{\partial x}\left(\frac{\partial f}{\partial y}\right) = \frac{\partial^2 f}{\partial x \partial y} = f_{yx} \tag{4.11}$$

$$\frac{\partial}{\partial y}\left(\frac{\partial f}{\partial y}\right) = \frac{\partial^2 f}{\partial y^2} = f_{yy} \tag{4.12}$$

같은 변수로 다시 편미분하는 것은 문제가 없지만, 식 (4.10) 및 (4.11)과 같이 다른 변수로 편미분하는 경우는 편미분의 순서를 분명히 기억해서 첨자를 붙여야 한다. 먼저 편미분한 변수가 첨자의 앞쪽에 쓰이기 때문이다. 즉 편도함수의 분모 쪽 순서와 첨자로 표기되는 순서가 다르다는 점을 기억해 두자. 식 (4.10)과 (4.11)로 표현되는 두 편도함수의 경우, 주어진 함수 $f(x, y)$와 도함수 및 편도함수 모두가 연속이라면 서로 같은 값을 가지게 된다. 그러므로 두 편도함수가 동일한 식으로 나타나는 것이 일반적이다.

각 편도함수는 다시 편미분이 가능하면 계속해서 그 편도함수를 구할 수 있다. 편도함수의 계수는 편미분한 횟수로 정해진다. 즉 n번 편미분하여 얻은 편도함수를 ***n*계 편도함수** nth-order partial derivative라고 한다. 일반적으로 2계 이상의 편도함수를 **고계 편도함수** higher-order partial derivative라고 한다.

■ n계 편도함수

예제 4-8

key point

$$f_{xx} = \frac{\partial^2 f}{\partial x^2}$$

$$f_{xy} = \frac{\partial^2 f}{\partial y \partial x}$$

$$f_{yx} = \frac{\partial^2 f}{\partial x \partial y}$$

$$f_{yy} = \frac{\partial^2 f}{\partial y^2}$$

다음 2변수함수의 2계 편도함수를 구하라.

(a) $z = f(x, y) = \sin x + \cos y$

(b) $z = f(x, y) = xy^2 + x^2 y$

풀이

(a) $$f_x = \frac{\partial f}{\partial x} = \frac{\partial}{\partial x}(\sin x + \cos y) = \cos x$$

$$f_y = \frac{\partial f}{\partial y} = \frac{\partial}{\partial y}(\sin x + \cos y) = -\sin y$$

$$f_{xx} = \frac{\partial^2 f}{\partial x^2} = \frac{\partial}{\partial x}(\cos x) = -\sin x$$

$$f_{xy} = \frac{\partial^2 f}{\partial y \partial x} = \frac{\partial}{\partial y}(\cos x) = 0$$

$$f_{yx} = \frac{\partial^2 f}{\partial x \partial y} = \frac{\partial}{\partial x}(-\sin y) = 0$$

$$f_{yy} = \frac{\partial^2 f}{\partial y^2} = \frac{\partial}{\partial y}(-\sin y) = -\cos y$$

(b) $$f_x = \frac{\partial f}{\partial x} = \frac{\partial}{\partial x}(xy^2 + x^2 y) = y^2 + 2xy$$

$$f_y = \frac{\partial f}{\partial y} = \frac{\partial}{\partial y}(xy^2 + x^2 y) = 2xy + x^2$$

$$f_{xx} = \frac{\partial^2 f}{\partial x^2} = \frac{\partial}{\partial x}(y^2 + 2xy) = 2y$$

$$f_{xy} = \frac{\partial^2 f}{\partial y \partial x} = \frac{\partial}{\partial y}(y^2 + 2xy) = 2y + 2x$$

$$f_{yx} = \frac{\partial^2 f}{\partial x \partial y} = \frac{\partial}{\partial x}(2xy + x^2) = 2y + 2x$$

$$f_{yy} = \frac{\partial^2 f}{\partial y^2} = \frac{\partial}{\partial y}(2xy + x^2) = 2x$$

4.3 편도함수의 응용

4.3.1 전미분

2변수함수 $z=f(x, y)$가 미분가능한 함수이고, 독립변수 x와 y의 미분을 각각 dx와 dy라고 하면, 종속변수인 z의 미분은 dz로 나타낼 수 있다. 이때 dz를 2변수함수 $f(x, y)$의 **전미분**total differential이라고 하고, 다음 식으로 나타낼 수 있다.

■ 전미분

$$dz = df(x, y) = f_x(x, y)dx + f_y(x, y)dy \tag{4.13}$$

식 (4.13)의 전미분은 다음과 같이 표현하는 것이 일반적이다.

$$dz = \frac{\partial f}{\partial x}dx + \frac{\partial f}{\partial y}dy \tag{4.14}$$

■ 전미분의 표현식

증명

함수 $z=f(x, y)$에서 변수 x, y가 $x+\Delta x$, $y+\Delta y$로 변화할 때, 변수 z는 $z+\Delta z$로 변화한다면, 다음과 같이 전개할 수 있다.

$$\begin{aligned}\Delta z &= f(x+\Delta x, y+\Delta y) - f(x, y)\\ &= f(x+\Delta x, y+\Delta y) - f(x, y+\Delta y) + f(x, y+\Delta y) - f(x, y)\\ &= \frac{f(x+\Delta x, y+\Delta y) - f(x, y+\Delta y)}{\Delta x}\Delta x\\ &\quad + \frac{f(x, y+\Delta y) - f(x, y)}{\Delta y}\Delta y\end{aligned}$$

여기서

$$f_x(x, y) = \lim_{\substack{\Delta x \to 0\\ \Delta y \to 0}} \frac{f(x+\Delta x, y+\Delta y) - f(x, y+\Delta y)}{\Delta x}$$

$$f_y(x, y) = \lim_{\substack{\Delta x \to 0\\ \Delta y \to 0}} \frac{f(x, y+\Delta y) - f(x, y)}{\Delta y}$$

이므로

$$\begin{aligned}\lim_{\substack{\Delta x \to 0\\ \Delta y \to 0}} \Delta z &= \lim_{\substack{\Delta x \to 0\\ \Delta y \to 0}} \frac{f(x+\Delta x, y+\Delta y) - f(x, y+\Delta y)}{\Delta x} \lim_{\Delta x \to 0} \Delta x\\ &\quad + \lim_{\substack{\Delta x \to 0\\ \Delta y \to 0}} \frac{f(x, y+\Delta y) - f(x, y)}{\Delta y} \lim_{\Delta y \to 0} \Delta y\end{aligned}$$

와 같이 나타낼 수 있다. 이 식에서

$$\lim_{\substack{\Delta x \to 0 \\ \Delta y \to 0}} \Delta z = dz, \quad \lim_{\Delta x \to 0} \Delta x = dx, \quad \lim_{\Delta y \to 0} \Delta y = dy$$

이므로

$$dz = \frac{\partial f(x, y)}{\partial x} dx + \frac{\partial f(x, y)}{\partial y} dy$$

와 같이 표현할 수 있다. ■

전미분은 2변수함수뿐만이 아니라 다변수함수에도 확장하여 적용될 수 있다. 예를 들어 2변수함수 $u = f(x, y, z)$의 경우는 다음과 같이 표현할 수 있다.

▪ 3변수의 전미분

$$du = \frac{\partial f}{\partial x} dx + \frac{\partial f}{\partial y} dy + \frac{\partial f}{\partial z} dz \tag{4.15}$$

공학수학에서 중요한 위치를 차지하고 있는 미분방정식의 풀이법 중 하나인 **완전미분방정식**exact differential equation을 이해하려면 전미분의 개념을 분명히 알아두어야 한다. 또한 전자기학에서 사용되는 많은 식들이 편미분의 형태로 이루어져 있기 때문에 전기전자 공학을 전공하는 학생들에게 편미분의 개념을 이해하는 것이 필수적이라고 할 수 있다.

key point

$$dz = \frac{\partial f}{\partial x} dx + \frac{\partial f}{\partial y} dy$$

예제 4-9

다음 함수를 전미분하라.

(a) $z = x^2 + y^2$

(b) $z = \dfrac{y}{x}$

풀이

(a) $dz = \dfrac{\partial (x^2 + y^2)}{\partial x} dx + \dfrac{\partial (x^2 + y^2)}{\partial y} dy = 2x dx + 2y dy$

(b) $dz = \dfrac{\partial \left(\dfrac{y}{x} \right)}{\partial x} dx + \dfrac{\partial \left(\dfrac{y}{x} \right)}{\partial y} dy = -\dfrac{y}{x^2} dx + \dfrac{1}{x} dy$

예제 4-10

저항 R이 $\pm 0.02\Omega$의 오차범위에서 $10\,\Omega$으로 측정되었고, 저항에 걸리는 전압은 $\pm 0.02\mathrm{V}$의 오차범위에서 $20\,\mathrm{V}$로 측정되었다. 이 회로에서 전류 $I=\dfrac{V}{R}$에서 발생할 수 있는 최대 오차의 근삿값을 계산하라.

> **key point**
>
> $dz=\dfrac{\partial f}{\partial x}dx+\dfrac{\partial f}{\partial y}dy$
>
> 옴의 법칙은 $V=IR$로부터 $I=\dfrac{V}{R}=VR^{-1}$으로 표현할 수 있다.

풀이

전류에 대한 식은 $I=\dfrac{V}{R}=VR^{-1}$과 같이 나타낼 수 있으므로, 식 (4.14)에 의해

$$\begin{aligned} dI &= \frac{\partial VR^{-1}}{\partial V}dV+\frac{\partial VR^{-1}}{\partial R}dR \\ &= R^{-1}dV-VR^{-2}dR \\ &= \frac{1}{R}dV-\frac{V}{R^2}dR \end{aligned}$$

이다. 여기에 $R=10$, $dR=\pm 0.02$, $V=20$, $dV=\pm 0.02$를 대입하면 $dI=\dfrac{1}{10}(\pm 0.02)-\dfrac{20}{10^2}(\pm 0.02)$이므로, 최대오차의 경우는

$$dI=\frac{1}{10}(0.02)-\frac{20}{10^2}(-0.02)=-0.006$$

또는

$$\frac{1}{10}(-0.02)-\frac{20}{10^2}(0.02)=0.006$$

이다. 따라서 최대 오차의 근삿값은 $dI=\pm 0.006$이 된다.

4.3.2 합성함수의 편미분

다변수함수의 변수가 각각 또 다른 제3의 변수의 함수로 구성되어 있을 때, 그 다변수함수는 제3의 변수의 함수이기도 하다. 그렇게 이루어진 합성함수의 도함수를 구하는 방법을 생각해보자.

2변수함수 $z=f(x,\ y)$의 변수 x, y가 모두 t의 함수 $x(t)$, $y(t)$라면, 그 합성함수의 도함수는 다음과 같이 정의할 수 있다.

■ 합성함수의 도함수

$$\frac{dz}{dt}=\frac{\partial f}{\partial x}\frac{dx}{dt}+\frac{\partial f}{\partial y}\frac{dy}{dt} \tag{4.16}$$

식 (4.16)은 2변수함수의 두 변수 x, y가 1변수함수인 경우로, 다변수함수로 확장될 수 있다. 여기서는 2변수함수로 확장된 경우에 대하여 살펴보자.

2변수함수 $z=f(x, y)$의 두 변수 x, y가 각각 2변수함수 $x(s, t)$, $y(s, t)$라고 하면, 각각의 변수 s, t에 대한 편미분 $\frac{\partial z}{\partial s}$, $\frac{\partial z}{\partial t}$는 다음과 같은 식으로 구할 수 있다.

■ 합성함수의 편미분

$$\begin{aligned}\frac{\partial z}{\partial s}&=\frac{\partial z}{\partial x}\frac{\partial x}{\partial s}+\frac{\partial z}{\partial y}\frac{\partial y}{\partial s}\\ \frac{\partial z}{\partial t}&=\frac{\partial z}{\partial x}\frac{\partial x}{\partial t}+\frac{\partial z}{\partial y}\frac{\partial y}{\partial t}\end{aligned} \tag{4.17}$$

예제 4-11

key point

$$\frac{dz}{dt}=\frac{\partial f}{\partial x}\frac{dx}{dt}+\frac{\partial f}{\partial y}\frac{dy}{dt}$$

2변수함수 $z=f(x, y)=x^2+y^2$에서 $x=\sin 2t$, $y=\cos t$일 때, $\frac{dz}{dt}$를 구하라.

풀이

$$\frac{\partial z}{\partial x}=\frac{\partial}{\partial x}(x^2+y^2)=2x,\quad \frac{\partial z}{\partial y}=\frac{\partial}{\partial y}(x^2+y^2)=2y$$

$$\frac{dx}{dt}=\frac{d}{dt}(\sin 2t)=2\cos 2t,\quad \frac{dy}{dt}=\frac{d}{dt}(\cos t)=-\sin t$$

식 (4.16)을 이용하여 $\frac{dz}{dt}$를 구하면

$$\begin{aligned}\frac{dz}{dt}&=\frac{\partial f}{\partial x}\frac{dx}{dt}+\frac{\partial f}{\partial y}\frac{dy}{dt}\\ &=2x\cdot 2\cos 2t+2y\cdot(-\sin t)\\ &=2\sin 2t\cos 2t-2\sin t\cos t=\sin 4t-\sin 2t\end{aligned}$$

예제 4-12

$z=3x^2+y^2$에서 $x=2s+7t$, $y=5st$일 때, $\dfrac{\partial z}{\partial s}$와 $\dfrac{\partial z}{\partial t}$를 s와 t의 함수로 나타내라.

key point

$$\frac{\partial z}{\partial s}=\frac{\partial z}{\partial x}\frac{\partial x}{\partial s}+\frac{\partial z}{\partial y}\frac{\partial y}{\partial s}$$

$$\frac{\partial z}{\partial t}=\frac{\partial z}{\partial x}\frac{\partial x}{\partial t}+\frac{\partial z}{\partial y}\frac{\partial y}{\partial t}$$

풀이

$$\frac{\partial z}{\partial x}=\frac{\partial}{\partial x}(3x^2+y^2)=6x,\quad \frac{\partial z}{\partial y}=\frac{\partial}{\partial y}(3x^2+y^2)=2y$$

$$\frac{\partial x}{\partial s}=\frac{\partial}{\partial s}(2s+7t)=2,\quad \frac{\partial y}{\partial s}=\frac{\partial}{\partial s}(5st)=5t$$

$$\frac{\partial x}{\partial t}=\frac{\partial}{\partial t}(2s+7t)=7,\quad \frac{\partial y}{\partial t}=\frac{\partial}{\partial t}(5st)=5s$$

식 (4.17)을 이용하여 다음과 같이 $\dfrac{\partial z}{\partial s}$와 $\dfrac{\partial z}{\partial t}$를 구한다.

$$\begin{aligned}\frac{\partial z}{\partial s}&=\frac{\partial z}{\partial x}\frac{\partial x}{\partial s}+\frac{\partial z}{\partial y}\frac{\partial y}{\partial s}=6x\cdot 2+2y\cdot 5t\\&=12x+10yt=12(2s+7t)+10(5st)t\\&=24s+84t+50st^2\end{aligned}$$

$$\begin{aligned}\frac{\partial z}{\partial t}&=\frac{\partial z}{\partial x}\frac{\partial x}{\partial t}+\frac{\partial z}{\partial y}\frac{\partial y}{\partial t}=6x\cdot 7+2y\cdot 5s\\&=42x+10ys=42(2s+7t)+10(5st)s\\&=84s+294t+50s^2t\end{aligned}$$

Chapter 04 공학문제

완전미분방정식

공학수학

미분방정식 $\frac{dy}{dx}=-\frac{x^3+3xy^2}{3x^2y+y^3}$이 완전미분방정식인지 아닌지를 판별하라.

문제 접근

완전미분방정식은, 미분방정식을 $M(x,\ y)dx+N(x,\ y)dy=0$의 형으로 만들었을 때, $\frac{\partial u}{\partial x}dx+\frac{\partial u}{\partial x}dy=0$과 같이 전미분 형태로 이루어져 있을 경우 해를 구할 수 있는 방법을 제시하는 형태의 미분방정식이다. 이때 먼저 주어진 미분방정식이 완전미분방정식의 형태인지 아닌지를 알아야 하는데, 그 판별법은 다음 식을 만족하는지의 여부를 계산하는 것이다.

$$\frac{\partial M(x,\ y)}{\partial y}=\frac{\partial N(x,\ y)}{\partial x}$$

만약 위의 식을 만족하면 주어진 미분방정식이 완전미분방정식의 형태이므로 주어진 해를 구할 수 있다.

문제 해결

먼저 주어진 식을 $M(x,\ y)dx+N(x,\ y)dy=0$의 형태로 만들면

$$(x^3+3xy^2)dx+(3x^2y+y^3)dy=0$$

이다. 여기서 $M(x,\ y)=x^3+3xy^2$, $N(x,\ y)=3x^2y+y^3$이 되므로 위의 식에 대입하면

$$\frac{\partial M(x,\ y)}{\partial y}=6xy,\quad \frac{\partial N(x,\ y)}{\partial x}=6xy$$

가 되어 두 식이 동일함을 알 수 있다. 그러므로 원래의 식은 완전미분방정식의 형태이다.

유제 01 식 $\frac{y}{x^2}dx=\frac{1}{x}dy$가 완전미분방정식이 되는지의 여부를 판별하라.

유제 02 식 $\frac{dy}{dx}=-\frac{2\sin(y^2)}{xy\cos(y^2)}$이 완전미분방정식이 되는지의 여부를 판별하라.

■ 스칼라함수의 기울기

전자기학

$V(x,\ y,\ z)=e^{z}\sin 2x\cos y$와 같이 3변수함수로 표현되는 스칼라함수의 기울기를 구하라.

문제 접근

전자기학에서 전자계를 해석하는 데 있어서 빠질 수 없는 계산법이 미분연산이다. 그 중에서 임의의 스칼라량이 공간에서 얼마만큼의 크기로 분포되어 있는지를 알아볼 때 사용하는 미분연산법이 바로 스칼라장의 기울기(gradient)를 구하는 것이다.

예를 들어 온도와 같은 스칼라량을 임의의 공간에서 측정하면 높은 곳과 낮은 곳이 나타나기 때문에 그 공간의 온도를 측정하여 같은 온도가 나타나는 곳만 연결한 선을 생각할 수 있다. 그것이 등온선이 되며, 그것을 이용하여 주어진 공간의 온도를 분석할 수 있는 것이다. 스칼라함수 V의 기울기는 V의 증가에 따른 최대공간 변화율의 크기와 방향을 나타내는 벡터이다.

스칼라함수의 기울기는 좌표계에 따라 구하는 식이 조금씩 달라진다. 먼저 직교좌표계에서는 다음과 같은 식으로,

$$\nabla V=\frac{\partial V}{\partial x}\vec{a_x}+\frac{\partial V}{\partial y}\vec{a_y}+\frac{\partial V}{\partial z}\vec{a_z}$$

원통좌표계에서는 다음과 같은 식으로,

$$\nabla V=\frac{\partial V}{\partial r}\vec{a_r}+\frac{1}{r}\frac{\partial V}{\partial \phi}\vec{a_\phi}+\frac{\partial V}{\partial z}\vec{a_z}$$

구좌표계에서는 다음과 같은 식으로

$$\nabla V=\frac{\partial V}{\partial r}\vec{a_r}+\frac{1}{r}\frac{\partial V}{\partial \theta}\vec{a_\theta}+\frac{1}{r\sin\theta}\frac{\partial V}{\partial \phi}\vec{a_\phi}$$

스칼라함수의 기울기를 구할 수 있다.

문제 해결

$\frac{\partial V}{\partial x}$, $\frac{\partial V}{\partial y}$, $\frac{\partial V}{\partial z}$를 구하면

$$\frac{\partial V}{\partial x} = \frac{\partial}{\partial x}(e^z \sin 2x \cos y) = 2e^z \cos 2x \cos y$$
$$\frac{\partial V}{\partial y} = \frac{\partial}{\partial y}(e^z \sin 2x \cos y) = -e^z \sin 2x \sin y$$
$$\frac{\partial V}{\partial z} = \frac{\partial}{\partial z}(e^z \sin 2x \cos y) = e^z \sin 2x \cos y$$

가 되므로, 스칼라함수의 기울기는

$$\nabla V = 2e^z \cos 2x \cos y \overrightarrow{a_x} - e^z \sin 2x \sin y \overrightarrow{a_y} + e^z \sin 2x \cos y \overrightarrow{a_z}$$

이다.

유제 01 3변수함수 $V(x,\ y,\ z) = x^2 y + xyz$의 기울기를 구하라.

유제 02 3변수함수 $V(x,\ y,\ z) = e^x \sin y + e^y \cos z$의 기울기를 구하라.

Chapter 04 연습문제

※ 다음 함수의 정의역을 구하라.

4.1 $f(x,\ y)=\sqrt{1-x^2-y^2}$

4.2 $f(x,\ y)=\dfrac{\sqrt{x+y-2}}{x}$

4.3 $f(x,\ y)=\ln(y-x)$

4.4 $f(x,\ y,\ z)=\dfrac{1}{\sqrt{x^2+y^2+z^2-4}}$

※ 다음 극한값을 구하라.

4.5 $\displaystyle\lim_{(x,\ y)\to(2,\ 1)}(2x^2y+x^2-y^2)$

4.6 $\displaystyle\lim_{(x,\ y)\to(1,\ 1)}(x^2y-xy^2)$

4.7 $\displaystyle\lim_{\substack{x\to 0\\ y\to 0}}\frac{e^x+e^y}{x^2+y^2-1}$

4.8 $\displaystyle\lim_{\substack{x\to 0\\ y\to 0}}\frac{\cos\left(x+\frac{\pi}{2}\right)+\sin\left(x+\frac{\pi}{2}\right)}{\cos x-\sin y}$

4.9 $\displaystyle\lim_{(x,\ y)\to(2,\ \pi)}\left(x\cos^2 xy-\sin\frac{xy}{2}\right)$

4.10 $\displaystyle\lim_{(x,\ y)\to(e,\ 2)}(\ln x^2-e^{\ln y})$

4.11 $\displaystyle\lim_{\substack{x\to 1\\ y\to 1}}\frac{2x^2-xy+2y^2}{x^3+xy+y^3}$

4.12 $\displaystyle\lim_{\substack{x\to 0\\ y\to 0}}\frac{\operatorname{cosec} y-\cot y+1}{\sin 3x\cot 2x}$

※ 다음 물음에 답하라.

4.13 $f(x,\ y)=\dfrac{x-y}{x+y}$ 는 원점에서 극한값을 갖지 않는다는 사실을 증명하라.

4.14 다음 함수에 대하여 $f_x(0,\ 0)=f_y(0,\ 0)=0$ 임을 증명하라.

$$f(x,\ y)=\begin{cases}\dfrac{x^3y-xy^3}{x^2+y^2} & (x\neq 0,\ y\neq 0)\\ 0 & (x=0,\ y=0)\end{cases}$$

※ 다음 함수의 편도함수를 구하라.

4.15 $z=f(x,\ y)=x^2+y^2$

4.16 $z=f(x,\ y)=x\cos y$

4.17 $z=f(x,\ y)=e^{xy}$

4.18 $z=f(x,\ y)=xy\sin xy$

4.19 $z=f(x,\ y)=x^2y+\sin x+x\cos y$

4.20 $z=f(x,\ y)=3e^x-2e^y+x^2y^3$

※ [연습문제 **4.15**~**4.20**]의 2변수함수 각각에 대하여 다음 편미분계수를 구하라.

4.21 $f_x(2,\ \pi)$

4.22 $f_y(2,\ \pi)$

※ 다음 2변수함수의 2계 편도함수를 구하라.

4.23 $z=f(x,\ y)=x^3+y^3$

4.24 $z=f(x,\ y)=y\sin x+x\cos y$

4.25 $z=f(x,\ y)=x^3y^2+x^2y^3$

4.26 $z = f(x,\ y) = \sin xy$

4.27 $z = f(x,\ y) = x^3 + x^2y^3 + 2y^2$

4.28 $z = f(x,\ y) = 3xy^3 - 2xy + \sin x$

※ 다음 함수를 전미분하라.

4.29 $z = ax^2 + by^2$ (a, b는 상수)

4.30 $z = x\cos y$

4.31 $z = \sqrt{x^2 + y^2}$

4.32 $z = \dfrac{1}{\sqrt{x^2 + y^2}}$

4.33 $z = \dfrac{\sin x}{\sin y}$

4.34 $u = xyz$

4.35 $u = x^3 + y^3 + z^3$

4.36 $u = x^2y + y^2z + z^2x$

※ 다음 물음에 답하라.

4.37 $z = \sqrt{r^2 + x^2}$ 일 때, r과 x가 각각 시간당 2와 3의 비율로 증가하는 경우의 z의 변화율을 구하라. 단, $r = 3$, $x = 4$이다.

4.38 $I = 1 - e^{-\frac{L}{R}}$이다. 여기서 R은 $\pm 0.05\Omega$의 오차범위에서 1.2Ω으로 측정되었고, L은 $\pm 0.01\text{H}$의 오차범위에서 0.7H로 측정되었다. I에 대한 최대 오차의 근삿값을 구하라.

※ 다음 함수의 $\dfrac{dz}{dt}$ 나 $\dfrac{\partial z}{\partial t}$ 를 구하고, s 와 t 의 함수로 나타내라.

4.39 $z = x^2y^3,\ x = t^3,\ y = t^2$

4.40 $z = e^y \sin x + e^x \sin y,\ x = 3t,\ y = 2t$

4.41 $z = x^2y,\ x = st,\ y = s - t$

4.42 $z = e^{x^2+y^2},\ x = s\sin t,\ y = t\sin s$

※ 공학수학 다음 방정식들이 완전미분방정식인지 아닌지를 판별하라.

4.43 $\dfrac{dy}{dx} = -\dfrac{\sin x \cos y}{\cos x \sin y}$

4.44 $\dfrac{dy}{dx} = -\dfrac{2x \tan y}{\sec^2 y}$

4.45 $\dfrac{dy}{dx} = \dfrac{x^2+y^2}{2xy}$

4.46 $2e^{2x}\cos y dx = e^{2x}\sin y dy$

※ 전자기학 다음 스칼라함수들의 기울기를 구하라.

4.47 $V(x,\ y) = e^{-(x^2+y^2)}$

4.48 $V(x,\ y,\ z) = xy + yz + zx$

4.49 $V(r,\ \phi,\ z) = rz\sin\phi + z^2\cos^2\phi + r^2$

4.50 $V(r,\ \theta,\ \phi) = \cos\theta \sin\phi \ln r + r^2\phi$

Chapter

05

부정적분

Indefinite Integral

미분법과 적분법은 서로 밀접한 관련이 있다. 미분법과 적분법은 상대적으로 서로 반대되는 연산과정을 거쳐 구해지기 때문이다. 부정적분은 미분하여 도함수가 된 함수의 미분 전의 함수를 찾는 것, 즉 역도함수를 구하는 것이다. 이 장에서는 미분되기 전의 함수를 구하는 방법인 부정적분의 개념과 계산법에 대하여 살펴보기로 한다.

5.1 부정적분

5.1.1 원시함수

어떤 함수를 미분한다는 것은 그 함수의 도함수를 구한다는 의미이다. 그렇다면 역으로, 미분된 형태인 도함수를 미분하기 전의 형태로 되돌리는 방법은 없을까? 이 생각이 바로 부정적분에 대한 기본적인 개념이 된다.

예를 들면 $F(x)=\frac{1}{2}x^2$이라는 함수가 존재할 때, 그 도함수는 다음과 같이 미분하는 과정을 거쳐서 구해진다.

$$\frac{dF(x)}{dx}=F'(x)=\frac{d}{dx}\left(\frac{1}{2}x^2\right)=x=f(x)$$

■ 원시함수

여기서 주어진 함수 $F(x)=\frac{1}{2}x^2$을 도함수 $F'(x)=f(x)=x$의 **원시함수**primitive function라고 한다. 즉 x의 원시함수는 $\frac{1}{2}x^2$이 되는 것이다. 그러므로 도함수와 원시함수의 관계는

■ 도함수와 원시함수의 관계

$$\frac{dF(x)}{dx}=F'(x)=f(x) \tag{5.1}$$

와 같이 나타낼 수 있다.

5.1.2 부정적분의 정의

부정적분은 기본적으로 원시함수를 구하는 연산이다. 하지만 앞의 예의 경우 $\frac{1}{2}x^2$만이 x의 원시함수가 될 수 있는 것은 아니다. 만약 $\frac{1}{2}x^2$에 임의의 상수 C를 더하며 $\frac{1}{2}x^2+C$의 형태로 만드다면, 상수 C가 어떤 값을 가지더라도 $F(x)=\frac{1}{2}x^2+C$의 도함수는 $F'(x)=f(x)=x$가 된다. 그러므로 $F(x)=\frac{1}{2}x^2+C$가 도함수 $f(x)=x$의 원시함수라고 할 수 있다.

이런 과정에서 $f(x)$의 **부정적분**indefinite integral은 다음과 같이 정의한다.

■ 부정적분의 정의

$$\int f(x)dx=F(x)+C \tag{5.2}$$

이때 적분하는 함수 $f(x)$를 **피적분함수**integrand, 상수 C를 **적분상수**integral constant, 변수 x를 **적분변수**integral variable라고 한다. 즉 '$f(x)$를 적분한다'는 것은 '미분하면 $f(x)$가 되는 함수 $F(x)$를 구한다'고 할 수 있다.

■ 피적분함수, 적분상수, 적분변수

예제 5-1

다음과 같은 함수와 도함수의 관계를 부정적분에 대한 식으로 바꾸어라.

(a) $\frac{d}{dx}(x)=1$ (b) $\frac{d}{dx}(x^2)=2x$

(c) $\frac{d}{dx}(\sin x)=\cos x$ (d) $\frac{d}{dx}(e^{2x})=2e^{2x}$

key point

$$\int f(x)dx=F(x)+C$$

풀이

(a) $\int (1)dx = x+C$

(b) $\int (2x)dx = x^2+C$

(c) $\int (\cos x)dx = \sin x+C$

(d) $\int (2e^{2x})dx = e^{2x}+C$

Check it up!

✔ 적분 기호 $\int$

적분은 한 마디로 '더하는 것'이다. 예를 들어 피자 한 판이 있는데, 그 면적을 구한다고 생각해보자. 피자 조각의 면적을 각각 ΔP_1, ΔP_2, $\cdots$, ΔP_n이라고 하면, 다음 식과 같이 조각을 전부 합한 것이 피자의 면적이라고 할 수 있다.

$$P=\sum_{i=1}^{n}\Delta P_i$$

위 식에서 조각조각의 크기를 아주 작은 것(무한소)이라고 생각하여 dP라고 표현하면, 이렇게 작게 나누어진 dP를 모두 합한다는 의미의 기호 $\int$ integral을 사용하여 다음과 같은 식으로 표현할 수 있다.

$$P=\int dP$$

여기서 $\int$은 합한다(sum)summation는 의미에서 's'를 아래, 위로 길게 늘여서 쓴 기호로, 이것이 바로 적분 기호가 된다.

5.2 부정적분의 성질과 기본공식

5.2.1 미분과 적분의 관계

부정적분의 정의를 표현한 식 (5.2)로부터 다음과 같은 관계를 알 수 있다.

■ 미분과 적분의 관계

$$\frac{d}{dx}\left\{\int f(x)dx\right\} = \frac{d}{dx}\{F(x) + C\} = f(x) \tag{5.3}$$

$$\int\left\{\frac{d}{dx}f(x)\right\}dx = \int f'(x)\,dx = f(x) + C \tag{5.4}$$

식 (5.3)과 (5.4)는 적분이 미분의 역과정이라는 사실을 알려주는 관계식이다. 즉 함수 $f(x)$를 적분한 후 미분하면 $f(x)$가 되고, 미분한 후 적분하면 $f(x)+C$가 된다는 것으로, 어떤 순서이든 함수 $f(x)$가 구해진다.

예제 5-2

다음 식을 계산하라.

(a) $\int\left(\frac{d}{dx}x^2\right)dx$

(b) $\frac{d}{dx}\left(\int \sin x dx\right)$

(c) $\int\left(\frac{d}{dx}\cos x\right)dx$

(d) $\frac{d}{dx}\left(\int e^x dx\right)$

key point

미분과 적분의 관계를 이용한다.

$\frac{d}{dx}\left\{\int f(x)dx\right\} = f(x)$

$\int\left\{\frac{d}{dx}f(x)\right\}dx = f(x) + C$

풀이

(a) $\int\left(\frac{d}{dx}x^2\right)dx = \int 2x\,dx$ 이고, $(x^2)' = 2x$ 이므로 $\int\left(\frac{d}{dx}x^2\right)dx = x^2 + C$이다.

(b) $(-\cos x)' = \sin x$ 이므로 $\frac{d}{dx}\left(\int \sin x dx\right) = \frac{d}{dx}(-\cos x + C) = \sin x$ 이다.

(c) $\int\left(\frac{d}{dx}\cos x\right)dx = \int(-\sin x)dx$ 이고, $(\cos x)' = -\sin x$ 이므로

$\int\left(\frac{d}{dx}\cos x\right)dx = \cos x + C$이다.

(d) $(e^x)' = e^x$ 이므로 $\frac{d}{dx}\left(\int e^x dx\right) = \frac{d}{dx}(e^x + C) = e^x$ 이다.

5.2.2 부정적분의 선형성

부정적분에는 다음과 같은 식으로 표현되는 성질이 있다.

■ 부정적분의 선형성

$$\int kf(x)dx = k\int f(x)dx \quad (k\text{는 상수}) \qquad (5.5)$$

$$\int \{f(x) \pm g(x)\}dx = \int f(x)dx \pm \int g(x)dx \qquad (5.6)$$

즉 주어진 피적분함수의 상수 배를 구하거나 각각 다른 함수들의 합과 차가 피적분함수가 되는 경우에 유용하게 사용할 수 있다. 부정적분의 이러한 성질을 **선형성**linearity이라고 한다.

예제 5-3

다음 식을 계산하라.

(a) $\dfrac{d}{dx}\left\{\displaystyle\int (x^2+2x)dx\right\}$

(b) $\dfrac{d}{dx}\left\{\displaystyle\int (\sin x+\cos x)dx\right\}$

key point

$$\int \{f(x) \pm g(x)\}dx = \int f(x)dx \pm \int g(x)dx$$

풀이

(a) $\dfrac{d}{dx}\left\{\displaystyle\int (x^2+2x)dx\right\} = \dfrac{d}{dx}\left\{\displaystyle\int (x^2)dx + \int (2x)dx\right\}$이고,

$\left(\dfrac{1}{3}x^3\right)' = x^2$, $(x^2)' = 2x$이므로

$$\frac{d}{dx}\left\{\int (x^2+2x)dx\right\} = \frac{d}{dx}\left(\frac{1}{3}x^3 + x^2 + C\right) = x^2 + 2x$$

이다.

(b) $\dfrac{d}{dx}\left\{\displaystyle\int (\sin x+\cos x)dx\right\} = \dfrac{d}{dx}\left\{\displaystyle\int (\sin x)dx + \int (\cos x)dx\right\}$이고,

$(-\cos x)' = \sin x$, $(\sin x)' = \cos x$이므로

$$\frac{d}{dx}\left\{\int (\sin x+\cos x)dx\right\} = \frac{d}{dx}(-\cos x + \sin x + C) = \sin x + \cos x$$

이다.

5.2.3 부정적분의 기본공식

우리가 이미 알고 있는 미분공식으로부터 기본적인 적분공식을 얻을 수 있다. 적분이 미분의 역이라는 점을 감안하여 생각하면 쉽게 이해할 수 있을 것이다. 다음은 미적분의 관계에서 부정적분의 값을 추정할 수 있는 함수를 포함하여 기본적으로 알아두면 편리한 부정적분 공식을 정리한 것이다.

정리 5-1 부정적분의 공식

(1) $\int x^n dx = \frac{1}{n+1} x^{n+1} + C \quad (n \neq -1)$

(2) $\int \frac{1}{x} dx = \ln|x| + C$

(3) $\int e^x dx = e^x + C$

(4) $\int a^x dx = \frac{a^x}{\ln a} + C \quad (a \neq 1,\ a > 0)$

(5) $\int \sin x dx = \quad \cos x + C$

(6) $\int \cos x dx = \sin x + C$

(7) $\int \sec x \tan x dx = \sec x + C$

(8) $\int \operatorname{cosec} x \cot x dx = -\operatorname{cosec} x + C$

(9) $\int \sec^2 x dx = \tan x + C$

(10) $\int \operatorname{cosec}^2 x dx = -\cot x + C$

(11) $\int \tan x dx = -\ln|\cos x| + C = \ln|\sec x| + C$

(12) $\int \cot x dx = \ln|\sin x| + C$

(13) $\int \sec x dx = \ln|\sec x + \tan x| + C$

(14) $\int \operatorname{cosec} x dx = -\ln|\cot x + \operatorname{cosec} x| + C$

(15) $\int \ln x dx = x \ln x - x + C$

(16) $\int \frac{f'(x)}{f(x)} dx = \ln|f(x)| + C$

예제 5-4

다음 부정적분을 구하라.

(a) $\int (3x^3+2x)dx$

(b) $\int \left(\sqrt{x}+\frac{3}{x}\right)dx$

(c) $\int (3e^x-2^x)dx$

(d) $\int \frac{2x+2}{x^2+2x+2}dx$

(e) $\int (3\sin x-2\cos x)dx$

(f) $\int (\tan^2 x+1)dx$

(g) $\int \frac{1}{1-\cos^2 x}dx$

(h) $\int \frac{\cos x}{\sin^2 x}dx$

key point
부정적분의 공식을 참조한다.

풀이

(a) $\int (3x^3+2x)dx=3\cdot\frac{1}{3+1}x^{3+1}+2\cdot\frac{1}{1+1}x^{1+1}+C=\frac{3}{4}x^4+x^2+C$

(b) $\int \left(\sqrt{x}+\frac{3}{x}\right)dx=\int \left(x^{\frac{1}{2}}\right)dx+\int \frac{3}{x}dx=\frac{x^{\frac{1}{2}+1}}{\frac{1}{2}+1}+C_1+3\int \frac{1}{x}dx$

$$=\frac{2}{3}x\sqrt{x}+3\ln|x|+C$$

(c) $\int (3e^x-2^x)dx=3\int (e^x)dx-\int (2^x)dx=3e^x-\frac{2^x}{\ln 2}+C$

(d) $\int \frac{2x+2}{x^2+2x+2}dx=\int \frac{(x^2+2x+2)'}{x^2+2x+2}dx=\ln|x^2+2x+2|+C$

(e) $\int (3\sin x-2\cos x)dx=3\int (\sin x)dx-2\int (\cos x)dx$

$$=3(-\cos x)-2(\sin x)+C$$

$$=-3\cos x-2\sin x+C$$

(f) $\int (\tan^2 x+1)dx=\int (\sec^2 x-1+1)dx=\int \sec^2 x\,dx=\tan x+C$

(g) $\int \frac{1}{1-\cos^2 x}dx=\int \frac{1}{\sin^2 x}dx=\int \operatorname{cosec}^2 x\,dx=-\cot x+C$

(h) $\int \frac{\cos x}{\sin^2 x}dx=\int \left(\frac{1}{\sin x}\right)\left(\frac{\cos x}{\sin x}\right)dx=\int \operatorname{cosec} x\cot x\,dx=-\operatorname{cosec} x+C$

5.3 부정적분의 계산법

5.3.1 치환적분법

치환적분법은 치환에 의해 적분계산을 보다 쉽게 처리하는 방법이다. 예를 들어 다음과 같이 $(ax+b)^n$형의 함수의 부정적분에 대하여 생각해보자.

$$\int (ax+b)^n dx$$

위 식을 계산하기 위해서는 $(ax+b)^n$을 먼저 구해야 하는 것이 일반적이다. 하지만 n이 커질수록 계산이 복잡해진다. 여기서

$$ax+b=t$$

$$\frac{d}{dx}(ax+b)=\frac{d}{dx}t$$

$$a=\frac{d}{dt}\cdot\frac{dt}{dx}\cdot t=\frac{d}{dt}t\cdot\frac{dt}{dx}=\frac{dt}{dx}$$

라고 치환하여 x에 대하여 미분하면

$$adx=dt$$

이다. 따라서 다음과 같이 t에 대한 적분을 계산할 수 있다.

$$\int (ax+b)^n dx=\int t^n\cdot\frac{1}{a}dt=\frac{1}{a}\int t^n dt=\frac{1}{a}\frac{t^{n+1}}{n+1}+C$$

위의 식을 원래의 변수인 x로 돌려놓으면

$$\int (ax+b)^n dx=\frac{t^{n+1}}{a(n+1)}+C=\frac{(ax+b)^{n+1}}{a(n+1)}+C$$

와 같이 되어서 원식의 부정적분을 구할 수 있게 된다. 위의 과정을 정리하면 치환적분법을 다음과 같이 표현할 수 있다.

$y=f(x)$에서 $x=g(t)$로 두면, $dx=g'(t)dt$가 되기 때문에

■ 치환적분법

$$\int f(x)dx=\int f\{g(t)\}g'(t)dt \tag{5.7}$$

와 같이 표현할 수 있다. 이렇게 적분하는 법을 **치환적분법**substitution rule이라고 한다.

예제 5-5

치환적분법을 이용하여 다음 부정적분을 구하라.

(a) $\int (3x+1)^3 dx$

(b) $\int \frac{x}{x^2+1} dx$

(c) $\int \sqrt{2x+1}\, dx$

(d) $\int 2x\sqrt{x^2-1}\, dx$

key point

$$\int f(x)dx = \int f\{g(t)\}g'(t)dt$$

풀이

(a) $3x+1=t$로 두고 미분하면 $3dx=dt$가 되므로 $dx=\frac{1}{3}dt$이다. 따라서

$$\int (3x+1)^3 dx = \frac{1}{3}\int t^3 dt = \frac{1}{3}\cdot\frac{t^4}{4}+C = \frac{(3x+1)^4}{12}+C$$

(b) $x^2+1=t$로 두고 미분하면 $2xdx=dt$가 되므로 $xdx=\frac{1}{2}dt$이다. 따라서

$$\int \frac{x}{x^2+1}dx = \int \frac{1}{t}\cdot\frac{1}{2}dt = \frac{1}{2}\int\frac{1}{t}dt$$
$$= \frac{1}{2}\ln|t|+C = \frac{1}{2}\ln(x^2+1)+C$$

(c) $2x+1=t$로 두고 미분하면 $2dx=dt$, $dx=\frac{1}{2}dt$이다. 따라서

$$\int \sqrt{2x+1}\,dx = \int t^{\frac{1}{2}}\frac{1}{2}dt = \frac{1}{2}\int t^{\frac{1}{2}}dt$$
$$= \frac{1}{2}\cdot\frac{2}{3}t^{\frac{3}{2}}+C = \frac{1}{3}(2x+1)^{\frac{3}{2}}+C$$

(d) $x^2-1=t$로 두고 미분하면 $2xdx=dt$가 되므로 $dx=\frac{1}{2x}dt$이다. 따라서

$$\int 2x\sqrt{x^2-1}\,dx = \int 2x\sqrt{t}\,\frac{1}{2x}dt = \int\sqrt{t}\,dt = \frac{2}{3}t^{\frac{3}{2}}+C$$
$$= \frac{2}{3}(x^2-1)\sqrt{x^2-1}+C$$

예제 5-6

key point
$$\int f(x)dx = \int f\{g(t)\}g'(t)dt$$

치환적분법을 이용하여 다음 부정적분을 구하라.

(a) $\int \sin 5x dx$ (b) $\int e^x(e^x+1)^2 dx$

(c) $\int \frac{\cos x}{\sin x+1} dx$ (d) $\int \frac{e^x}{1+2e^x} dx$

풀이

(a) $5x=t$로 두고 미분하면 $5dx=dt$가 되므로 $dx=\frac{1}{5}dt$이다. 따라서

$$\int \sin 5x dx = \frac{1}{5}\int \sin t dt = -\frac{1}{5}\cos t + C = -\frac{1}{5}\cos 5x + C$$

(b) $e^x+1=t$로 두고 미분하면 $e^x dx=dt$이므로

$$\int e^x(e^x+1)^2 dx = \int e^x t^2 dx = \int t^2 dt = \frac{1}{3}t^3 + C = \frac{1}{3}(e^x+1)^3 + C$$

(c) 분모에 있는 함수를 미분하면 $\frac{d}{dx}(\sin x+1)=\cos x$가 되므로

$$\int \frac{\cos x}{\sin x+1} dx = \int \frac{(\sin x+1)'}{\sin x+1} dx = \ln|\sin x+1| + C$$

(d) $1+2e^x=t$로 두고 미분하면 $2e^x dx=dt$, $e^x dx=\frac{1}{2}dt$이므로

$$\int \frac{e^x}{1+2e^x} dx = \int \frac{1}{t} e^x dx = \frac{1}{2}\int \frac{1}{t} dt$$
$$= \frac{1}{2}\ln|t| + C = \frac{1}{2}\ln(1+2e^x) + C$$

5.3.2 부분적분법

부분적분법은 두 함수의 곱의 미분법에서 시작하여 유도할 수 있다. 두 함수의 곱을 미분하면

$$\frac{d}{dx}\{f(x)g(x)\} = f'(x)g(x) + f(x)g'(x)$$

와 같이 된다. 위 식의 양변을 각각 적분하면

$$f(x)g(x) = \int f'(x)g(x)dx + \int f(x)g'(x)dx$$

가 되고, 이 식을 정리하면 다음과 같은 식을 얻을 수 있다.

$$\int f'(x)g(x)dx = f(x)g(x) - \int f(x)g'(x)dx \qquad (5.8)$$

▪ 부분적분법

식 (5.8)과 같은 적분법을 **부분적분법**integration by parts이라고 한다.

부분적분법의 순서를 기억하기 위해서는 [그림 5-1]과 같은 도식을 이용하는 것이 편리하다.

▪ 부분적분법의 순서

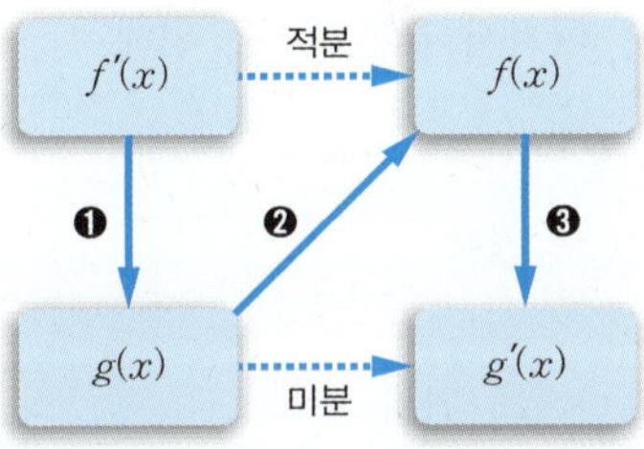

[그림 5-1]

즉 먼저 부분적분을 할 함수의 곱 $f'(x)g(x)$에서 $f'(x)$와 $g(x)$로 사용할 함수를 선정한 다음, $f'(x) \to f(x)$와 같이 적분하고 $g(x) \to g'(x)$와 같이 미분한다. 다음에 [그림 5-1]의 순서대로 ❶ $\int f'(x)g(x)dx$, ❷ $f(x)g(x)$, ❸ $\int f(x)g'(x)dx$를 계산하여 부분적분법을 표현하는 식

$$\int f'(x)g(x)dx = f(x)g(x) - \int f(x)g'(x)dx,$$

즉 ❶ = ❷ − ❸을 완성하는 것이다.

예제 5-7

부분적분법을 이용하여 다음 부정적분을 구하라.

(a) $\int \ln x dx$ (b) $\int xe^x dx$

(c) $\int x \sin x dx$ (d) $\int e^x \sin x dx$

key point

$\int f'(x)g(x)dx$
$= f(x)g(x) - \int f(x)g'(x)dx$

풀이

(a) $f'(x)=1$, $g(x)=\ln x$로 두면, $f(x)=x$, $g'(x)=\dfrac{1}{x}$이 된다.

$$\int(1)(\ln x)dx=(x)(\ln x)-\int(x)\left(\frac{1}{x}\right)dx=x\ln x-x+C$$

(b) $f'(x)=e^x$, $g(x)=x$로 두면, $f(x)=e^x$, $g'(x)=1$이 된다.

$$\int(e^x)(x)dx=(e^x)(x)-\int(e^x)(1)dx=xe^x-e^x+C$$

(c) $f'(x)=\sin x$, $g(x)=x$로 두면, $f(x)=-\cos x$, $g'(x)=1$이 된다.

$$\int(\sin x)(x)dx=(-\cos x)(x)-\int(-\cos x)(1)dx=-x\cos x+\sin x+C$$

(d) $f'(x)=e^x$, $g(x)=\sin x$로 두면, $f(x)=e^x$, $g'(x)=\cos x$가 되므로 $\int e^x\sin x dx=e^x\sin x-\int e^x\cos x dx$가 된다. 여기서 부분적분을 위해 $f'(x)=e^x$, $g(x)=\cos x$로 두면 $f(x)=e^x$, $g'(x)=-\sin x$가 되고, $\int e^x\sin x dx=e^x\sin x-e^x\cos x-\int e^x\sin x dx$가 된다.

따라서 $2\int e^x\sin x dx=e^x\sin x-e^x\cos x$에서 다음과 같다.

$$\int e^x\sin x dx=\frac{1}{2}e^x(\sin x-\cos x)+C$$

Check it up!

✔ $f'(x)$와 $g(x)$의 결정

부분적분을 수월하게 하기 위해서는 $f'(x)$와 $g(x)$로 사용할 함수를 선정하는 것이 중요하다. 즉 두 함수 중 적분하기 쉬운 함수와 미분하기 쉬운 함수를 선택해야 하는데, 이때 LIATE 법칙을 기억하자. LIATE는 로그함수Logarithmic, 역삼각함수Inverse trigonometric, 대수적 함수Algebraic, 삼각함수Trigonometric, 지수함수Exponential의 첫머리글자로, 이 순서대로 $g(x)$에 대입하면 된다.

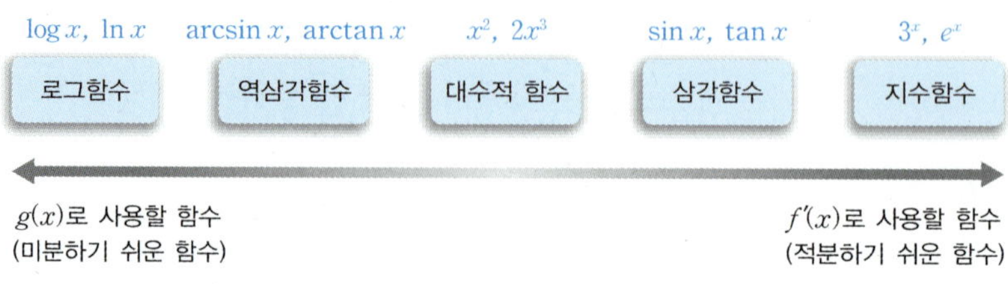

5.3.3 유리함수의 적분법

다음과 같이 함수의 분모와 분자가 모두 다항식으로 되어있는 분수식을 **유리함수**rational function라고 한다.

■ 유리함수

$$a(x)=\frac{2}{(x-1)^2},\ b(x)=\frac{2x-1}{x^2-3x+2},\ c(x)=\frac{x^2-3x+2}{2x-1}$$

또 $a(x)$나 $b(x)$처럼 분자의 차수가 분모의 차수보다 작은 유리함수를 **진유리함수**proper rational function라고 한다. 진유리함수가 아닌 $c(x)$와 같은 경우, 분자를 분모로 나누어서

■ 진유리함수

$$c(x)=\frac{x^2-3x+2}{2x-1}=\frac{1}{2}\left(x+\frac{5}{2}\right)+\frac{\frac{13}{4}}{2x-1}$$

과 같이 다항식과 진유리함수의 합으로 나타나기 때문에, 유리함수를 적분하는 법에 대한 고민은 실제적으로 진유리함수의 적분에 대한 것인 셈이다. 공학적으로는 라플라스 변환을 이용하여 미분방정식의 해를 구할 때 이런 형태의 함수가 많이 등장한다.

유리함수를

$$\frac{f(x)}{g(x)}=\frac{f_1(x)}{g_1(x)}+\frac{f_2(x)}{g_2(x)}+\cdots+\frac{f_n(x)}{g_n(x)} \tag{5.9}$$

와 같이 분수식의 합으로 표현하는 것을 **부분분수**partial fraction로 분해한다고 한다. 일반적으로 유리함수를 부분분수로 분해하면 보다 쉽게 부정적분을 구할 수 있다.

■ 부분분수

이제 부분분수로 분해하는 법을 알아보자. 여기서는 유리함수의 분모 $g(x)$의 인수가 모두 1차인 경우와 중복된 인수를 가지는 경우에 한하여 알아본다. 먼저 유리함수의 분모 $g(x)$의 인수가 모두 1차인 경우 다음과 같이 분해한다.

$$\begin{aligned}\frac{f(x)}{g(x)}&=\frac{f(x)}{(x-a_1)(x-a_2)\cdots(x-a_n)}\\&=\frac{A_1}{x-a_1}+\frac{A_2}{x-a_2}+\cdots+\frac{A_n}{x-a_n}\end{aligned} \tag{5.10}$$

■ 인수가 1차인 경우의 부분분수 분해

다음에 유리함수의 분모 $g(x)$의 인수가 중복되는 경우에는 다음과 같은 방법으로 분해한다.

■ 인수가 중복인 경우의 부분분수 분해

$$\frac{f(x)}{g(x)}=\frac{f(x)}{(x-a)^n}=\frac{A_1}{x-a}+\frac{A_2}{(x-a)^2}+\cdots+\frac{A_n}{(x-a)^n} \tag{5.11}$$

유리함수를 식 (5.10) 및 (5.11)과 같이 분해하여 A_1, A_2, $\cdots$, A_n을 구하면, [정리 5-1]에 의해 분해된 함수의 부정적분의 값을 구할 수 있다.

예제 5-8

다음 유리함수의 부정적분을 구하라.

(a) $\displaystyle\int \frac{5x-1}{x^2-1}dx$

(b) $\displaystyle\int \frac{x+1}{(x-3)^2}dx$

key point

$$\frac{f(x)}{(x-a_1)(x-a_2)\cdots(x-a_n)}$$
$$=\frac{A_1}{x-a_1}+\frac{A_2}{x-a_2}+\cdots+\frac{A_n}{x-a_n}$$
$$\frac{f(x)}{(x-a)^n}=\frac{A_1}{x-a}+\frac{A_2}{(x-a)^2}+\cdots+\frac{A_n}{(x-a)^n}$$

풀이

(a) $\dfrac{5x-1}{x^2-1}=\dfrac{5x-1}{(x-1)(x+1)}=\dfrac{A}{x-1}+\dfrac{B}{x+1}$로 두면,

$\dfrac{5x-1}{x^2-1}=\dfrac{A(x+1)+B(x-1)}{(x-1)(x+1)}=\dfrac{(A+B)x+A-B}{(x-1)(x+1)}$의 형태로 나타낼 수 있다.

$5x-1=(A+B)x+A-B$이므로 $A+B=5$, $A-B=-1$이고, 따라서 $A=2$, $B=3$이다.

즉 $\dfrac{5x-1}{x^2-1}=\dfrac{2}{x-1}+\dfrac{3}{x+1}$이므로

$$\int \frac{5x-1}{x^2-1}dx=\int \frac{2}{x-1}dx+\int \frac{3}{x+1}dx$$
$$=2\ln|x-1|+3\ln|x+1|+C$$

(b) $\dfrac{x+1}{(x-3)^2}=\dfrac{A}{x-3}+\dfrac{B}{(x-3)^2}$로 두면

$\dfrac{x+1}{(x-3)^2}=\dfrac{A(x-3)+B}{(x-3)^2}=\dfrac{Ax-3A+B}{(x-3)^2}$이다.

계수를 비교하면 $A=1$, $-3A+B=1$ 이고, 따라서 $A=1$, $B=4$이다.

즉 $\dfrac{x+1}{(x-3)^2}=\dfrac{1}{x-3}+\dfrac{4}{(x-3)^2}$가 되므로

$$\begin{aligned}\int \frac{x+1}{(x-3)^2}dx &= \int \frac{1}{x-3}dx+\int \frac{4}{(x-3)^2}dx \\ &= \ln|x-3|-\frac{4}{x-3}+C\end{aligned}$$

Check it up!

✔ 부분분수 분해 시 분자의 결정

부분분수로 분해할 때 주의할 점은, 분자 A_1, A_2, …, A_n은 분모보다 한 차수 낮은 값으로 잡는다. 즉 식 (5.10)에서 분모가 일차식이므로 분자 A_1, A_2, …, A_n은 한 차수 낮은 상수가 된다.

■ 커패시터에 걸리는 전압

회로이론

RC 회로에서 $i(t)=\cos t$[A]라는 전류가 흐르고 있을 때, 커패시터 C에 걸리는 전압을 구하라. 이때 $C=10^{-3}$[F]이고, $v(0)=0$[V]이라고 가정한다.

문제 접근

저항 R과 커패시터 C를 소자로 사용하는 전기회로인 RC 회로는 [그림 5-2]와 같이 나타낼 수 있다. 회로에서 $E(t)$는 전압원(voltage source), R은 저항, C는 커패시터, $i(t)$는 회로에 흐르는 전류이다. 이때 $i(t)$는

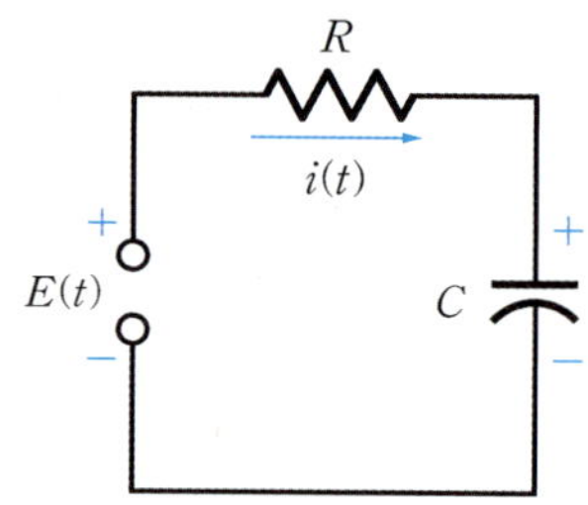

[그림 5-2]

$$i(t)=C\frac{dv(t)}{dt}$$

와 같은 식으로 표현할 수 있다. 이 식을 이용하여 전압 $v(t)$를 구하면

$$dv(t)=\frac{1}{C}i(t)dt,\quad \int dv(t)=\int\frac{1}{C}i(t)dt$$

와 같이 되므로, 그림과 같은 RC 회로에서 커패시터에 걸리는 전압 $v(t)$는 다음과 같은 부정적분으로 나타낼 수 있다.

$$v(t)=\frac{1}{C}\int i(t)dt$$

문제 해결

커패시터에 걸리는 전압을 나타내는 식에 $i(t)=\cos t$를 대입하여 전압 $v(t)$를 구해보면 $v(t)=\frac{1}{C}\int i(t)dt=\frac{1}{10^{-3}}\int \cos t dt=10^3\sin t+C$가 된다. 여기에 $v(0)=0$이라는 초기 조건을 사용하면 $v(0)=10^3\sin 0+C=C=0$이 되므로, 커패시터에 걸리는 전압은 $v(t)=10^3\sin t$[V]가 된다.

유제 01 RC 회로에서 $i(t)=10\cos\frac{t}{10}$[A]라는 전류가 흐르고 있을 때, 커패시터 C에 걸리는 전압을 구하라. 이때 $C=10$[F], $v(0)=0$[V]이다.

유제 02 RC 회로에서 $i(t)=a\cos\omega t$[A]라는 전류가 흐르고 있을 때, 커패시터 C에 걸리는 전압을 구하라. 이때 $C=0.1a$[F]이고 $v(0)=0$[V]이다.

■ 인덕터에 흐르는 전류

회로이론

RL 회로에서 인덕터에 $v(t)=\sin t[\mathrm{V}]$라는 전압이 걸려 있을 때, 인덕터 L에 흐르는 전류를 구하라. 이때 $L=10^{-2}[\mathrm{H}]$이고, $i(0)=0[\mathrm{A}]$이라고 가정한다.

문제 접근

저항 R과 인덕터 L을 소자로 사용하는 전기회로인 RL 회로는 [그림 5-3]과 같이 나타낼 수 있다. 회로에서 $E(t)$는 전압원, R은 저항, L은 인덕터, $v(t)$는 인덕터에 걸린 전압이다. 이때 $v(t)$는

$$v(t)=L\frac{di(t)}{dt}$$

와 같은 식으로 표현할 수 있다. 이 식을 이용하여 전류 $i(t)$를 구하면

$$di(t)=\frac{1}{L}v(t)dt,\ \int di(t)=\int\frac{1}{L}v(t)dt$$

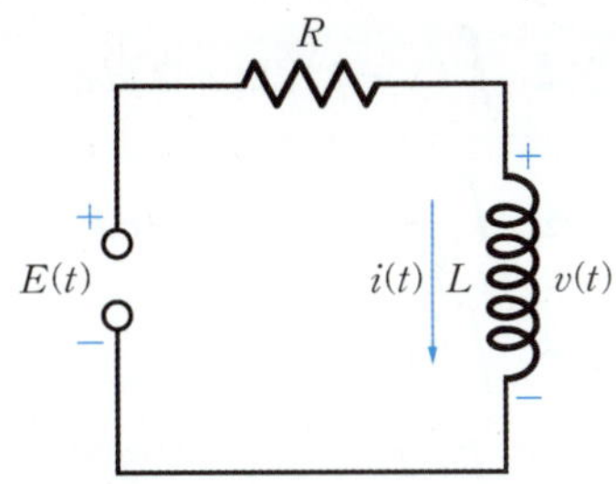

[그림 5-3]

와 같이 되므로, 그림과 같은 RL 회로에서 인덕터에 흐르는 전류 $i(t)$는 다음과 같은 부정적분으로 나타낼 수 있다.

$$i(t)=\frac{1}{L}\int v(t)dt$$

문제 해결

인덕터에 흐르는 전류를 나타내는 식에 $v(t)=\sin t$를 대입하여 전류 $i(t)$를 구해보면 $i(t)=\frac{1}{L}\int v(t)dt=\frac{1}{10^{-2}}\int \sin t dt=-10^2\cos t+C$가 된다. 여기에 $i(0)=0$이라는 초기 조건을 사용하면 $i(0)=-10^2\cos 0+C=-10^2+C=0$이고, 따라서 $C=100$이 되므로, 인덕터에 흐르는 전류는 $i(t)=-100\cos t+100=100(1-\cos t)[\mathrm{A}]$가 된다.

유제 01 RL 회로에서 인덕터에 $v(t)=e^{-t}[\mathrm{V}]$이라는 전압이 걸려 있을 때, 인덕터 L에 흐르는 전류를 구하라. 이때 $L=e[\mathrm{H}]$이고, $i(0)=2e^{-1}[\mathrm{A}]$이다.

유제 02 RL 회로에서 인덕터에 $v(t)=\frac{1}{10}\cos\omega_0 t[\mathrm{V}]$라는 전압이 걸려 있을 때, 인덕터 L에 흐르는 전류를 구하라. 이때 $L=\omega_0[\mathrm{H}]$이고, $i(0)=0[\mathrm{A}]$이다.

Chapter 05 연습문제

※ 다음 부정적분을 구하라.

5.1 $\int (-1)dx$

5.2 $\int (x^4 - 2)dx$

5.3 $\int \frac{2}{\sqrt{x}}dx$

5.4 $\int (x-1)(2x+3)dx$

5.5 $\int \frac{2x^3 - 3x^2 - 1}{x}dx$

5.6 $\int 2x^2\sqrt{x}\,dx$

5.7 $\int \left(\frac{2}{x} - \frac{3}{x^2}\right)dx$

5.8 $\int \cos^2 x dx + \int \sin^2 x dx$

5.9 $\int (5\cos x - 2\tan x)dx$

5.10 $\int \frac{\cos x}{1-\sin^2 x}dx$

5.11 $\int \frac{\sin^2 x}{1-\cos x}dx$

5.12 $\int (\sec x \tan x - \sec^2 x)dx$

5.13 $\int e^{x-2}dx$

5.14 $\int 5^{x+2}dx$

※ 치환적분법을 이용하여 다음 부정적분을 구하라.

5.15 $\int \frac{1}{2x+3}dx$

5.16 $\int (x^2+1)^3 x dx$

5.17 $\int \cos(3x-2)dx$

5.18 $\int (2e^x+3)^2 e^x dx$

5.19 $\int \tan x dx$

5.20 $\int (x^2-2x+2)^2(x-1)dx$

5.21 $\int x^2\sqrt{1+x^3}\,dx$

5.22 $\int \cos x \sin^2 x\,dx$

5.23 $\int \frac{e^x}{e^x+100}dx$

5.24 $\int \frac{\cos x+1}{\sin^2 x}dx$

※ 부분적분법을 이용하여 다음 부정적분을 구하라.

5.25 $\int x\cos x dx$

5.26 $\int x\sin 2x dx$

5.27 $\int x\ln x dx$

5.28 $\int \frac{\ln x}{x^2}dx$

5.29 $\int x^2\sin x dx$

5.30 $\int x^2 e^x dx$

5.31 $\int e^x \cos x dx$

5.32 $\int \sec^3 x\,dx$

5.33 $\int \sin^3 x\,dx$

5.34 $\int x^2 e^{-x}dx$

※ 다음 유리함수의 부정적분을 구하라.

5.35 $\int \frac{1}{x^2-1}dx$

5.36 $\int \frac{1}{x^2-a^2}dx$ (a는 상수)

5.37 $\int \frac{x^3-x+1}{x^2+1}dx$

5.38 $\int \frac{2x+2}{x^3-2x^2}dx$

5.39 $\int \frac{4x^3-2x^2+3x-1}{2x^2+1}dx$

5.40 $\int \frac{e^x}{e^{2x}+3e^x+2}dx$

5.41 $\int \frac{3x^2-8x+13}{(x-1)^2(x+3)}dx$

5.42 $\int \frac{3(x^2+1)}{(x+1)^4}dx$

※ **회로이론** 다음 물음에 답하라.

5.43 RC 회로에서 $i(t)=e^{2t}+\sin 2t\,[\mathrm{A}]$라는 전류가 흐르고 있을 때, 커패시터 C에 걸리는 전압을 구하라. 이때 $C=1\,[\mathrm{F}]$, $v(0)=0\,[\mathrm{V}]$이다.

5.44 RC 회로에서 $i(t)=2t\,[\mathrm{A}]$라는 전류가 흐르고 있을 때, 커패시터 C에 걸리는 전압을 구하라. 이때 $C=0.1\,[\mathrm{F}]$, $v(0)=0\,[\mathrm{V}]$이다.

5.45 RC 회로에서 $i(t)=\sin 2t\,[\mathrm{A}]$라는 전류가 흐르고 있을 때, 커패시터 C에 걸리는 전압이 4V가 되려면 시간이 얼마나 걸리겠는가? 이때 $C=0.1\,[\mathrm{F}]$, $v(0)=-5\,[\mathrm{V}]$이다.

5.46 [연습문제 **5.44**]에서 커패시터 C에 걸리는 전압이 40V가 되려면 시간이 얼마나 걸리겠는가?

5.47 RL 회로에서 인덕터에 $v(t) = e^t \sin t\,[\mathrm{A}]$라는 전압이 걸려 있을 때, 인덕터 L에 흐르는 전류를 구하라. 이때 $L = 1\,[\mathrm{H}]$이고 $i(0) = 0\,[\mathrm{A}]$이다.

5.48 RL 회로에서 인덕터에 $v(t) = t \sin t\,[\mathrm{V}]$라는 전압이 걸려 있을 때, 인덕터 L에 흐르는 전류를 구하라. 이때 $L = 0.2\,[\mathrm{H}]$이고 $i(0) = 0\,[\mathrm{A}]$이다.

5.49 [연습문제 **5.47**]에서 시간이 $\frac{\pi}{2}\,\mathrm{sec}$만큼 지났을 때, 인덕터 L에 흐르는 전류는 얼마가 되는가?

5.50 [연습문제 **5.48**]에서 시간이 $2\pi\,\mathrm{sec}$만큼 지났을 때, 인덕터 L에 흐르는 전류는 얼마가 되는가?

m.e.m.o

Chapter

06

정적분

Definite Integral

정적분은 적분이라고는 하지만 부정적분과는 구별된다. 정적분의 개념이 도입되기 전에는 면적을 구할 때 구분구적법이라는 다소 복잡한 계산방법을 사용하였으나, 뉴턴과 라이프니츠에 의해 발견된 적분의 정리에 의해 획기적인 미적분법의 발전을 이루게 된다. 그 중앙에 자리 잡고 있는 것이 정적분의 개념이다. 이 장에서는 정의부터 응용까지 정적분에 대하여 전체적으로 살펴보기로 한다.

6.1 리만합과 정적분

6.1.1 정적분의 기본 개념

임의의 함수 $f(x)$가 있을 때, $y=f(x)$로 둘러싸인 면적에 대하여 생각해 보자. 그래프의 면적을 이루는 좌우의 구간은 $x=a$에서 $x=b$까지라고 한다. 이때 면적을 구하기 위하여 구간 $[a, b]$를 n개의 구간으로 나눈 다음, 각 구간의 경계점을 x_0, x_1, x_2, x_3, $\cdots$, x_n이라고 하자. 여기서 $a=x_0$가 되고, $b=x_n$이 된다. 이런 상황, 즉 구간 $[a, b]$에서 $y=f(x)$에 둘러싸인 면적을 그림으로 나타내면 [그림 6-1]과 같이 표현할 수 있다.

■ 정해진 구간에서의 함수와 면적

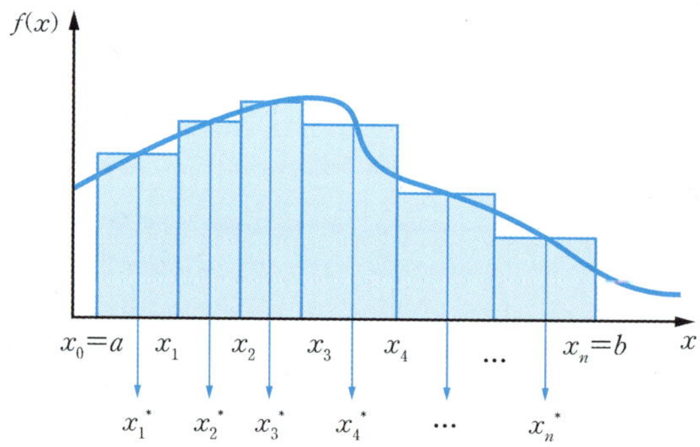

[그림 6-1]

■ 표본점

다음에 부분구간마다 직사각형을 만들고, 직사각형의 윗면과 $y=f(x)$가 만나는 점을 각 직사각형의 **표본점**sample point x_1^*, x_2^*, x_3^*, $\cdots$, x_n^*이라고 표현하였다, [그림 6-1]을 보면 부분구간으로 만든 직사각형의 면적의 합이 그래프에 둘러싸인 면적의 근삿값이 된다는 사실을 알 수 있다. 그렇다면 각 직사각형의 면적을 구하는 것이 필요하다. 직사각형의 높이는 직사각형마다의 표본점에서의 $f(x)$의 값이 된다. 즉 표본점 x_1^*에서의 높이는 $f(x_1^*)$이고, x_2^*에서의 높이는 $f(x_2^*)$, x_n^*에서의 높이는 $f(x_n^*)$이 되므로 직사각형의 높이는 다음과 같이 나타낼 수 있다.

■ 표본점에서의 높이 (=직사각형의 높이)

$$f(x_i)\ (i=1,\ 2,\ 3,\ \cdots,\ n)$$

또 직사각형마다의 밑변은 부분구간의 길이 x_1-x_0, x_2-x_1, $\cdots$, x_n-x_{n-1}이 되는데, 이런 관계는 다음 식으로 나타낼 수 있다.

■ 직사각형의 밑변의 길이

$$\Delta x_i = x_i - x_{i-1}\ (i=1,\ 2,\ 3,\ \cdots,\ n)$$

따라서 부분구간에서의 직사각형의 면적은 구간마다의 높이와 밑변을 곱한 것이므로

$$f(x_i^*)\Delta x_i$$

■ 직사각형의 면적

가 된다는 사실을 알 수 있다. 결과적으로 부분구간마다의 직사각형을 모두 합한 면적은 다음 식으로 나타낼 수 있다.

$$\sum_{i=1}^{n} f(x_i^*)\Delta x_i \qquad (6.1)$$

■ 리만합의 식

즉 식 (6.1)은 애초에 구하려 했던 구간 $[a, b]$에서 함수 $y=f(x)$에 둘러싸인 면적의 근삿값이 되는 것이다.

정적분의 정의의 출발점이 되는 식 (6.1)을 **리만합**Riemann sum이라고 한다. 이는 독일의 수학자 **베른하드 리만**Bernhard Riemann, 1826~1866이 적분의 개념을 식 (6.1)과 같이 정의한 업적을 기리기 위하여 이름지었다.

■ 리만합

6.1.2 정적분의 정의

그 다음에는 [그림 6-1]의 부분구간의 밑변을 점점 더 잘게 쪼개는 경우를 생각해보자. 극단적으로 밑변 Δx_i의 값이 0이 될 정도로 잘게 쪼갠다면 그 점과 그 높이밖에 남지 않는 셈이 되므로 표본점을 따로 잡을 이유가 없어진다. 이와 같은 생각은 식 (6.1)의 극한을 생각한 것인데, 식으로 표현하면 다음과 같다.

$$\lim_{\Delta x_i \to 0}\left\{\sum_{i=1}^{n} f(x_i^*)\Delta x_i\right\} \to \int_a^b f(x)dx \qquad (6.2)$$

위의 극한값이 일정한 값에 수렴할 때, 함수 $y=f(x)$가 구간 $[a, b]$에서 **적분가능**integrable하다고 하고, 그 수렴한 값인

■ 적분가능의 정의

$$\int_a^b f(x)dx \qquad (6.3)$$

■ 정적분의 표현

를 a에서 b까지의 **정적분**definite integral이라고 한다.

그러므로 동일한 간격의 부분구간을 가질 때, 부분구간의 간격과 임의의 경계점을

$$\Delta x = \frac{b-a}{n},\quad x_i = a + i\Delta x$$

와 같이 나타낼 때, 정적분은 다음 식으로 정의할 수 있다.

■ 정적분의 정의식

$$\int_a^b f(x)dx = \lim_{n\to\infty}\sum_{i=1}^{n} f(x_i)\Delta x \tag{6.4}$$

예제 6-1

key point

$\Delta x = \frac{b-a}{n}$,

$x_i = a + i\Delta x$일 때

$\int_a^b f(x)dx$

$= \lim_{n\to\infty}\sum_{i=1}^{n} f(x_i)\Delta x$

$f(x) = x+1$의 경우, 다음 물음에 답하라.

(a) $-2 \le x \le 2$를 간격이 같은 부분구간으로 나눈다면, Δx는 얼마인가?

(b) x_i와 $f(x_i)$를 구하라.

(c) 정적분의 정의에 따른 $\int_{-2}^{2}(x+1)dx$의 값을 구하라.

풀이

(a) 구간 $[-2,\ 2]$를 동일한 간격으로 n등분하면, $\Delta x = \frac{2-(-2)}{n} = \frac{4}{n}$이다.

(b) 경계의 시작점은 $x_0 = -2$이고, 모든 다음 경계점까지의 간격은 $\frac{4}{n}$이므로 $x_1 = -2 + \frac{4}{n}$, $x_2 = -2 + 2\left(\frac{4}{n}\right)$, $x_3 = -2 + 3\left(\frac{4}{n}\right)$, $\cdots$이 된다. 따라서 $x_i = -2 + i\left(\frac{4}{n}\right)$이므로,

$$f(x_i) = x_i + 1 = -2 + i\left(\frac{4}{n}\right) + 1 = -1 + i\left(\frac{4}{n}\right)$$

(c) $\int_a^b f(x)dx = \lim_{\Delta x_i\to 0}\left\{\sum_{i=1}^{n} f(x_i^*)\Delta x_i\right\}$라는 정적분의 정의에 따라 계산하면 된다.

$$\begin{aligned}\sum_{i=1}^{n} f(x_i^*)\Delta x_i &= \sum_{i=1}^{n} f(x_i)\Delta x_i = \sum_{i=1}^{n}\left\{-1 + i\left(\frac{4}{n}\right)\right\}\left(\frac{4}{n}\right)\\ &= -\frac{4}{n}\sum_{i=1}^{n}(1) + \left(\frac{4}{n}\right)^2\sum_{i=1}^{n}(i)\\ &= -\frac{4}{n}(n) + \frac{16}{n^2}\cdot\frac{n(n+1)}{2} = -4 + \frac{8(n+1)}{n}\end{aligned}$$

이 되고, $\Delta x_i = \frac{4}{n}$ 이므로 $\Delta x_i \to 0$ 이면 $n \to \infty$ 이다.

그러므로 $\int_{-2}^{2}(x+1)dx = \lim_{n\to\infty}\left\{-4+8\left(1+\frac{1}{n}\right)\right\} = -4+8 = 4$ 이다.

예제 6-2

정적분의 정의에 따라 $\int_0^2 x^2 dx$ 의 값을 구하라.

> **key point**
>
> $\int_a^b f(x)dx$
>
> $= \lim_{n\to\infty}\sum_{i=1}^{n} f(x_i)\Delta x$

풀이

구간 $[0,\ 2]$를 n등분하면, $\Delta x = \frac{2-0}{n} = \frac{2}{n}$ 이다.

$x_i = a + i\Delta x = 0 + i\left(\frac{2}{n}\right) = \frac{2i}{n}$ 이고, $f(x_i) = x_i^2 = \left(\frac{2i}{n}\right)^2 = \frac{4}{n^2}i^2$ 이다.

그러므로

$$\begin{aligned}\int_0^2 x^2 dx &= \lim_{n\to\infty}\sum_{i=1}^{n} f(x_i)\Delta x = \lim_{n\to\infty}\sum_{i=1}^{n}\left(\frac{2i}{n}\right)^2\frac{2}{n} = \lim_{n\to\infty}\sum_{i=1}^{n}\frac{8i^2}{n^3} = \lim_{n\to\infty}\frac{8}{n^3}\sum_{i=1}^{n} i^2 \\ &= \lim_{n\to\infty}\frac{8}{n^3}(1^2+2^2+3^2+\cdots+n^2) = \lim_{n\to\infty}\frac{8}{n^3}\cdot\frac{n(n+1)(2n+1)}{6} \\ &= \lim_{n\to\infty}\frac{16n^3+24n^2+8n}{6n^3} = \frac{8}{3}\end{aligned}$$

Check it up!

✔ 정적분과 라플라스 변환

선형 미분방정식의 해를 구하는 데 매우 유용하게 쓰이는 수식이 바로 라플라스 변환Laplace transform이다. 라플라스 변환은 전기회로의 동작, 시간 영역과 주파수 영역 간의 변환, 제어 시스템의 동작 특성 등을 설명하는 데 자주 사용된다.

라플라스 변환에는 양방향 라플라스 변환bilateral Laplace transform과 단방향 라플라스 변환unilateral Laplace transform이 있는데, 이 중 단방향 라플라스 변환은 다음과 같이 정적분의 개념을 이용해 정의된다.

$$\mathcal{L}\{f(t)\} = \int_0^{\infty} e^{-st} f(t)dt = F(s)$$

여기서 함수 $F(s)$를 함수 $f(t)$의 라플라스 변환이라 하며, $\mathcal{L}\{f(t)\}$로 나타낸다.

6.2 정적분의 성질

6.2.1 미적분학의 기본정리

정적분의 정의에 따른 식을 이용하여 정적분의 값을 구할 수는 있지만, 여러 단계를 거쳐야 하는 불편함이 있고 때로는 적분을 할 수 없는 경우도 생긴다. 흔히 미적분학의 기본정리라고 불리는 다음과 같은 정리를 이용하면 정적분의 값을 간단히 계산할 수 있다.

함수 $f(x)$가 구간 $[a,\ b]$에서 연속일 때, 미분과 적분의 관계를 나타낸 식 (5.3)의 $\frac{d}{dx}\left\{\int f(x)\,dx\right\}=f(x)$와 유사한 다음 식

■ 미적분학의 첫 번째 기본정리

$$\frac{d}{dx}\left\{\int_a^x f(t)\,dt\right\}=f(x) \qquad (6.5)$$

를 미적분학의 첫 번째 기본정리라고 한다.

또한 함수 $f(x)$의 부정적분이

$$\int f(x)dx = F(x) + C$$

와 같은 식으로 표현될 때, 연속인 구간 $[a,\ b]$에서의 정적분은

■ 미적분학의 두 번째 기본정리

$$\int_a^b f(x)dx = [F(x)]_a^b = F(b) - F(a) \qquad (6.6)$$

와 같이 표현할 수 있다. 여기서 $F(x)$는 피적분함수 $f(x)$의 원시함수이다. 이 정리를 미적분학의 두 번째 기본정리라고 한다.

미적분학의 기본정리를 통해 미분과 적분을 서로 반대 연산임을 다시 한번 확인할 수 있다.

예제 6-3

함수 $F(x)=\int_0^x \sqrt{2+t^2}\,dt$의 도함수를 구하라.

> **key point**
> 미적분학의 첫 번째 기본 정리 :
> $F'(x)=f(x)$
> $=\dfrac{d}{dx}\left\{\int_a^x f(t)\,dt\right\}$

풀이

미적분학의 첫 번째 기본정리에 의하여

$F'(x)=f(x)=\dfrac{d}{dx}\int_0^x \sqrt{2+t^2}\,dt=\sqrt{2+x^2}$ 이다.

예제 6-4

다음 정적분의 값을 계산하라.

(a) $\int_{-2}^{2}(x+1)dx$ (b) $\int_0^2 x^2dx$

(c) $\int_0^{\frac{\pi}{2}}\cos 2x dx$ (d) $\int_1^2 \dfrac{1}{x^2}dx$

> **key point**
> 미적분학의 두 번째 기본 정리 :
> $\int_a^b f(x)dx=[F(x)]_a^b$
> $=F(b)-F(a)$

풀이

(a) $\int_{-2}^{2}(x+1)dx=\left[\dfrac{x^2}{2}+x\right]_{-2}^{2}=(2+2)-(2-2)=4$

(b) $\int_0^2 x^2dx=\left[\dfrac{x^3}{3}\right]_0^2=\dfrac{8}{3}-0=\dfrac{8}{3}$

(c) $\int_0^{\frac{\pi}{2}}\cos 2x dx=\left[\dfrac{1}{2}\sin 2x\right]_0^{\frac{\pi}{2}}=0-0=0$

(d) $\int_1^2 \dfrac{1}{x^2}dx=\int_1^2 x^{-2}dx=\left[\dfrac{x^{-2+1}}{-2+1}\right]_1^2=\left[-\dfrac{1}{x}\right]_1^2=-\dfrac{1}{2}+1=\dfrac{1}{2}$

6.2.2 정적분의 기본적인 성질

정적분에는 다음과 같은 식으로 표현되는 기본적인 성질이 있다. 다음에 정리된 성질을 이용하면 정적분의 값을 계산하는 데 유용하다.

정리 6-1 정적분의 기본성질

아래 식에 주어진 피적분함수는 모두 연속이라고 가정한다.

(1) $\int_a^a f(x)dx = 0$

(2) $\int_a^b f(x)dx = -\int_b^a f(x)dx$

(3) $\int_a^b kf(x)dx = k\int_a^b f(x)dx$ (k는 상수)

(4) $\int_a^b \{f(x) \pm g(x)\}dx = \int_a^b f(x)dx \pm \int_a^b g(x)dx$

(5) $\int_a^b f(x)dx = \int_a^c f(x)dx + \int_c^b f(x)dx$

예제 6-5

key point

[정리 6-1]을 참조한다.

정적분의 기본성질을 이용하여 다음 값을 구하라.

(a) $\int_a^a (x+1)dx$

(b) $\int_0^2 3x^2dx$

(c) $\int_2^0 3x^2dx$

(d) $\int_0^2 (3x^2-x)dx$

(e) $\int_0^5 3x^2dx$

(f) $\int_0^2 (6x^2-2x)dx$

풀이

(a) $\int_a^a (x+1)dx = \left[\frac{x^2}{2}+x\right]_a^a = \left(\frac{a^2}{2}+a\right)-\left(\frac{a^2}{2}+a\right)=0$[1]

1 [정리 6-1]의 (a)를 이용하면, 계산하지 않고도 $\int_a^a f(x)dx=0$이 됨을 알 수 있다.

(b) $\int_0^2 3x^2dx = 3\int_0^2 x^2dx = 3\left[\frac{x^3}{3}\right]_0^2 = 3\left(\frac{8}{3}-0\right)=8$

(c) $\int_2^0 3x^2dx = -\int_0^2 3x^2dx = -8$

(d) $\int_0^2 (3x^2-x)dx = \int_0^2 3x^2dx - \int_0^2 xdx$

(b)에서 $\int_0^2 3x^2dx=8$이고, $\int_0^2 xdx = \left[\frac{x^2}{2}\right]_0^2 = 2-0=2$이므로

$\int_0^2 (3x^2-x)dx = 8-2=6$이다.

(e) $\int_0^5 3x^2dx = \int_0^2 3x^2dx + \int_2^5 3x^2dx$ 와 같이 생각하면 된다.

(b)에서 $\int_0^2 3x^2dx = 8$ 이고, $\int_2^5 3x^2dx = 3\left[\frac{x^3}{3}\right]_2^5 = 3\left(\frac{125}{3} - \frac{8}{3}\right) = 117$ 이므로

$\int_0^5 3x^2dx = 8 + 117 = 125$ 이다.

(f) $\int_0^2 (6x^2 - 2x)dx = \int_0^2 2(3x^2 - x)dx$ 이고 (d)에서 $\int_0^2 (3x^2 - x)dx = 6$ 이므로,

$\int_a^b kf(x)dx = k\int_a^b f(x)dx$ 를 적용하면

$\int_0^2 (6x^2 - 2x)dx = 2\int_0^2 (3x^2 - x)dx = 2(6) = 12$ 이다.

예제 6-6

정적분 $\int_0^2 |x^2 - 1|dx$ 의 값을 구하라.

> **key point**
> $|x^2 - 1|$을 $0 \le x \le 1$, $1 \le x \le 2$로 구분한다.

풀이

$|x^2 - 1| = \begin{cases} -(x^2 - 1), & 0 \le x \le 1 \\ x^2 - 1, & 1 \le x \le 2 \end{cases}$ 와 같이 구분이 되므로

$$\begin{aligned}\int_0^2 |x^2 - 1|dx &= -\int_0^1 (x^2 - 1)dx + \int_1^2 (x^2 - 1)dx \\ &= -\left[\frac{x^3}{3} - x\right]_0^1 + \left[\frac{x^3}{3} - x\right]_1^2 = -\left(\frac{1}{3} - 1\right) + \left(\frac{8}{3} - 2 - \frac{1}{3} + 1\right) = 2\end{aligned}$$

6.3 정적분의 계산

6.3.1 우함수와 기함수의 특성

피적분함수 $f(x)$가 **우함수**even function나 **기함수**odd function의 성질을 가지고 있으면 정적분의 계산이 보다 간단해진다. 그러한 계산방법을 적용하기 위해서는 피적분함수가 우함수인지 기함수인지를 우선 알아야 한다.

▪ 우함수와 기함수

[그림 6-2]의 우함수와 기함수의 그래프 특성을 살펴보면, 우함수는 좌표계의 세로축에 대하여 대칭인 형태이고 기함수는 좌표계의 원점에 대하여 대칭인 형태임을 알 수 있다.

■ 우함수와 기함수의 그래프

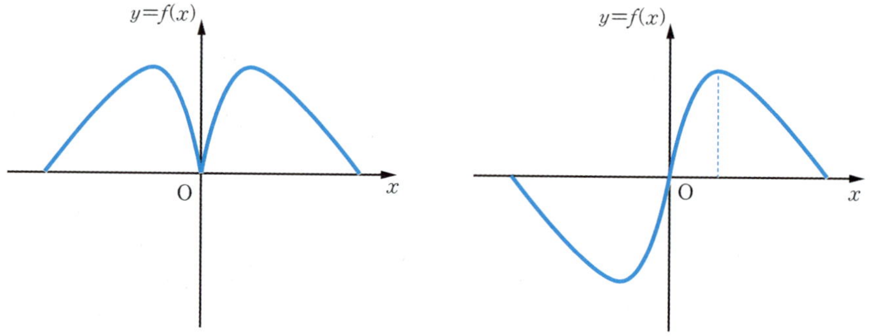

(a) 우함수　　(b) 기함수

[그림 6-2]

[그림 6-2]를 보아도 알 수 있듯이 함수 $f(x)$가 우함수이면

■ 우함수의 특성

$$f(-x)=f(x) \tag{6.7}$$

가 되고, 함수 $f(x)$가 기함수이면

■ 기함수의 특성

$$f(-x)=-f(x) \tag{6.8}$$

를 만족한다.

6.3.2 우함수와 기함수의 적분

식 (6.7)과 (6.8)로 나타낼 수 있는 우함수와 기함수의 특성을 이용하면 우함수와 기함수의 정적분을 보다 쉽게 구할 수 있다.

먼저 함수 $f(x)$가 우함수인 경우의 정적분은

■ 우함수의 정적분

$$\int_{-a}^{a} f(x)dx = 2\int_{0}^{a} f(x)dx \tag{6.9}$$

와 같이, 또 함수 $f(x)$가 기함수인 경우의 정적분은

$$\int_{-a}^{a} f(x)dx = 0 \quad (6.10)$$

■ 기함수의 정적분

과 같이 계산할 수 있다.

Check it up!

✔ 일반함수에서 우함수와 기함수의 구분

일반함수의 우함수와 기함수는 수식을 보고 간단히 구별하는 방법이 있다. 다음과 같은 일반함수가 있는 경우,

홀수승

$$y = ax^4 + bx^3 + cx^2 + dx + e$$

짝수승

일반함수에서 짝수승, 즉 $y = ax^4 + cx^2 + e$가 우함수가 되고,[2]
일반함수에서 홀수승, 즉 $y = bx^3 + dx$는 기함수가 된다.

2 상수는 일정한 값을 유지하므로 우함수의 성질을 가진다.

예제 6-7

다음 정적분의 값을 구하라.

> **key point**
> 우함수는
> $\int_{-a}^{a} f(x)dx = 2\int_{0}^{a} f(x)dx$,
> 기함수는 $\int_{-a}^{a} f(x)dx = 0$이다.

(a) $\int_{-a}^{a} a dx$ (a는 상수)

(b) $\int_{-1}^{1} x dx$

(c) $\int_{-2}^{2} x^2 dx$

(d) $\int_{-3}^{3} x^3 dx$

(e) $\int_{-\pi}^{\pi} (\sin x + \cos x) dx$

(f) $\int_{-2}^{2} (3\sin x + 2x^3) dx$

풀이

(a) 상수는 우함수의 성질을 가지므로

$$\int_{-a}^{a} a dx = a\int_{-a}^{a} dx = 2a\int_{0}^{a} dx = 2a[x]_0^a = 2a^2$$

(b) $f(x) = x$라고 두면, $f(-x) = -x = -f(x)$이므로 기함수이다. 따라서

$$\int_{-1}^{1} x dx = 0$$

(c) $f(x)=x^2$이라고 두면, $f(-x)=(-x)^2=x^2=f(x)$이므로 우함수이다. 따라서

$$\int_{-2}^{2} x^2 dx = 2\int_{0}^{2} x^2 dx = 2\left[\frac{x^3}{3}\right]_0^2 = \frac{16}{3}$$

(d) $f(x)=x^3$이라고 두면, $f(-x)=(-x)^3=-x^3=-f(x)$이므로 기함수이다. 따라서

$$\int_{-3}^{3} x^3 dx = 0$$

(e) $\sin(-x)=-\sin x$이므로 기함수이고, $\cos(-x)=\cos x$이므로 우함수이다. 따라서

$$\int_{-\pi}^{\pi} (\sin x+\cos x)dx = \int_{-\pi}^{\pi} \sin x dx + \int_{-\pi}^{\pi} \cos x dx = 0+2\int_{0}^{\pi} \cos x dx$$
$$= 2[\sin x]_0^{\pi} = 2(\sin\pi - \sin 0) = 0$$

(f) (d)와 (e)에서 x^3과 $\sin x$ 모두 기함수라는 사실을 확인하였으므로

$$\int_{-2}^{2} (3\sin x+2x^3)dx = 3\int_{-2}^{2} \sin x dx + 2\int_{-2}^{2} x^3 dx = 3(0)+2(0)=0$$

6.3.3 정적분의 치환적분과 부분적분

부정적분의 치환적분법을 나타내는 식은 다음과 같다.

$$\int f(x)dx = \int f\{g(t)\}g'(t)dt$$

위의 식은 $y=f(x)$에서 $x=g(t)$로 둔 것이다. 정적분에서는 $a=g(\alpha)$, $b=g(\beta)$로 두면

■ 정적분의 치환적분법

$$\int_a^b f(x)dx = \int_\alpha^\beta f\{g(t)\}g'(t)dt = \int_{g(\alpha)}^{g(\beta)} f(x)dx \qquad (6.11)$$

와 같이 **정적분의 치환적분법**을 나타낼 수 있다.

부정적분의 부분적분법은 다음과 같이 나타낸다.

$$\int f'(x)g(x)dx = f(x)g(x) - \int f(x)g'(x)dx$$

그러므로 구간 $[a,\ b]$에서 **정적분의 부분적분법**은

$$\int_a^b f'(x)g(x)dx = [f(x)g(x)]_a^b - \int_a^b f(x)g'(x)dx \qquad (6.12)$$

■ 정적분의 부분적분법

와 같이 나타낼 수 있다.

예제 6-8

치환적분법을 이용하여 다음 정적분을 구하라.

(a) $\int_2^4 \sqrt{x-2}\,dx$ (b) $\int_0^2 (x+2)^3 dx$

(c) $\int_0^1 x\sqrt{1-x^2}\,dx$ (d) $\int_0^2 \frac{x^2}{1+x^3}dx$

key point

$\int_a^b f(x)dx$

$= \int_\alpha^\beta f\{g(t)\}g'(t)dt$

$= \int_{g(\alpha)}^{g(\beta)} f(x)dx$

풀이

(a) $x-2=t$로 두면, $dx=dt$이다. $x=2$이면 $t=2-2=0$이고, $x=4$이면 $t=4-2=2$가 된다. 그러므로

$$\int_2^4 \sqrt{x-2}\,dx = \int_0^2 \sqrt{t}\,dt = \left[\frac{2}{3}t^{\frac{3}{2}}\right]_0^2 = \frac{4\sqrt{2}}{3}$$

(b) $x+2=t$로 두면, $dx=dt$이다. $x=0$이면 $t=0+2=2$이고, $x=2$이면 $t=2+2=4$가 된다. 그러므로

$$\int_0^2 (x+2)^3 dx = \int_2^4 t^3 dt = \left[\frac{1}{4}t^4\right]_2^4 = \frac{1}{4}(4^4-2^4) = 60$$

(c) $\sqrt{1-x^2}=t$로 두면, $1-x^2=t^2$이 되므로 $-2x\,dx=2t\,dt$, 즉 $x\,dx = -\frac{t}{x}dt$ 이다. $x=0$이면 $t=\sqrt{1-0}=1$이고, $x=1$이면 $t=\sqrt{1-1}=0$이 된다. 그러므로

$$\int_0^1 x\sqrt{1-x^2}\,dt = \int_1^0 xt\left(-\frac{t}{x}dt\right) = -\int_1^0 t^2 dt = \int_0^1 t^2 dt$$

$$= \left[\frac{1}{3}t^3\right]_0^1 = \frac{1}{3}(1-0) = \frac{1}{3}$$

(d) $1+x^3 = t$로 두면, $3x^2dx = dt$이다.

$x=0$이면 $t=1+0=1$이고, $x=2$이면 $t=1+8=9$가 된다. 그러므로

$$\int_0^2 \frac{x^2}{1+x^3}dx = \int_1^9 \frac{x^2}{t}\cdot\frac{dt}{3x^2} = \frac{1}{3}[\ln t]_1^9 = \frac{1}{3}(\ln 9) = \frac{2\ln 3}{3}$$

예제 6-9

부분적분법을 이용하여 다음 정적분을 구하라.

(a) $\int_0^1 xe^x dx$

(b) $\int_0^\pi x\sin x dx$

(c) $\int_0^\pi e^x \sin x dx$

(d) $\int_0^\infty xe^{-x} dx$

key point

$\int_a^b f'(x)g(x)dx$

$= [f(x)g(x)]_a^b - \int_a^b f(x)g'(x)dx$

풀이

(a) $f'(x)=e^x$, $g(x)=x$로 두면, $f(x)=e^x$, $g'(x)=1$이 된다.

$$\int_0^1 (e^x)(x)dx = [(e^x)(x)]_0^1 - \int_0^1 (e^x)(1)dx = e - [e^x]_0^1 = e - e + 1 = 1$$

(b) $f'(x)=\sin x$, $g(x)=x$로 두면, $f(x)=-\cos x$, $g'(x)=1$이 된다.

$$\int_0^\pi x\sin x dx = [(-\cos x)(x)]_0^\pi - \int_0^\pi (-\cos x)(1)dx$$
$$= -\pi\cos\pi + [\sin x]_0^\pi = (-\pi)(-1) + 0 = \pi$$

(c) $f'(x)=e^x$, $g(x)=\sin x$로 두면, $f(x)=e^x$, $g'(x)=\cos x$가 된다.

$$\int_0^\pi e^x \sin x dx = [e^x \sin x]_0^\pi - \int_0^\pi e^x \cos x dx = 0 - \int_0^\pi e^x \cos x dx$$
$$= -\int_0^\pi e^x \cos x dx$$

$\int_0^\pi e^x \cos x dx$에서 $f'(x)=e^x$, $g(x)=\cos x$로 두면

$f(x)=e^x$, $g'(x)=-\sin x$가 된다.

$$\int_0^\pi e^x \sin x dx = -\int_0^\pi e^x \cos x dx = -\left[e^x \cos x\right]_0^\pi - \int_0^\pi e^x \sin x dx$$

$$2\int_0^\pi e^x \sin x dx = -\left[e^x \cos x\right]_0^\pi = e^\pi + 1$$

그러므로 $\int_0^\pi e^x \sin x dx = \frac{e^\pi + 1}{2}$이다.

(d) $f'(x)=e^{-x}$, $g(x)=x$로 두면, $f(x)=-e^{-x}$, $g'(x)=1$이 된다.

$$\int_0^\infty (e^{-x})(x)dx = \left[(-e^{-x})(x)\right]_0^\infty - \int_0^\infty (-e^{-x})(1)dx$$

$$= -\lim_{x\to\infty}\frac{x}{e^x} - \left[e^{-x}\right]_0^\infty = 0-(0-1)=1$$

6.4 정적분의 응용

6.4.1 정적분과 넓이

정적분을 이용하면 여러 가지 형태로 이루어진 영역의 넓이를 구할 수 있다. 먼저 함수 $f(x)$가 구간 $[a, b]$에서 연속이고, 구간 내의 모든 x에 대하여 $f(x) \geq 0$이거나 $f(x) \leq 0$인 경우에 대하여 생각해보자. 이런 경우 함수 $y=f(x)$가 그리는 선과 가로축인 x축, 그리고 구간을 나타내는 직선 $x=a$, $x=b$에 의해 넓이를 구하고자 하는 영역이 표현된다. [그림 6-3]은 $f(x) \geq 0$과 $f(x) \leq 0$인 경우의 영역을 각각 나타낸 것이다.

■ $f(x)$의 형태에 따른 영역

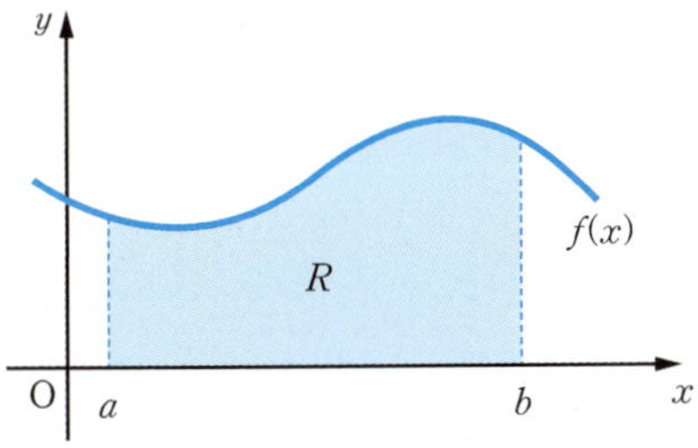

(a) $f(x) \geq 0$

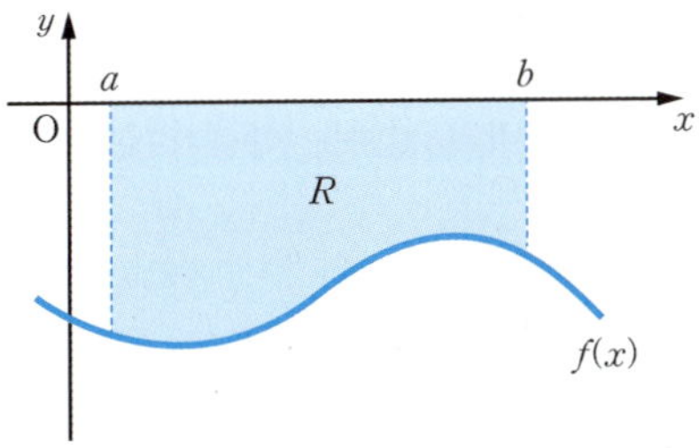

(b) $f(x) \leq 0$

[그림 6-3]

[그림 6-3(a)]에 나타낸 $f(x) \geq 0$의 경우, 다음과 같은 정적분으로 그 영역 R의 넓이를 계산할 수 있다.

■ $f(x) \geq 0$인 경우의 영역 적분

$$R = \int_a^b f(x)dx \tag{6.13}$$

[그림 6-3(b)]에 나타낸 $f(x) \leq 0$의 경우에는 그대로 계산할 때 정적분의 값이 음수가 된다. 따라서 그대로는 넓이의 값으로 사용할 수 없으므로 다음과 같이 부호를 바꾸어서 표현한다.

■ $f(x) \leq 0$인 경우의 영역 적분

$$R = -\int_a^b f(x)dx \tag{6.14}$$

예제 6-10

key point
주어진 구간에서 $f(x)$가 $f(x) \geq 0$인지 $f(x) \leq 0$인지를 그래프를 그려 확인해본다.

구간 $[-1, 1]$에서 함수 $f(x) = -x^2 + 2$와 x축으로 이루어지는 영역의 넓이를 구하라.

풀이

[그림 6-4]에 $f(x) = -x^2 + 2$의 그래프와 적분구간을 나타내었다.

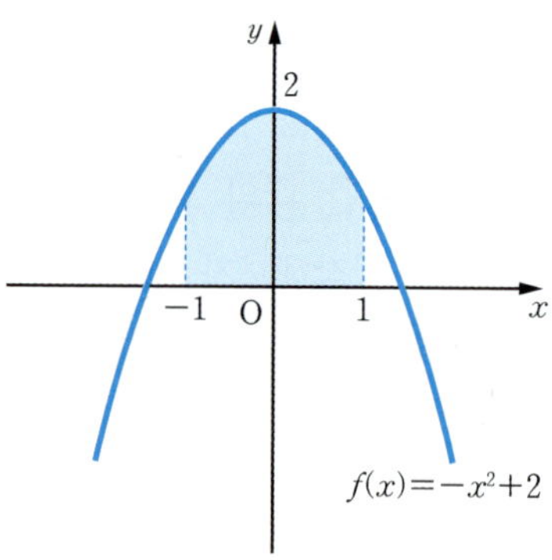

[그림 6-4]

주어진 영역의 넓이는 다음과 같이 두 가지 방법으로 구할 수 있다.

방법 1 주어진 구간에서 $f(x) \geq 0$이므로

$$R = \int_a^b f(x)dx = \int_{-1}^{1} (-x^2 + 2)dx = \left[-\frac{x^3}{3} + 2x\right]_{-1}^{1}$$

$$= -\frac{1}{3} + 2 - \frac{1}{3} + 2 = \frac{10}{3}$$

방법 2 우함수의 성질을 이용하여

$$R = 2\int_0^1(-x^2+2)dx = 2\left[-\frac{x^3}{3}+2x\right]_0^1 = 2\left(-\frac{1}{3}+2\right) = \frac{10}{3}$$

예제 6-11

구간 $[-1, 1]$에서 함수 $f(x)=x^2+2$와 x축으로 이루어지는 영역의 넓이를 구하라.

> **key point**
> $f(x) \geq 0$인 경우 :
> $R = \int_a^b f(x)dx$

풀이

[그림 6-5]에 $f(x)=x^2+2$의 그래프와 적분구간을 나타내었다.

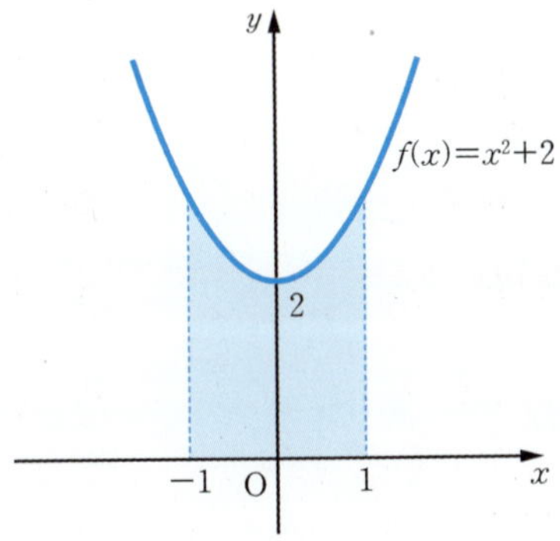

[그림 6-5]

주어진 영역의 넓이는 다음과 같이 두 가지 방법으로 구할 수 있다.

방법 1 주어진 구간에서 $f(x) \geq 0$이므로

$$R = \int_a^b f(x)dx = \int_{-1}^1(x^2+2)dx = \left[\frac{x^3}{3}+2x\right]_{-1}^1 = \frac{1}{3}+2+\frac{1}{3}+2 = \frac{14}{3}$$

방법 2 우함수의 성질을 이용하여

$$R = 2\int_0^1(x^2+2)dx = 2\left[\frac{x^3}{3}+2x\right]_0^1 = 2\left(\frac{1}{3}+2\right) = \frac{14}{3}$$

일반적으로는 $f(x)$가 양이나 음으로만 나타나는 것이 아니라 서로 섞여있는 경우를 생각할 수 있다. [그림 6-6]은 이러한 $f(x) \geq 0$와 $f(x) \leq 0$인 경우의 조합으로 이루어진 넓이를 나타낸 것이다.

■ 양과 음의 $f(x)$가 합해진 영역

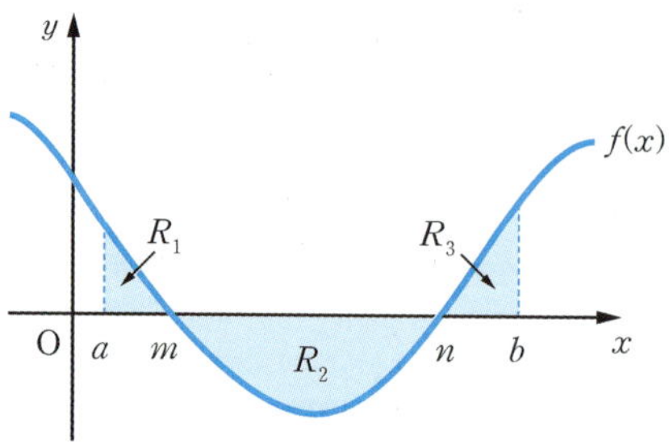

[그림 6-6]

[그림 6-6]은 $f(x) \geq 0$인 경우로 생각할 수 있는 영역 R_1, R_3와 $f(x) \leq 0$인 경우로 생각할 수 있는 영역 R_2가 섞여있는 경우를 나타낸 것이다. 이때 각각의 영역이 가지는 넓이는 다음과 같은 정적분으로 표현할 수 있다.

$$R_1 = \int_a^m f(x)dx$$

$$R_2 = \int_m^n f(x)dx$$

$$R_3 = \int_n^b f(x)dx$$

이들 모든 영역의 넓이를 합하면

$$R = R_1 + R_2 + R_3 = \int_a^m f(x)dx - \int_m^n f(x)dx + \int_n^b f(x)dx$$

와 같이 표현할 수 있다. 이 식을 정리하면

■ 일반적인 $f(x)$의 영역 적분

$$R = \int_a^b |f(x)|dx \qquad (6.15)$$

와 같은 정적분으로 나타낼 수 있다. 식 (6.15)는 면적을 구하려는 영역이 양과 음 모든 방향으로 나타나는 일반적인 경우를 나타낸 것이다.

key point
구간 내 함수와 x축이 이루는 넓이 : $R = \int_a^b |f(x)|dx$

예제 6-12

구간 $[-1,\ 1]$에서 함수 $f(x) = x^3$과 x축으로 이루어지는 영역의 넓이를 구하라.

풀이

[그림 6-7]에 $f(x)=x^3$의 그래프와 적분구간을 나타내었다.

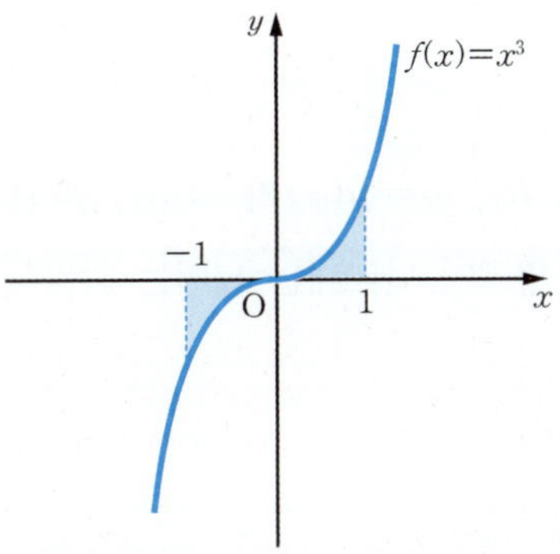

[그림 6-7]

구간 $[-1,\ 0]$에서는 $f(x) \le 0$이고, 구간 $[0,\ 1]$에서는 $f(x) \ge 0$이므로

$$R=\int_a^b |f(x)|dx=\int_{-1}^1 |x^3|dx=-\int_{-1}^0 x^3dx+\int_0^1 x^3dx$$
$$=-\left[\frac{x^4}{4}\right]_{-1}^0+\left[\frac{x^4}{4}\right]_0^1=\frac{1}{4}+\frac{1}{4}=\frac{1}{2}$$

면적을 구하고자 하는 영역이 두 개의 함수 $f(x)$와 $g(x)$로 둘러싸여 있는 경우도 생각할 수 있다. [그림 6-8]은 함수 $f(x)$와 $g(x)$로 둘러싸인 영역으로 이루어진 넓이를 나타낸 것이다.

■ $f(x)$와 $g(x)$로 둘러싸인 영역

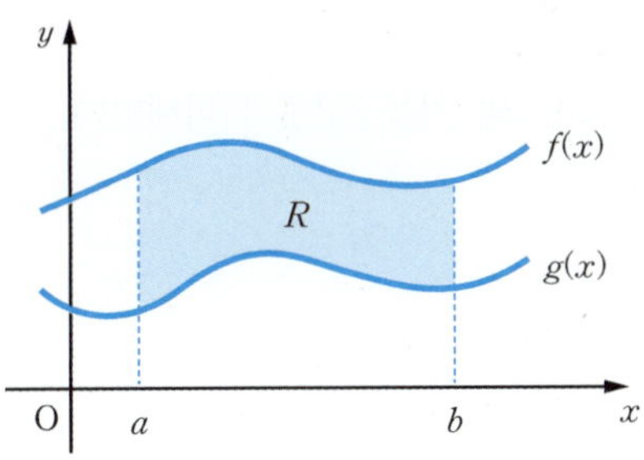

[그림 6-8]

[그림 6-8]은 구간 $[a,\ b]$의 모든 x에 대하여 $f(x) \ge g(x)$인 두 함수 $f(x)$와 $g(x)$가 그리는 곡선과, 구간을 나타내는 직선 $x=a$, $x=b$에 의해 이루어지는 영역이 표현된 경우이다. 이와 같은 경우, 영역의 넓이는 다음과 같은 정적분으로 나타낼 수 있다.

■ $f(x) \geq g(x)$인 경우의 정적분

$$R = \int_a^b [f(x) - g(x)]\,dx \tag{6.16}$$

식 (6.16)은 다음과 같이 간단히 증명할 수 있다. [그림 6-8]에서 $y = f(x)$가 그리는 곡선과 x축으로 이루어진 영역을 R_f, $y = g(x)$가 그리는 곡선과 x축으로 이루어진 영역을 R_g로 두자. 이들 영역이 나타내는 넓이는 각각

$$R_f = \int_a^b f(x)dx$$

$$R_g = \int_a^b g(x)dx$$

와 같고, 우리가 구하고자 하는 영역은 R_f에서 R_g를 뺀 영역이므로

$$R = R_f - R_g = \int_a^b f(x)dx - \int_a^b g(x)dx = \int_a^b [f(x) - g(x)]dx$$

가 된다.

예제 6-13

key point
구간 내 두 함수가 이루는 넓이 :
$R = \int_a^b [f(x) - g(x)]dx$

구간 $[-2, 1]$에서 두 함수 $f(x) = -x^2 + 2$, $g(x) = x$로 이루어지는 영역의 넓이를 구하라.

풀이

[그림 6-9]에 $f(x) = -x^2 + 2$, $g(x) = x$의 그래프와 적분구간을 나타내었다.

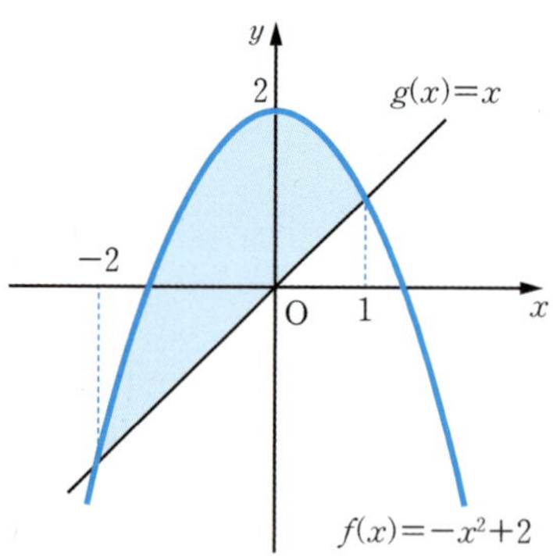

[그림 6-9]

주어진 구간에서 $f(x) \geq g(x)$, 즉 $-x^2 + 2 \geq x$이므로

$$R = \int_a^b [f(x) - g(x)]dx = \int_{-2}^{1} [-x^2 + 2 - x]dx$$

$$= \left[-\frac{x^3}{3} + 2x - \frac{x^2}{2} \right]_{-2}^{1}$$

$$= -\frac{1}{3} + 2 - \frac{1}{2} - \left(\frac{8}{3} - 4 - 2 \right)$$

$$= \frac{9}{2}$$

6.4.2 정적분과 부피

[그림 6-10]과 같은 입체도형에서 구간 $[a,\ b]$에서의 부피를 생각해보자.

■ 일정구간에서의 입체도형의 부피

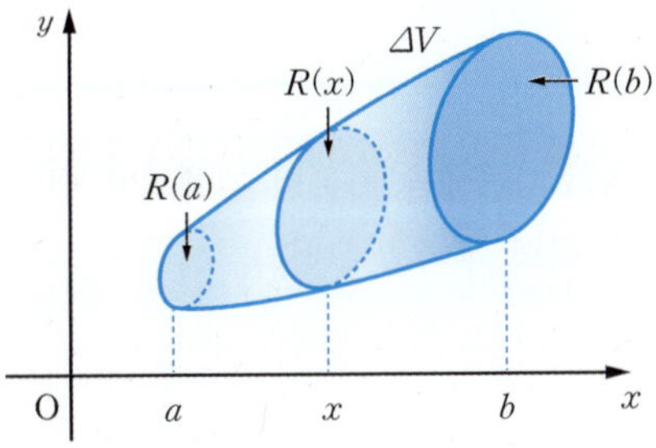

[그림 6-10]

가로축의 x점에서 입체도형을 절단했을 때, 절단면의 넓이를 $R(x)$라고 두었다. 또 구간 $[a,\ b]$를 n개의 부분구간으로 나누어서 첫 절단면이 생기는 점이 $x_0 = a$이고, 마지막 절단면이 생기는 점이 $x_n = b$가 된다. 그리고 임의의 점 x_{i-1}과 x_i의 간격을 Δx로 둔다. 그러면 구간 내의 표준점을 $x_i{}^*$라고 할 때, 임의의 구간 $[x_{i-1},\ x_i]$에서의 부피 ΔV는 표준점에서의 넓이 $R(x_i{}^*)$와 구간 간격 Δx를 곱한 값인 $R(x_i{}^*)\Delta x$로 구해진다. 따라서

$$\Delta V = R(x_i{}^*)\Delta x$$

■ 구간 내 표준점에서의 부피

와 같이 구해지는 부분구간들의 부피를 모두 더하면 주어진 입체도형의 총 부피 V가 된다는 사실을 알 수 있다. 그러므로 입체도형의 부피를 n개의 부분구간들의 부피의 합의 근삿값으로 생각하면 다음 식을 얻을 수 있다.

■ 부분구간들의 부피의 합

$$V \approx \sum_{i=1}^{n} R(x_i^*)\Delta x$$

이 식에서 부분구간의 개수를 무한대로 나누면

$$V = \lim_{n\to\infty}\sum_{i=1}^{n} R(x_i^*)\Delta x$$

가 되어 결국 간격이 떨어져 있지 않고 연속이 되는 적분의 개념으로 생각할 수 있다. 이와 같은 과정에서 임의의 입체도형의 부피는

■ 입체도형 부피의 정적분

$$V = \int_a^b R(x)dx \tag{6.17}$$

와 같이 정적분의 식으로 구할 수 있음을 알 수 있다.

예제 6-14

key point
구간 내 입체도형의 부피 :
$V = \int_a^b R(x)dx$

어떤 용기에서 물의 깊이 x와 수면의 넓이 $R(x)$ 간에는 다음의 관계식이 성립한다. 주어진 물의 깊이에 따라 용기에 담긴 물의 부피를 구하라.

(a) $R(x) = x^2$, 물의 깊이 3

(b) $R(x) = x^3 + 2x$, 물의 깊이 2

풀이

(a) 입체도형의 부피를 나타내는 식 $V = \int_a^b R(x)dx$를 적용하여 계산하면

$$V = \int_0^3 x^2 dx = \left[\frac{1}{3}x^3\right]_0^3 = 9$$

(b) $V = \int_a^b R(x)dx = \int_0^2 (x^3 + 2x)dx = \left[\frac{1}{4}x^4 + x^2\right]_0^2 = 8$

입체도형은 한 직선에 대하여 한 영역을 회전시켜 얻어지는 것이므로 **회전체** solid of revolution 라고도 한다. 이러한 회전체의 부피는 앞에서 정의한 입체도형의 부피를 나타내는 식 (6.17)로부터 계산할 수 있다.

[그림 6-11]과 같은 입체도형을 생각해보자. 이 입체도형은 구간 $[a, b]$에서 곡선 $y = f(x)$를 가로축인 x축 둘레로 회전시킬 때 생기는 회전체이다.

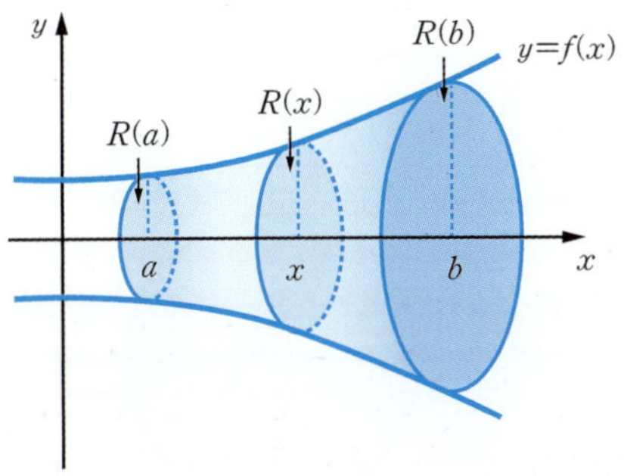

[그림 6-11]

■ 회전체의 부피

이때 임의의 절단면은 원판이 되는데, 이와 같이 절단면의 넓이 $R(x)$가 원판인 경우에 원판의 반지름은 $y=f(x)$가 된다. 따라서 절단면의 넓이를

$$R(x)=\pi y^2=\pi f(x)^2 \tag{6.18}$$

의 형태로 부피의 식에 대입하여 사용하면, 회전체의 부피는

$$V=\pi\int_a^b y^2dx=\pi\int_a^b f(x)^2dx \tag{6.19}$$

■ 회전체 부피의 정적분

와 같은 식으로 표현할 수 있다.

예제 6-15

$y^2=x$가 x축 둘레로 회전할 때 생기는 회전체의 부피를 구하라. 이때 입체도형의 구간은 $[0,\ l]$이다.

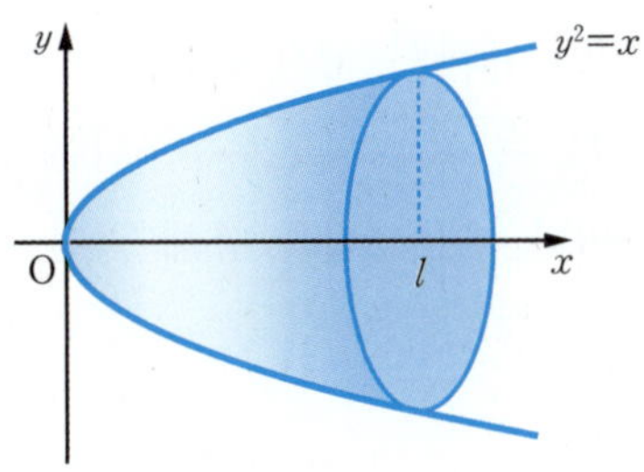

[그림 6-12]

key point
구간 내 회전체의 부피 :
$V=\pi\int_a^b y^2dx$
$=\pi\int_a^b f(x)^2dx$

풀이

회전체의 부피를 나타내는 식 $V=\pi\int_a^b y^2dx=\pi\int_a^b f(x)^2dx$를 적용하면 회전체의 부피를 다음과 같이 구할 수 있다.

$$V=\pi\int_0^l y^2dx=\pi\int_0^l xdx=\pi\left[\frac{x^2}{2}\right]_0^l=\frac{\pi l^2}{2}$$

예제 6-16

> **key point**
> 반지름이 a인 원을 x축 둘레로 회전하여 생긴 회전체로 생각한다.

[그림 6-13]과 같은 반지름이 a인 구의 부피를 구하라.

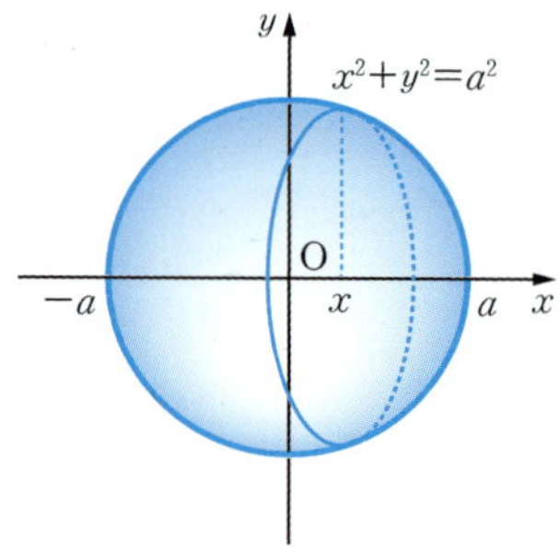

[그림 6-13]

풀이

반지름 a인 원의 방정식은 $x^2+y^2=a^2$이다. 반지름이 a인 구는 반지름 a인 원을 x축 둘레로 회전하면 생기게 되므로 구의 부피는 다음과 같다.

$$V=\pi\int_{-a}^{a} y^2dx=\pi\int_{-a}^{a}(a^2-x^2)dx$$

$$=\pi\left[a^2x-\frac{x^3}{3}\right]_{-a}^{a}=\pi\left(a^3-\frac{a^3}{3}+a^3-\frac{a^3}{3}\right)=\frac{4\pi a^3}{3}$$

6.4.3 정적분과 호의 길이

함수 $y=f(x)$는 임의의 궤적, 즉 임의의 선을 나타낸다고 할 수 있다. 함수 $y=f(x)$가 나타내는 곡선에서 임의의 구간 $[a, b]$의 길이를 구하는 방법에 대하여 생각해보자. 주어진 구간에서 시작점을 $P_0=a$, 끝나는 점을 $P_n=b$로 두고 부분구간을 n개로 나누면 [그림 6-14]와 같이 나타낼 수 있다. 이 그림을 통해 곡선 $y=f(x)$에서의 호의 길이를 구할 수 있다.

■ 곡선에서의 호의 길이

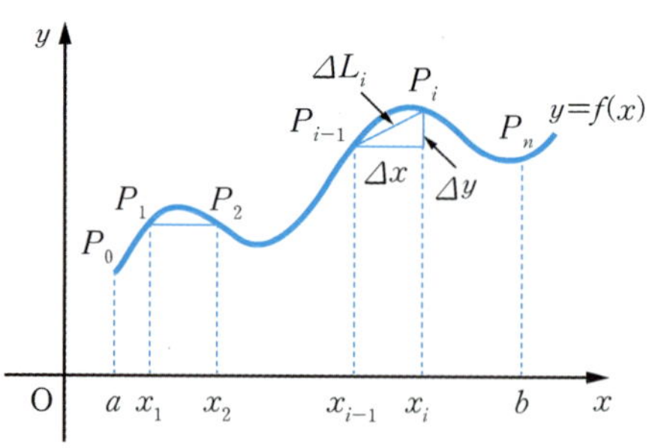

[그림 6-14]

동일한 간격 Δx로 나누어진 점 P_0, P_1, P_2, $\cdots$, P_n 간에는, 앞뒤의 점을 잇는 선분 $\overline{P_{i-1}P_i}$를 생각할 수 있다. 이 선분들의 길이 $\overline{P_0P_1}$,

$\overline{P_1P_2}$, $\overline{P_2P_3}$, $\cdots$, $\overline{P_{n-1}P_n}$을 모두 더하면 우리가 구하려는 호의 길이의 근삿값이 됨을 알 수 있다. 이때 임의의 선분 $\overline{P_{i-1}P_i}$의 길이는 P_{i-1}에서 P_i까지의 호의 길이의 근삿값이 되며 다음과 같은 식으로 구할 수 있다.

$$\Delta L_i \approx |\overline{P_{i-1}P_i}| = \sqrt{(x_i - x_{i-1})^2 + (y_i - y_{i-1})^2} = \sqrt{(\Delta x)^2 + (\Delta y)^2} \tag{6.20}$$

■ 호의 길이의 근삿값

이와 같은 근사식을 생각하면, 선분 길이를 구하기 위한 점과 점 사이의 길이를 짧게 할수록 호의 길이가 정확하게 구해진다는 사실을 알 수 있다. 결국 부분구간의 개수가 $n \to \infty$, 즉 $\Delta x \to 0$이 되는 극한값이 호의 길이가 된다.

부분구간의 호의 길이는 다음과 같은 일반식으로 나타낼 수 있으며,

$$\Delta L = \sqrt{(\Delta x)^2 + (\Delta y)^2} = \Delta x \sqrt{1 + \left(\frac{\Delta y}{\Delta x}\right)^2} \tag{6.21}$$

■ 부분구간의 호의 길이

구간 $[a, b]$의 호의 길이는 다음과 같은 식으로 나타낼 수 있다.

$$L = \lim_{n \to \infty} \sum_{i=1}^{n} \Delta L = \lim_{\Delta x \to 0} \sum_{x=a}^{b} \sqrt{(1 + \left(\frac{\Delta y}{\Delta x}\right)^2}\, \Delta x \tag{6.22}$$

■ 구간 $[a, b]$의 호의 길이

식 (6.22)를 정적분으로 고쳐 쓰면

$$L = \int_a^b \sqrt{1 + \left(\frac{dy}{dx}\right)^2}\, dx = \int_a^b \sqrt{1 + (y')^2}\, dx \tag{6.23}$$

■ 곡선에서의 호의 길이의 정적분

와 같다. 위 식이 임의의 함수 $y = f(x)$에서 x의 구간을 $[a, b]$로 정함으로써 결정되는 곡선에서의 호의 길이를 정적분으로 나타낸 것이다.

식 (6.23)에서 매개변수 $x = f(t)$, $y = g(t)$를 사용하는 경우는 다음과 같은 식으로 나타낼 수 있다.

$$L = \int_a^b \sqrt{\{f'(t)\}^2 + \{g'(t)\}^2}\, dt = \int_a^b \sqrt{\left(\frac{dx}{dt}\right)^2 + \left(\frac{dy}{dt}\right)^2}\, dt \tag{6.24}$$

■ 매개변수를 사용하는 호의 길이의 정적분

임의의 함수 $x=f(y)$에서 y의 구간을 $[c,\ d]$로 정함으로써 결정되는 곡선에서의 호의 길이는 다음과 같이 나타낼 수 있다.

■ 함수 $x=f(y)$에서 호의 길이의 정적분

$$L=\int_c^d \sqrt{1+\left(\frac{dx}{dy}\right)^2}\,dy=\int_c^d \sqrt{1+(x')^2}\,dy \qquad (6.25)$$

예제 6-17

다음 함수가 나타내는 직선이나 곡선에서 주어진 구간에서의 길이를 구하라.

(a) $y=2x+3,\ [0,\ 2]$

(b) $y=\frac{2}{3}(x-1)\sqrt{x-1},\ [0,\ 4]$

(c) $x=t^2,\ y=1-t^2,\ [1,\ 2]$

(d) $y^2=x^3,\ [1,\ 4]$

key point

$$L=\int_a^b \sqrt{1+\left(\frac{dy}{dx}\right)^2}\,dx$$

$$L=\int_a^b \sqrt{\left(\frac{dx}{dt}\right)^2+\left(\frac{dy}{dt}\right)^2}\,dt$$

$$L=\int_c^d \sqrt{1+\left(\frac{dx}{dy}\right)^2}\,dy$$

풀이

(a) 식 (6.22)를 사용하면

$$L=\int_a^b \sqrt{1+\left(\frac{dy}{dx}\right)^2}\,dx=\int_0^2 \sqrt{1+2^2}\,dx=[\sqrt{5}\,x]_0^2=2\sqrt{5}$$

(b) $y=\frac{2}{3}(x-1)^{\frac{3}{2}}$이므로 $y'=\frac{2}{3}\cdot\frac{3}{2}(x-1)^{\frac{3}{2}-1}=\sqrt{x-1}$이다. 따라서

$$L=\int_a^b \sqrt{1+\left(\frac{dy}{dx}\right)^2}\,dx=\int_0^4 \sqrt{1+(x-1)}\,dx=\int_0^4 \sqrt{x}\,dx$$

$$=\left[\frac{2}{3}x^{\frac{3}{2}}\right]_0^4=\frac{16}{3}$$

(c) $\frac{dx}{dt}=2t,\ \frac{dy}{dt}=-2t$이므로

$$L=\int_a^b \sqrt{\left(\frac{dx}{dt}\right)^2+\left(\frac{dy}{dt}\right)^2}\,dt=\int_1^2 \sqrt{(2t)^2+(-2t)^2}\,dt=\int_1^2 \sqrt{8}\,t\,dt$$

$$=\sqrt{8}\left[\frac{t^2}{2}\right]_1^2=3\sqrt{2}$$

(d) $y^2=x^3$은 $y=x^{\frac{3}{2}}$과 같이 표현할 수 있으므로, 미분하면 $y'=\frac{3}{2}x^{\frac{3}{2}-1}=\frac{3}{2}x^{\frac{1}{2}}$

이다. 그러므로 $L=\int_a^b \sqrt{1+\left(\frac{dy}{dx}\right)^2}\,dx=\int_1^4 \sqrt{1+\frac{9}{4}x}\,dx$가 되고, 여기서

$1+\frac{9}{4}x=t$로 두면 $dt=\frac{9}{4}dx$가 된다. 이때 $x=1$이면 $t=\frac{13}{4}$이고, $x=4$ 이면 $t=10$이므로

$$L=\int_1^4\sqrt{1+\frac{9}{4}x}\,dx=\int_{\frac{13}{4}}^{10}\sqrt{t}\left(\frac{4}{9}dt\right)=\frac{4}{9}\left[\frac{2}{3}t^{\frac{3}{2}}\right]_{\frac{13}{4}}^{10}$$

$$=\frac{8}{27}\left[10\sqrt{10}-\frac{13}{4}\sqrt{\frac{13}{4}}\right]=\frac{80\sqrt{10}-13\sqrt{13}}{27}$$

라플라스 변환

공학수학

함수 $f(t)=t$를 라플라스 변환한 식을 구하라.

문제 접근

라플라스 변환(Laplace transform)은 전기회로의 과도현상을 해석하면서 사용된 연산법에서 기인된 변환법으로, 미분방정식의 해를 구하는 데 편리하게 사용된다. 아날로그 전기신호를 라플라스 변환하여 처리하면 복잡한 계산을 간단하게 처리할 수 있기 때문이다. 라플라스 변환은 변환하고자 하는 함수에 e^{-st}을 곱하여 적분하는 식으로 정의되어 있다. 결과적으로 변수 t를 사용하는 시간함수 $f(t)$를 라플라스 변환하면, 변수 s를 사용하는 s 영역의 함수 $F(s)$로 나타나게 된다. 다음은 라플라스 변환의 정의식이다.

$$F(s)=\int_0^\infty f(t)e^{-st}dt$$

문제 해결

라플라스 변환의 정의식에 $f(t)=t$를 대입하면

$$F(s)=\int_0^\infty f(t)e^{-st}dt=\int_0^\infty te^{-st}dt$$

가 되므로 부분적분법을 이용하여 계산한다. 따라서 라플라스 변환한 식은

$$\begin{aligned}F(s)&=-\left[\frac{1}{s}te^{-st}\right]_0^\infty+\frac{1}{s}\int_0^\infty e^{-st}dt\\&=0+\frac{1}{s}\left[-\frac{1}{s}e^{-st}\right]_0^\infty\\&=\frac{1}{s^2}\end{aligned}$$

이다.

유제 01 함수 $f(t)=1$을 라플라스 변환한 식을 구하라.

유제 02 함수 $f(t)=e^t$을 라플라스 변환한 식을 구하라.

■ 평등한 전계 내의 두 점 간의 전위차

전자기학

전압이 80V인 점 A에서 전계 E의 방향으로 50cm 떨어진 점 B의 전압은 얼마인가? 이때 전계 E는 50V/m이다.

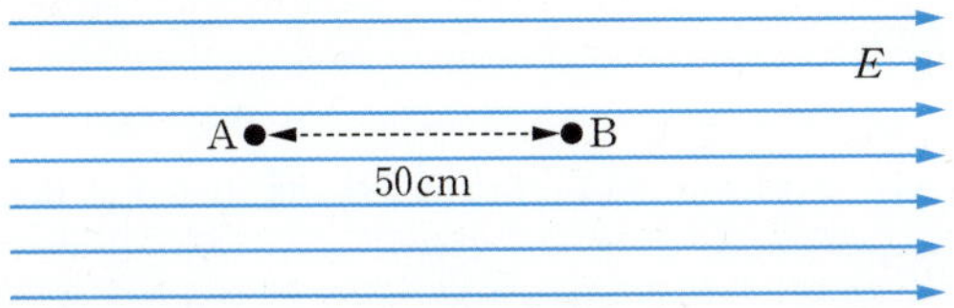

[그림 6-15]

문제 접근

극성이 다른 전하 사이에는 잡아당기는 인력이 작용하게 된다. 이 전하들을 일정한 거리만큼 떼어놓기 위해서는 서로 잡아당기는 인력을 이겨낼 정도의 에너지가 필요하다. 이러한 상황에서 두 전하 간의 위치에너지의 차이를 전위차(potential difference)라고 하는데, 전기회로에서 일이 수행되는 것은 이 전위차의 발생 때문이다. 전위차를 기전력(electromotive force, emf) 또는 전압(voltage)이라고도 한다.

전계가 존재하는 공간에 위치한 두 점 A와 B 간의 전위차는 다음과 같은 식으로 표현한다.

$$V_{AB} = V_A - V_B = -\int_B^A E \cdot dl$$

문제 해결

50cm = 0.5이므로 A, B 두 점 간의 구간을 [0, 0.5]로 생각할 수 있다. 두 점 간의 전위차를 구하는 정적분 식을 이용하면 전위차는 $V_{AB} = -\int_B^A E \cdot dl = -\int_0^{0.5} 50 \cdot dl = -[50l]_0^{0.5} = -25[V]$이다. 그러므로 점 B의 전압은 $V_B = V_{AB} + V_A = -25 + 80 = 55[V]$와 같이 구할 수 있다.

유제 01 전압이 100V인 점 A에서 전계 E의 방향으로 1m 떨어진 점 B의 전압은 얼마인가? 이때 전계 E는 100V/m이다.

유제 02 전압이 220V인 점 A에서 전계 E의 방향으로 90cm 떨어진 점 B의 전압은 얼마인가? 이때 전계 E는 100V/m이다.

■ 인덕터 회로에서의 전류와 에너지

회로이론

$L = 100\mathrm{mH}$의 인덕터를 포함한 전기회로가 있다.

(a) 인덕터 단자에 걸리는 전압이 $t > 0$에서 $v(t) = 10te^{-10t}[\mathrm{V}]$인 경우 인덕터에 흐르는 전류를 구하라. 단, $t \le 0$일 때 전류는 흐르지 않는다.

(b) $t > 0$에서 전류와 전압이 각각 $i(t) = 10te^{-5t}[\mathrm{A}]$, $v(t) = e^{-5t}(1-5t)[\mathrm{V}]$일 때 $0 \le t \le 0.2$인 시간 동안 인덕터에 저장되는 에너지를 구하라.

문제 접근

[그림 6-16]과 같이 인덕터를 포함한 전기회로에서 인덕터에 걸리는 전압은 $v(t) = L\dfrac{di(t)}{dt}$와 같은 식으로 나타낼 수 있다. 이 전압을 시간에 대한 전류의 함수로 나타내면 다음과 같다.

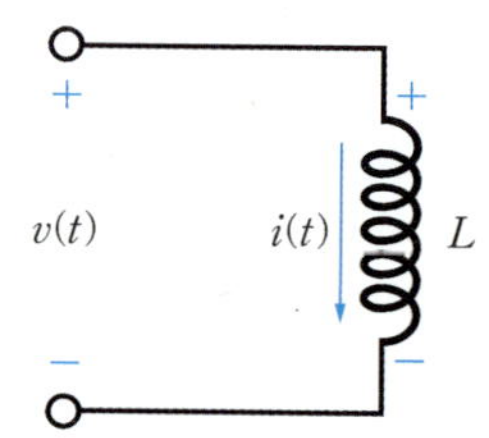

[그림 6-16]

$$i(t) = \frac{1}{L}\int_{t_0}^{t} v(\tau)d\tau + i(t_0)$$

여기서 t_0는 초기시간을 의미하므로 $i(t_0)$는 초기시간에서의 인덕터 전류를 나타낸다. 일반적으로 $t_0 = 0$으로 둔다. 또한 인덕터에서의 전력은 $p(t) = v(t)i(t)$의 식으로 나타낼 수 있는데, 이 식을 이용하여 일정한 시간 간격에서 인덕터에 저장되는 에너지는 다음과 같이 나타낸다.

$$w(t) = \int_{a}^{b} p(t)dt$$

문제 해결

(a) $t = 0$일 때는 인덕터에 전류가 흐르지 않으므로 $i(t_0) = 0$이다.

$t > 0$에서 인덕터에 흐르는 전류는

$$i(t) = \frac{1}{L}\int_{t_0}^{t} v(\tau)d\tau + i(t_0) = \frac{1}{100 \times 10^{-3}}\int_{0}^{t} 10\tau e^{-10\tau}dt + 0 = 100\int_{0}^{t} \tau e^{-10\tau}d\tau$$

이므로 부분적분법을 이용하여 계산한다. 따라서

$$\int_0^t \tau e^{-10\tau}d\tau = \left[-\frac{\tau}{10}e^{-10\tau}\right]_0^t + \frac{1}{10}\int_0^t e^{-10\tau}d\tau = -\frac{1}{100}(10te^{-10t}+e^{-10t}-1)$$

이므로 인덕터에 흐르는 전류는 $i(t)=1-e^{-10t}-10te^{-10t}$이 된다.

(b) 인덕터에서의 전력은 $p(t)=v(t)i(t)=10te^{-10t}(1-5t)=10te^{-10t}-50t^2e^{-10t}$[W]이 되므로 $0 \le t \le 0.2$인 시간 동안 인덕터에 저장되는 에너지 $w(t)$는

$$w(t)=\int_a^b p(t)dt=10\int_0^{0.2}(te^{-10t}-5t^2e^{-10t})dt$$

이다. 이는 부분적분법을 이용하여 다음과 같이 계산할 수 있다.

$$\begin{aligned}
w(t) &= 10\left[\frac{e^{-10t}}{100}(-10t-1)\right]_0^{0.2} - 50\left[\frac{t^2e^{-10t}}{-10}+\frac{2}{10}\left\{\frac{e^{-10t}}{100}(-10t-1)\right\}\right]_0^{0.2} \\
&= 10\left[\frac{-3e^{-2}}{100}+\frac{1}{100}\right]-50\left[\frac{0.04e^{-2}}{-10}+\frac{2}{10}\left\{\frac{-3e^{-2}}{100}+\frac{1}{100}\right\}\right] \\
&= \frac{-3e^{-2}}{10}+\frac{1}{10}+5(0.04e^{-2})+\frac{3e^{-2}}{10}-\frac{1}{10} \\
&= 0.2e^{-2}=\frac{1}{5}e^{-2}[\mathrm{J}]
\end{aligned}$$

유제 01 $L=100$mH의 인덕터를 포함한 전기회로에서, 인덕터 단자에 걸리는 전압이 $t>0$에서 $v(t)=\sin 2t$[V]일 때 인덕터에 흐르는 전류를 구하라. 단, $t \le 0$일 때 전류는 흐르지 않는다.

유제 02 **유제 01**에서 구한 인덕터에 흐르는 전류를 이용하여 $0 \le t \le \frac{\pi}{4}$인 시간 동안 인덕터에 저장되는 에너지를 구하라.

■ 커패시터 회로에서의 전압과 에너지

회로이론

$C = 0.5\mu F$ 의 커패시터를 포함한 전기회로가 있다.

(a) 커패시터에 흐르는 전류가 $t > 0$에서 $i(t) = 50t$[V]인 경우 커패시터에 걸리는 전압을 구하라. 단, $t \le 0$일 때 전류는 흐르지 않는다.

(b) $t > 0$에서 전류와 전압이 각각 $i(t) = 2$[A], $v(t) = 3t$[V]일 때 $0 \le t \le 0.5$인 시간 동안 커패시터에 저장되는 에너지를 구하라.

문제 접근

[그림 6-17]과 같이 커패시터를 포함한 전기회로에 흐르는 전류는 커패시터에 걸리는 전압이 시간에 따라 변화하는 비율에 비례하므로 $i(t) = C\frac{dv(t)}{dt}$와 같은 식으로 나타낼 수 있다. 이 식은 다시 $idt = Cdv$로 나타낼 수 있고, 정리하여 적분하면 다음과 같은 식이 된다.

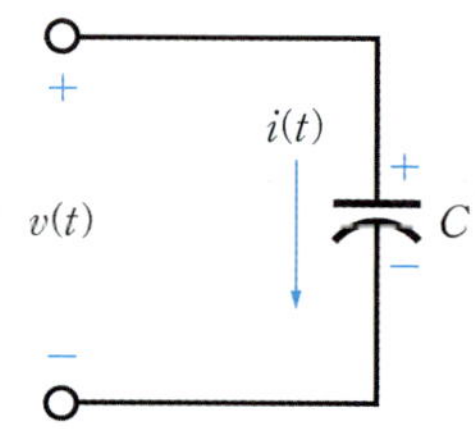

[그림 6-17]

$$v(t) = \frac{1}{C}\int_{t_0}^{t} i(\tau)d\tau + v(t_0)$$

여기서 t_0는 초기시간을 의미하므로 $v(t_0)$는 초기시간에서의 커패시터 전압을 나타낸다. 일반적으로 $t_0 = 0$으로 둔다. 또한 커패시터에서의 전력은 $p(t) = v(t)i(t)$의 식으로 나타낼 수 있으므로, 이 식을 이용하여 일정한 시간간격에서 커패시터에 저장되는 에너지는 다음과 같이 나타낸다.

$$w(t) = \int_{a}^{b} p(t)dt$$

문제 해결

(a) $t > 0$에서 커패시터에 걸리는 전압은

$$v(t) = \frac{1}{C}\int_{t_0}^{t} i(\tau)d\tau + v(t_0) = \frac{1}{0.5 \times 10^{-6}}\int_{0}^{t} 50\tau d\tau + 0 = 100 \times 10^{6}\left[\frac{\tau^2}{2}\right]_0^t$$

이므로 계산하면 $v(t) = 50 \times 10^6 t^2$[V]이 된다.

(b) 커패시터에서의 전력은 $p(t)=v(t)i(t)=2(3t)=6t\,[\mathrm{W}]$가 되므로 $0 \le t \le 0.5$의 시간에 커패시터에 저장되는 에너지 $w(t)$는

$$w(t)=\int_a^b p(t)dt = 6\int_0^{0.5} t\,dt$$

이다. 따라서 계산하면

$$w(t)=6\left[\frac{t^2}{2}\right]_0^{0.5}=\frac{3}{4}\,[\mathrm{J}]$$

이 된다.

유제 01 $C=0.2\mu\mathrm{F}$의 커패시터를 포함한 전기회로에서, 커패시터에 흐르는 전류가 $t>0$에서 $i(t)=0.2-50t\,[\mathrm{V}]$인 경우 커패시터에 걸리는 전압을 구하라. 단, $t \le 0$일 때 전류는 흐르지 않는다.

유제 02 **유제 01**에서 구한 커패시터에 걸리는 전압을 이용하여 $0 \le t \le 1$인 시간 동안 커패시터에 저장되는 에너지를 구하라.

Chapter 06 연습문제

※ 정적분의 정의에 따라 다음의 값을 구하라.

6.1 $\int_{-1}^{1} a dx$ (a는 상수)

6.2 $\int_{0}^{4} 2x dx$

6.3 $\int_{-1}^{1} x^2 dx$

6.4 $\int_{-1}^{3} (2x^2 - 8) dx$

※ 다음 정적분의 값을 구하라.

6.5 $\int_{2}^{3} (2x+1)^2 dx - \int_{2}^{3} (2x-1)^2 dx$

6.6 $\int_{2}^{3} (x-2)(x^2+2x+4)\, dx$

6.7 $\int_{0}^{1} \frac{1}{e^{2x}} dx$

6.8 $\int_{-\frac{\pi}{4}}^{0} \sec^2 x dx$

6.9 $\int_{1}^{e^2} \frac{2}{x} dx$

6.10 $\int_{0}^{1} |4x^2 - 1| dx$

※ 우함수와 기함수의 성질을 이용하여 다음을 계산하라.

6.11 $\int_{-2}^{2} (x^2 + 3x + 1) dx$

6.12 $\int_{-1}^{0} (x^3 + x^5) dx - \int_{1}^{0} (x^3 + x^5) dx$

6.13 $\int_{-1}^{1} x(x^2+1)dx$

6.14 $\int_{-2}^{2} x^2(x^2-3)dx$

6.15 $\int_{-\frac{\pi}{2}}^{\frac{\pi}{2}} x\sin x dx$

6.16 $\int_{-\frac{\pi}{2}}^{\frac{\pi}{2}} x^2\sin x dx$

※ 치환적분법을 이용하여 다음 정적분의 값을 구하라.

6.17 $\int_{0}^{1} \frac{x}{1+x^2}dx$

6.18 $\int_{0}^{\frac{\pi}{2}} \sin^2 x\cos x dx$

6.19 $\int_{0}^{\frac{\pi}{4}} \tan x\, dx$

6.20 $\int_{0}^{2} (1+x)^5 dx$

※ 부분적분법을 이용하여 다음 정적분의 값을 구하라.

6.21 $\int_{0}^{\pi} x\cos x dx$

6.22 $\int_{0}^{1} x^2 e^x dx$

6.23 $\int_{1}^{2} \ln x dx$

6.24 $\int_{0}^{\frac{\pi}{2}} x^2\sin x dx$

※ 다음 물음에 답하라.

6.25 $y=1-x^2$과 x축으로 이루어진 영역의 넓이를 구하라.

6.26 $-1 \le x \le 2$에서 $y=x^3$과 x축으로 이루어진 영역의 넓이를 구하라.

6.27 $x=y^2-1$과 y축으로 이루어진 영역의 넓이를 구하라.

6.28 $y=x$와 $y=2-x^2$으로 이루어진 영역의 넓이를 구하라.

6.29 $2x^2+2xy+y^2=1$로 둘러싸인 영역의 넓이를 구하라.

6.30 $y=x^2$이 x축 둘레로 회전할 때 생기는 회전체의 부피를 구하라. $(0 \le x \le 2)$

6.31 $y=x-1$이 y축 둘레로 회전할 때 생기는 회전체의 부피를 구하라. $(0 \le y \le 2)$

6.32 타원 $\frac{x^2}{4}+\frac{y^2}{9}=1$이 y축 둘레로 회전할 때 생기는 회전체의 부피를 구하라.

6.33 $y=\frac{2}{3}x^{\frac{3}{2}}$이 나타내는 곡선에서 $0 \le x \le 2$ 사이의 길이를 구하라.

6.34 $x=t-\sin t$, $y=1-\cos t$로 나타나는 궤적에서 $0 \le t \le 2\pi$ 사이의 길이를 구하라.

※ 공학수학 다음 라플라스 변환의 값을 구하라.

6.35 $f(t)=a$ (a는 상수)

6.36 $f(t)=t^2$

6.37 $f(t)=e^{-t}$

6.38 $f(t)=e^{2t}$

6.39 $f(t)=\sin t$

6.40 $f(t)=\cos 2t$

※ 전자기학 다음 물음에 답하라.

6.41 전압이 50V인 점 A에서 전계 E의 방향으로 80cm 떨어진 점 B의 전압은 얼마인가? 이때 전계 E는 50V/m이다.

6.42 전압이 200V인 점 A에서 전계 E의 방향으로 100cm 떨어진 점 B의 전압은 얼마인가? 이때 전계 E는 20V/m이다.

6.43 전압이 80V인 점 A에서 전계 $E = 50[\mathrm{V/m}]$의 방향으로 떨어져 있는 점 B의 전압이 -45V라면, 점 A에서 점 B까지의 거리는 얼마인가?

6.44 전압이 100V인 점 A에서 전계 $E = 100[\mathrm{V/m}]$의 방향으로 떨어져 있는 점 B의 전압이 0V라면, 점 A에서 점 B까지의 거리는 얼마인가?

※ 회로이론 다음 물음에 답하라. 단, $t \le 0$일 때 전류는 흐르지 않는다.

6.45 $L = 100\mathrm{mH}$의 인덕터를 포함한 전기회로에서 인덕터 단자에 걸리는 전압이 $t > 0$에서 $v(t) = \cos 2t\,[\mathrm{V}]$일 때 인덕터에 흐르는 전류를 구하라.

6.46 [연습문제 **6.45**]에서 구한 인덕터에 흐르는 전류를 이용하여 $0 \le t \le \frac{\pi}{2}$인 시간 동안 인덕터에 저장되는 에너지를 구하라.

6.47 $L = 100\mathrm{mH}$의 인덕터를 포함한 전기회로에서 인덕터 단자에 걸리는 전압이 $t > 0$에서 $v(t) = 2.9e^{-5t}\sin 2t\,[\mathrm{V}]$일 때 인덕터에 흐르는 전류를 구하라.

6.48 $C = 1\mu\mathrm{F}$의 커패시터를 포함한 전기회로에서 커패시터에 흐르는 전류가 $t > 0$에서 $i(t) = 10\cos 10t\,[\mathrm{V}]$인 경우 커패시터에 걸리는 전압을 구하라.

6.49 [연습문제 **6.48**]에서 구한 커패시터에 걸리는 전압을 이용하여 $0 \le t \le \pi$인 시간 동안 커패시터에 저장되는 에너지를 구하라.

6.50 $C = 1\mu\mathrm{F}$의 커패시터를 포함한 전기회로에서 커패시터에 흐르는 전류가 $t > 0$에서 $i(t) = e^{-2t}\cos t\,[\mathrm{V}]$인 경우 커패시터에 걸리는 전압 및 전력을 구하라.

m.e.m.o

Chapter

07

벡터

Vector

물리학적으로 수(數)로만 표현되는 양들은 많다. 물체의 질량이나 속력 등과 같은 것이 그 예이다. 하지만 수로 표현되지 않는 양도 있다. 그런 양을 표현하기 위해서는 수, 즉 크기뿐만 아니라 방향까지도 고려해야만 한다. 이 두 가지 양이 바로 스칼라와 벡터이다. 방향성을 고려한 벡터는 전기전자 공학의 이론에 빠질 수 없는 부분이다. 이 장에서는 벡터의 개념부터 기본적인 계산방법까지를 살펴보기로 한다.

7.1 벡터의 정의

■ 스칼라

스칼라scalar는 수(數)로만 표현할 수 있으므로 가장 간단한 **양**quantity이라고 할 수 있다. 물체의 질량, 속력, 전위차, 일과 에너지 등이 그 예에 속한다. 예로 든 양들은 작용하는 방향이 없기 때문에 크기만으로도 표현이 가능하다. 크기로 나타낼 수 있는 스칼라량에 방향까지 가진 양이 바로 **벡터**vector이다.

■ 벡터

벡터는 그림으로 나타내면 이해하기 편리한 양이다. [그림 7-1]은 간단한 스칼라와 벡터의 예를 나타낸 것이다.

■ 스칼라와 벡터의 비교

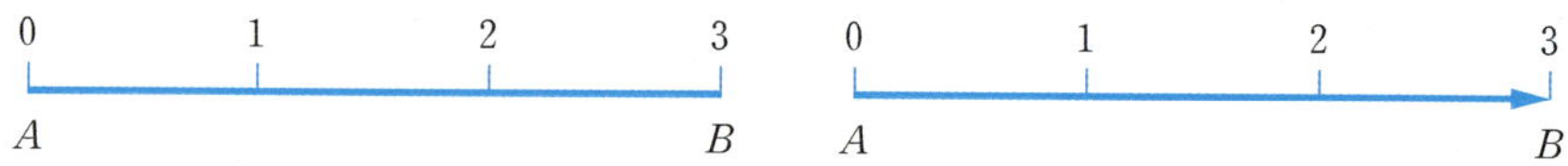

(a) 스칼라 (b) 벡터

[그림 7-1]

3이라는 수로 나타낼 수 있는 크기를 가진 선분 AB를 나타낸 [그림 7-1(a)]는 스칼라를 나타낸 것이고, 화살표로 그 크기가 가진 방향을 나타낸 [그림 7-1(b)]가 바로 벡터를 표현한 것이다. 단, [그림 7-1]에서는 스칼라와 벡터를 간단히 비교하기 위해서 방향을 수평방향으로 잡았으나, 벡터의 방향이 수직이나 수평방향과 같이 제한이 있는 것은 아니다. 벡터는 방향이 있는 성분이라는 의미로 **유향선분**directed line segment이라고도 한다.

■ 유향선분

■ 시점과 종점

[그림 7-1(b)]와 같이 점 A가 **시점**initial point이고, 점 B가 **종점**terminal point인 벡터는 화살표를 이용해 다음과 같이 나타낸다.

$$\overrightarrow{AB} \tag{7.1}$$

이와 같이 벡터는 시점과 종점을 분명히 가지고 있기 때문에, [그림 7-2]에 나타낸 것처럼

■ 벡터의 방향 관계식

$$\overrightarrow{AB} \neq \overrightarrow{BA} \tag{7.2}$$

이다.

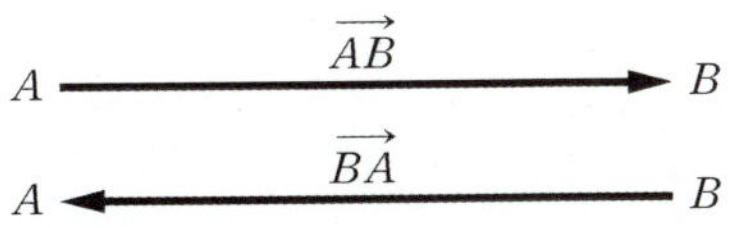

[그림 7-2]

벡터의 시점과 종점을 나타내지 않고 임의의 벡터를

$$\overrightarrow{AB} = \vec{a} \tag{7.3}$$

■ 벡터의 표현

와 같이 표현하는 경우가 많다. 또한 벡터가 둘 또는 그 이상의 수를 사용하므로 볼드체 **a**로 표현하기도 한다. 단, 이렇게 표현할 때는 이탤릭체를 사용하지 않고 로만체로 나타낸다. 이 책에서는 벡터를 화살표를 이용해 나타내기로 한다.

또한 벡터의 크기만을 나타낼 때는

$$|\overrightarrow{AB}| = |\vec{a}| \tag{7.4}$$

■ 벡터의 크기

와 같이 표현한다. 벡터의 크기는 물론 스칼라량이다.

$\overrightarrow{AB}$와 $\overrightarrow{BA}$처럼 벡터의 크기는 같은데 시점과 종점이 뒤바뀐, 즉 방향이 정반대인 경우, $\overrightarrow{BA}$는

$$\overrightarrow{BA} = -\vec{a} \tag{7.5}$$

■ 음의 벡터

와 같이 **음의 벡터**negative vector로 나타낼 수 있다.

시점과 종점이 같은 벡터, 즉 한 점에서 정의되는 벡터는 **영벡터**zero vector라고 하고, $\vec{0}$이나 볼드체 **0**으로 표시한다. 이 벡터의 크기는 0이다. 또한 벡터의 크기가 1인 벡터는 **단위벡터**unit vector라고 한다. $\vec{a}$라는 벡터가 있을 때, $\vec{a}$와 같은 방향으로의 단위벡터 $\vec{u}$는 다음 식으로 구할 수 있다.

$$\vec{u} = \frac{\vec{a}}{|\vec{a}|} \tag{7.6}$$

■ 단위벡터

단위벡터들은 그 종류에 관계없이 크기가 같으며 방향만 다를 뿐이다.

[그림 7-3]과 같이 두 벡터의 위치는 다르더라도 크기와 방향이 같은 벡

터는 **동일한 벡터**equal vector이다. 즉 $\overrightarrow{CD}=\vec{b}$ 라고 하면,

■ 동일한 벡터

$$\vec{a}=\overrightarrow{AB}=\overrightarrow{CD}=\vec{b} \tag{7.7}$$

와 같이 나타낼 수 있다. 크기와 방향을 유지하기 때문에 벡터 자체는 바뀌지 않으면서 위치를 바꿀 수 있는 이와 같은 벡터의 성질은 매우 유용하게 사용된다.

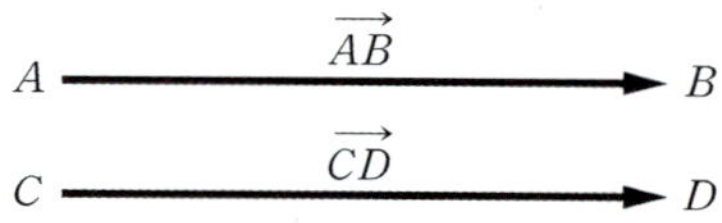

[그림 7-3]

■ 직교와 직교벡터

두 벡터 $\vec{a}$와 $\vec{b}$가 있고, 두 벡터 간의 각도가 90°, 즉 $\frac{\pi}{2}$만큼 차이가 난다면 두 벡터는 서로 직각을 이루게 된다. 그때 두 벡터 $\vec{a}$와 $\vec{b}$는 **직교한다**orthogonal고 하고, 상호 간에 **직교벡터**orthogonal vector가 된다. [그림 7-4(a)]는 두 벡터 $\vec{a}$와 $\vec{b}$가 서로 직각을 이루는 지교벡터를 나타낸다. [그림 7-4(b)]는 직교벡터를 공간상에 나타내었을 경우를 표현한 것이다. 3차원 공간에서의 벡터는 7.3.2절에서 더 자세히 알아보도록 한다.

■ 2차원 및 3차원의 직교 벡터

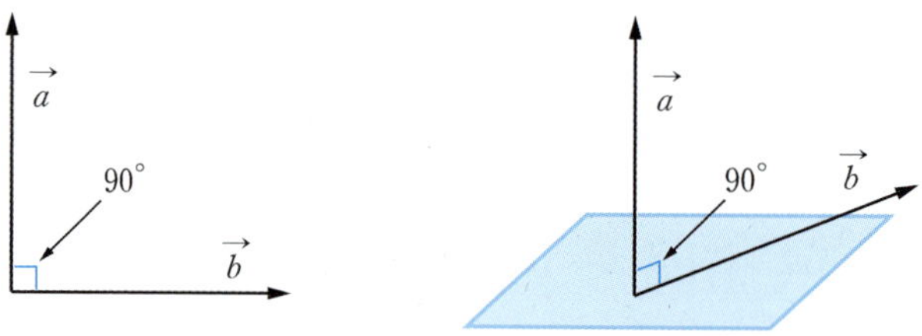

(a) 직교벡터 (b) 공간상의 직교벡터

[그림 7-4]

예제 7-1

다음 물음에 답하라.

(a) 사람의 몸무게, 차의 속도, 전압, 자기력을 스칼라와 벡터로 구분하라.

(b) 벡터 $\overrightarrow{AB}$와 $\overrightarrow{BC}$가 있는데, A와 C가 동일한 점이라면 두 벡터는 어떤 관계인가? 식으로 나타내라.

(c) $|\overrightarrow{AB}|=|\overrightarrow{CD}|$라는 설명이 있다면, 두 벡터는 동일한 벡터로 볼 수 있는가?

(d) 벡터 $\overrightarrow{AB}$가 있다. A와 B가 동일한 점인 경우 이 벡터의 크기는 얼마인가?

(e) 벡터 $\vec{A}$의 크기는 3이다. $\vec{A}$와 같은 방향의 단위벡터를 구하라.

key point

방향을 가지는 양이 벡터이다.

단위벡터 : $\vec{u}=\frac{\vec{a}}{|\vec{a}|}$

풀이

(a) 사람의 몸무게와 전압은 방향을 가지지 않으므로 스칼라이고, 차의 속도와 자기력은 방향을 가지므로 벡터이다.

(b) A와 C가 동일한 점이라면 두 벡터는 $\overrightarrow{AB}$와 $\overrightarrow{BA}$로 표현할 수 있으므로 방향이 정반대인 벡터이다. 따라서 $\overrightarrow{AB} = -\overrightarrow{BA}$로 나타낼 수 있다.

(c) $|\overrightarrow{AB}| = |\overrightarrow{CD}|$는 크기가 같다는 의미이고, 방향이 같다는 설명이 없으므로 두 벡터는 동일한 벡터라고 할 수 없다.

(d) A와 B가 동일한 점인 경우, $\overrightarrow{AB}$는 영벡터이므로 크기는 0이다.

(e) 단위벡터를 구하는 식 (7.6)에 의해 단위벡터는 $\vec{u} = \dfrac{\vec{A}}{|\vec{A}|} = \dfrac{\vec{A}}{3}$와 같이 구할 수 있다.

7.2 벡터의 기본연산

7.2.1 벡터의 합과 차

벡터의 연산에서 가장 많이 사용되는 것은 둘 이상의 벡터를 더하고 빼는 것이다. 벡터의 합과 차에 대해 살펴보자.

[그림 7-5]는 **벡터의 합**vector addition을 설명한 것이다.

■ 벡터의 합

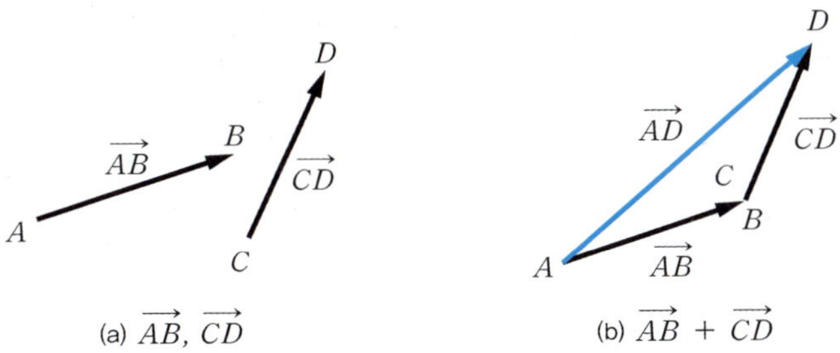

[그림 7-5]

[그림 7-5(a)]와 같이 두 개의 벡터 $\overrightarrow{AB}$와 $\overrightarrow{CD}$가 각각 존재할 때, 이 두 벡터를 더하기 위해서는 [그림 7-5(b)]와 같이 한 벡터의 종점과 다른

벡터의 시점을 일치시켜야 한다. [그림 7-5(b)]에서는 알파벳 순서에 따라 $\overrightarrow{AB}$ 의 종점에 $\overrightarrow{CD}$의 시점을 맞추었지만, 순서를 바꾸어 $\overrightarrow{CD}$의 종점에 $\overrightarrow{AB}$ 의 시점을 맞추어도 결과는 동일하다. 그러므로

■ 벡터의 합에 대한 표현식

$$\overrightarrow{AB}+\overrightarrow{CD}=\overrightarrow{AD} \tag{7.8}$$

가 되고, $\overrightarrow{AB}=\vec{a}$, $\overrightarrow{CD}=\vec{b}$, $\overrightarrow{AD}=\vec{c}$ 로 두면

$$\vec{a}+\vec{b}=\vec{c} \tag{7.9}$$

와 같이 표현할 수 있다.

■ 삼각형 법칙

이처럼 [그림 7-5(b)]와 같이 삼각형을 구성하여 벡터의 덧셈을 처리하는 방법을 **삼각형 법칙**triangle law이라고 한다. 벡터의 덧셈에 대해서는 다음과 같이 교환법칙과 결합법칙이 성립한다는 사실도 기억해 두도록 하자.

$$\vec{a}+\vec{b}=\vec{b}+\vec{a} \tag{7.10}$$

$$\vec{a}+(\vec{b}+\vec{c})=(\vec{a}+\vec{b})+\vec{c} \tag{7.11}$$

■ 벡터의 차

벡터의 차vector subtraction는 벡터의 덧셈을 응용하여 연산할 수 있다. 식 (7.12)와 같이 음의 벡터의 덧셈으로 나타낼 수 있기 때문이다

$$\vec{a}-\vec{b}=\vec{a}+(-\vec{b}) \tag{7.12}$$

식 (7.12)는 [그림 7-6]을 통해 이해할 수 있다. 즉 두 벡터 $\vec{a}$와 $\vec{b}$의 차는 $\vec{a}$와 $-\vec{b}$의 합으로 생각할 수 있다.

■ 벡터의 합으로 표현한 벡터의 차

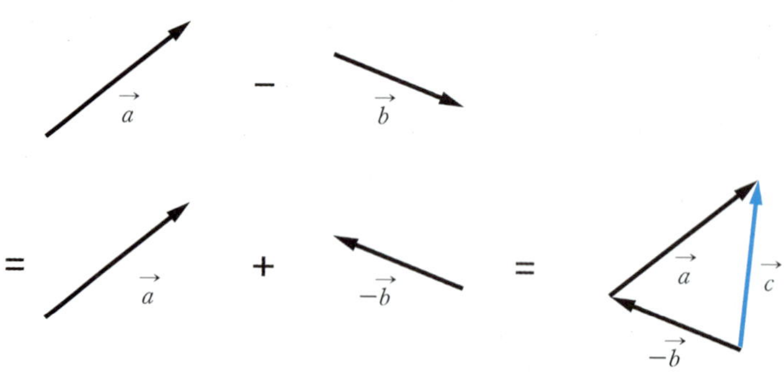

[그림 7-6]

예제 7-2

[그림 7-7]과 같이 정사각형을 이루는 벡터의 집합이 있다. 다음 물음에 답하라.

(a) $\overrightarrow{AB}$를 $\vec{c}$로 나타내라.

(b) $\overrightarrow{AC}$를 $\vec{a}$, $\vec{b}$, $\vec{c}$, $\vec{d}$로 나타내라.

(c) $\overrightarrow{DB}$를 $\vec{a}$, $\vec{b}$, $\vec{c}$, $\vec{d}$로 나타내라.

(d) $\overrightarrow{CB}$를 $\vec{a}$, $\vec{c}$, $\vec{d}$로 나타내라.

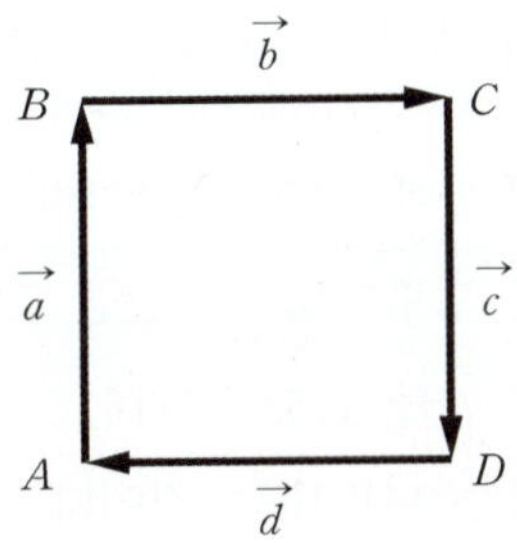

[그림 7-7]

> **key point**
> 벡터의 방향을 생각하고, 삼각형 법칙을 이용한다.

풀이

(a) $\overrightarrow{AB}=\vec{a}$이고, $\vec{c}=\overrightarrow{CD}$이다. 따라서 서로 크기는 같고 방향은 반대인 벡터이므로 $\overrightarrow{AB}=-\vec{c}$이다.

(b) $\overrightarrow{AC}$는 삼각형 법칙에 따라 $\overrightarrow{AB}+\overrightarrow{BC}$이므로 $\overrightarrow{AC}=\vec{a}+\vec{b}$이다.

(c) $\overrightarrow{DB}$는 삼각형 법칙에 따라 $\overrightarrow{DA}+\overrightarrow{AB}$이므로 $\overrightarrow{DB}=\vec{d}+\vec{a}$이다.

(d) $\overrightarrow{CB}$는 $\overrightarrow{BC}$의 반대 방향이므로 $\overrightarrow{CB}=\overrightarrow{CD}+\overrightarrow{DA}+\overrightarrow{AB}$라고 할 수 있다. 그러므로 $\overrightarrow{CB}=\vec{c}+\vec{d}+\vec{a}$가 된다.

예제 7-3

[예제 7-2]의 [그림 7-7]을 이용하여, 다음 벡터를 $\vec{a}$, $\vec{b}$, $\vec{c}$, $\vec{d}$로 가장 간단하게 나타내라.

(a) $\overrightarrow{AB}-\overrightarrow{CD}$
(b) $\overrightarrow{AB}-\overrightarrow{BC}$
(c) $\overrightarrow{BC}-\overrightarrow{CB}$
(d) $\overrightarrow{DC}-\overrightarrow{AB}$

> **key point**
> 벡터의 방향을 고려한다.

풀이

(a) $\overrightarrow{AB}=\vec{a}$, $\overrightarrow{CD}=\vec{c}=-\vec{a}$이므로 $\overrightarrow{AB}-\overrightarrow{CD}=\vec{a}-\vec{c}=\vec{a}-(-\vec{a})=2\vec{a}$이다.

(b) $\overrightarrow{AB}=\vec{a}$, $\overrightarrow{BC}=\vec{b}$이므로 $\overrightarrow{AB}-\overrightarrow{BC}=\vec{a}-\vec{b}$이다.

(c) $\overrightarrow{BC}=\vec{b}$, $\overrightarrow{CB}=-\overrightarrow{BC}=-\vec{b}$이므로 $\overrightarrow{BC}-\overrightarrow{CB}=\vec{b}-(-\vec{b})=2\vec{b}$이다.

(d) $\overrightarrow{DC}=-\overrightarrow{CD}=-\vec{c}$, $\overrightarrow{AB}=\vec{a}$이므로 $\overrightarrow{DC}-\overrightarrow{AB}=-\vec{c}-\vec{a}=-(\vec{a}+\vec{c})$이다.

7.2.2 벡터의 스칼라 배

이제 벡터에 스칼라를 곱하는 연산에 대하여 살펴보자.

벡터 $\vec{a}$에 양의 스칼라량 k를 곱하면 $k\vec{a}$로 계산할 수 있는데, $k\vec{a}$는 $\vec{a}$와 같은 방향으로 k배만큼 크기가 커진 벡터라는 의미이다. 반대로 음의 스칼라량 k를 곱한 결과인 $-k\vec{a}$는 $\vec{a}$와 반대 방향으로 k배만큼 크기가 커진 벡터를 나타내는 것이다. 이와 같이 스칼라를 곱한다는 것은 스칼라 배가 되는 것이므로 벡터에 스칼라를 곱하는 것을 벡터의 **스칼라 배**multiplication of a vector by a scalar라고 한다. [그림 7-8]은 벡터의 스칼라 배에 대하여 나타낸 것이다.

■ 스칼라 배

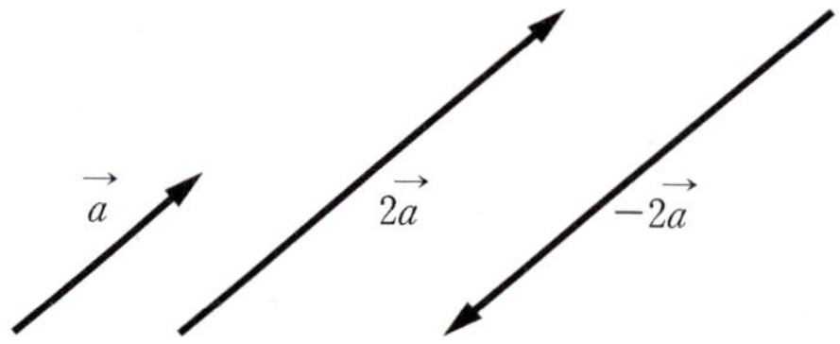

[그림 7-8]

벡터의 스칼라 배에 대해서는 다음과 같은 연산법칙이 적용된다.

■ 스칼라 배의 연산법칙

$$k(\vec{a} \pm \vec{b}) = k\vec{a} \pm k\vec{b} \tag{7.13}$$

$$(k \pm l)\vec{a} = k\vec{a} \pm l\vec{a} \tag{7.14}$$

$$k(l\vec{a}) = (kl)\vec{a} \tag{7.15}$$

예제 7-4

key point
벡터의 방향 및 벡터의 덧셈을 이용한다.

[그림 7-9]에서 D는 AB의 중점이고, $\overrightarrow{AB} = \vec{a}$, $\overrightarrow{BC} = \vec{b}$일 때, 다음 벡터를 $\vec{a}, \vec{b}$로 나타내라.

(a) $\overrightarrow{AC}$

(b) $\overrightarrow{CA}$

(c) $\overrightarrow{CD}$

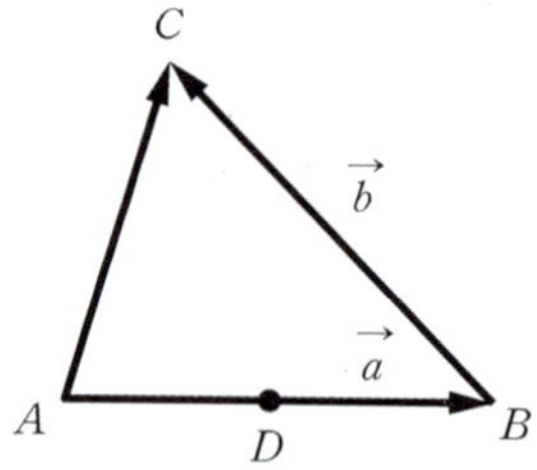

[그림 7-9]

풀이

(a) $\overrightarrow{AC} = \overrightarrow{AB} + \overrightarrow{BC}$이므로 $\overrightarrow{AC} = \vec{a} + \vec{b}$이다.

(b) $\overrightarrow{CA}=-\overrightarrow{AC}$ 이므로 $\overrightarrow{CA}=-(\vec{a}+\vec{b})$이다.

(c) $\overrightarrow{CD}=\overrightarrow{CB}+\overrightarrow{BD}$이고, $\overrightarrow{BD}=\frac{1}{2}\overrightarrow{BA}=-\frac{1}{2}\vec{a}$이다. 따라서

$\overrightarrow{CD}=-\vec{b}-\frac{1}{2}\vec{a}=-\left(\vec{b}+\frac{1}{2}\vec{a}\right)$이다.

7.3 벡터의 성분

7.3.1 평면에서의 벡터의 성분

여기서는 벡터를 성분으로 표현하는 방법에 대하여 알아보자.

먼저 2차원 평면에서 기본적인 벡터를 표현하면 [그림 7-10]과 같이 나타낼 수 있다.

■ 원점이 시점인 2차원 평면에서의 벡터 표현

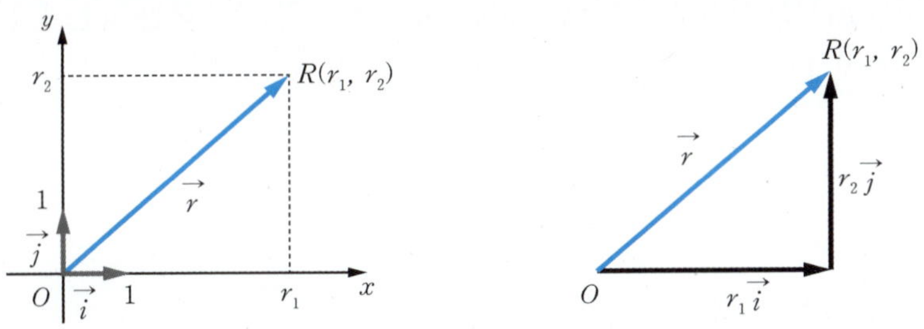

(a) 평면에서의 $\vec{r}$ (b) $\vec{r}=r_1\vec{i}+r_2\vec{j}$

[그림 7-10]

[그림 7-10(a)]는 원점 O를 시점으로 하는 $\vec{r}$을 나타낸 것이다. $\vec{i}$와 $\vec{j}$는 각각 x축과 y축 방향으로의 단위벡터이다. 그러므로 $\vec{r}$은 [그림 7-10(b)]에 나타낸 것처럼, x축 방향의 단위벡터인 $\vec{i}$를 스칼라량 r_1배 한 벡터 $r_1\vec{i}$와 y축 방향의 단위벡터인 $\vec{j}$를 스칼라량 r_2배 한 벡터 $r_2\vec{j}$를 더한 것이 된다. 따라서 $\vec{r}$을

$$\vec{r}=r_1\vec{i}+r_2\vec{j} \tag{7.16}$$

■ 성분에 의한 벡터 표현

와 같은 식으로 나타낼 수 있다. 여기서 x축 방향인 $\vec{i}$ 성분은 r_1이고, y축 방향인 $\vec{j}$ 성분은 r_2이므로 $\vec{r}$을

■ 성분에 의한 벡터 표현의 요약 표현

$$\vec{r} = [r_1,\ r_2] \tag{7.17}$$

와 같이 각 축의 성분으로 표현할 수도 있다.

또한 $\vec{r}$의 크기 $|\vec{r}|$은

$$|\vec{r}| = \sqrt{r_1^2 + r_2^2} \tag{7.18}$$

■ 벡터의 크기와 노름

와 같은 식으로 정의할 수 있는데, 이때 벡터의 크기 $|\vec{r}|$을 $\vec{r}$의 **노름**norm이라고도 한다.

■ 위치벡터

지금까지 학습한 $\vec{r}$과 같이 시점이 원점 $O(0,\ 0)$이고 종점이 $R(r_1,\ r_2)$인 벡터를 점 R의 **위치벡터**position vector라고 한다.

이제 개념을 확장하여, 시점이 원점이 아닌 일반적인 벡터의 경우를 생각해보자. $P(p_1,\ p_2)$를 시점으로 하고, $Q(q_1,\ q_2)$를 종점으로 하는 $\vec{a}$는 [그림 7-11]과 같이 나타낼 수 있다.

■ 일반적인 2차원 평면에서의 벡터 표현

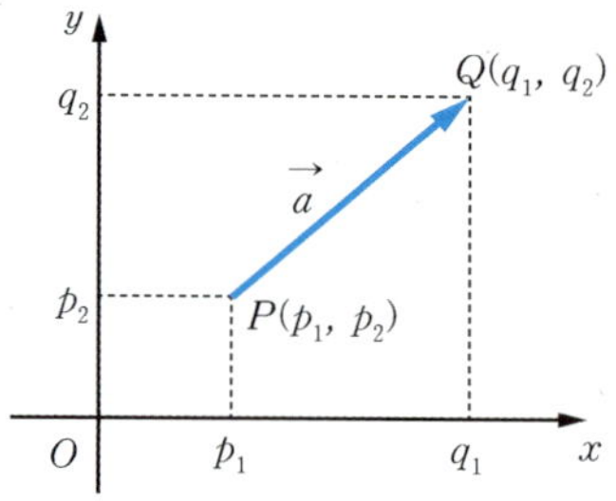

[그림 7-11]

$\vec{a}$는 x축 방향의 성분 $q_1 - p_1$, y축 방향의 성분 $q_2 - p_2$를 가지므로, 이 성분들을 각각 a_1과 a_2라고 두면, 위치벡터 $\vec{r}$에 대한 식 (7.16)~(7.18)을 다음과 같이 벡터 $\vec{a}$에 대한 식으로 고쳐 쓸 수 있다.

■ 위치벡터와 크기의 계산식

$$\vec{a} = a_1\vec{i} + a_2\vec{j} = (q_1 - p_1)\vec{i} + (q_2 - p_2)\vec{j} \tag{7.19}$$

$$\vec{a} = [a_1, a_2] = [q_1 - p_1, q_2 - p_2] \tag{7.20}$$

$$|\vec{a}| = \sqrt{a_1^2 + a_2^2} = \sqrt{(q_1 - p_1)^2 + (q_2 - p_2)^2} \tag{7.21}$$

예제 7-5

다음과 같은 시점 A와 종점 B를 가지는 벡터와 그 크기를 구하라.

(a) $A(0,\ 0)$, $B(1,\ 2)$

(b) $A(0,\ 0)$, $B(2,\ 1)$

(c) $A(1,\ 2)$, $B(2,\ 1)$

(d) $A(-2,\ 2)$, $B(4,\ 8)$

> **key point**
> $\vec{a} = [q_1 - p_1, q_2 - p_2]$,
> $|\vec{a}| = \sqrt{(q_1 - p_1)^2 + (q_2 - p_2)^2}$

풀이

(a) 원점이 시점이므로 $\overrightarrow{AB} = 1\vec{i} + 2\vec{j} = [1,\ 2]$, $|\overrightarrow{AB}| = \sqrt{(1)^2 + (2)^2} = \sqrt{5}$

(b) 원점이 시점이므로 $\overrightarrow{AB} = 2\vec{i} + \vec{j} = [2,\ 1]$, $|\overrightarrow{AB}| = \sqrt{(2)^2 + (1)^2} = \sqrt{5}$

(c) $\overrightarrow{AB} = (2-1)\vec{i} + (1-2)\vec{j} = \vec{i} - \vec{j} = [1,\ -1]$,
$|\overrightarrow{AB}| = \sqrt{(1)^2 + (-1)^2} = \sqrt{2}$

(d) $\overrightarrow{AB} = (4-(-2))\vec{i} + (8-2)\vec{j} = 6\vec{i} + 6\vec{j} = [6,\ 6]$,
$|\overrightarrow{AB}| = \sqrt{(6)^2 + (6)^2} = 6\sqrt{2}$

예제 7-6

두 점 $A(3,\ 4)$와 $B(-3,\ 1)$이 있다. 다음 물음에 답하라.

(a) 점 A의 위치벡터와 그 크기를 구하라.

(b) 점 B의 위치벡터와 그 크기를 구하라.

(c) $\overrightarrow{AB}$와 $|\overrightarrow{AB}|$를 구하라.

> **key point**
> 위치벡터의 시점은 원점이다.

풀이

(a) 점 A의 위치벡터는 $\overrightarrow{OA} = 3\vec{i} + 4\vec{j} = [3,\ 4]$이고, 그 크기는
$|\overrightarrow{OA}| = \sqrt{3^2 + 4^2} = \sqrt{25} = 5$이다.

(b) 점 B의 위치벡터는 $\overrightarrow{OB} = -3\vec{i} + \vec{j} = [-3,\ 1]$이고, 그 크기는
$|\overrightarrow{OB}| = \sqrt{(-3)^2 + 1^2} = \sqrt{10}$이다.

(c) $\overrightarrow{AB}$는 점 A가 시점이고, 점 B가 종점인 벡터이므로
$\overrightarrow{AB}=(-3-3)\vec{i}+(1-4)\vec{j}=-6\vec{i}-3\vec{j}=[-6,\ -3]$이다.
그러므로 $|\overrightarrow{AB}|=\sqrt{(-6)^2+(-3)^2}=\sqrt{45}=3\sqrt{5}$ 이다.

7.3.2 공간에서의 벡터의 성분

다음에는 3차원 공간에서 벡터를 성분으로 표현하는 방법에 대하여 알아보자. [그림 7-12]는 3차원 공간에서의 벡터를 표현한 것이다.

■ 3차원 공간에서의 벡터 표현

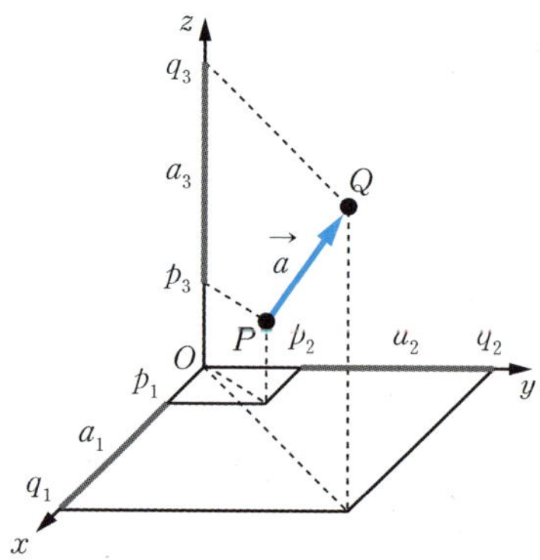

[그림 7-12]

공간에서의 벡터는 [그림 7-10]에서 학습한, 평면을 묘사한 두 축에 한 축이 더해진 것으로 생각하면 된다. 즉 평면을 표현하는 두 개의 방향 x, y에 이 평면에 수직을 이루는 방향 z를 더하여 세 개의 축을 설정한 다음, 각 방향에 대한 단위벡터 $\vec{i}$, $\vec{j}$ 및 $\vec{k}$를 적용하면 공간에서의 벡터 성분을 쉽게 표현할 수 있다.

먼저 시점 P와 종점 Q의 좌표를 각각 $(p_1,\ p_2,\ p_3)$, $(q_1,\ q_2,\ q_3)$로 설정하면, 벡터 $\vec{a}$는

■ 공간에서의 벡터 및 그 크기의 계산

$$\vec{a}=a_1\vec{i}+a_2\vec{j}+a_3\vec{k}=(q_1-p_1)\vec{i}+(q_2-p_2)\vec{j}+(q_3-p_3)\vec{k} \tag{7.22}$$

$$\vec{a}=[a_1,\ a_2,\ a_3]=[q_1-p_1,\ q_2-p_2,\ q_3-p_3] \tag{7.23}$$

와 같이 표현할 수 있고, 그 크기 $|\vec{a}|$는

$$|\vec{a}|=\sqrt{a_1^2+a_2^2+a_3^2}=\sqrt{(q_1-p_1)^2+(q_2-p_2)^2+(q_3-p_3)^2} \tag{7.24}$$

과 같이 구할 수 있다.

3차원 공간에서 원점 $O(0,\ 0,\ 0)$를 시점으로, $R(r_1,\ r_2,\ r_3)$를 종점으로 하는 점 R의 위치벡터와 그 크기는 다음과 같다.

$$\vec{r}=r_1\vec{i}+r_2\vec{j}+r_3\vec{k}=[r_1,\ r_2,\ r_3] \tag{7.25}$$

▪ 원점을 시점으로 하는 공간에서의 벡터와 그 크기

$$|\vec{r}|=\sqrt{r_1^2+r_2^2+r_3^2} \tag{7.26}$$

예제 7-7

다음과 같은 시점 A와 종점 B를 가지는 벡터와 그 크기를 구하라.

(a) $A(0,\ 0,\ 0),\ B(1,\ 2,\ 1)$

(b) $A(0,\ 0,\ 1),\ B(2,\ 1,\ 2)$

(c) $A(1,\ 2,\ 1),\ B(2,\ 1,\ -1)$

(d) $A(-2,\ 2,\ 3),\ B(4,\ 5,\ -1)$

key point

$\vec{a}=[q_1-p_1,\ q_2-p_2,\ q_3-p_3]$,

$|\vec{a}|=\sqrt{(q_1-p_1)^2+(q_2-p_2)^2+(q_3-p_3)^2}$

풀이

(a) 원점이 시점이므로 $\overrightarrow{AB}=\vec{i}+2\vec{j}+\vec{k}=[1,\ 2,\ 1]$,

$|\overrightarrow{AB}|=\sqrt{(1)^2+(2)^2+(1)^2}=\sqrt{6}$

(b) $\overrightarrow{AB}=(2-0)\vec{i}+(1-0)\vec{j}+(2-1)\vec{k}=2\vec{i}+\vec{j}+\vec{k}=[2,\ 1,\ 1]$,

$|\overrightarrow{AB}|=\sqrt{(2)^2+(1)^2+(1)^2}=\sqrt{6}$

(c) $\overrightarrow{AB}=(2-1)\vec{i}+(1-2)\vec{j}+(-1-1)\vec{k}=\vec{i}-\vec{j}-2\vec{k}=[1,\ -1,\ -2]$,

$|\overrightarrow{AB}|=\sqrt{(1)^2+(-1)^2+(-2)^2}=\sqrt{6}$

(d) $\overrightarrow{AB}=(4-(-2))\vec{i}+(5-2)\vec{j}+(-1-3)\vec{k}=6\vec{i}+3\vec{j}-4\vec{k}=[6,\ 3,\ -4]$,

$|\overrightarrow{AB}|=\sqrt{(6)^2+(3)^2+(-4)^2}=\sqrt{61}$

7.3.3 벡터 성분의 연산

벡터의 기본적인 연산을 성분으로 표시하는 것에 대하여 학습하여 보자.

먼저 벡터 $\vec{a}$와 $\vec{b}$를 다음과 같이 나타낼 수 있는 경우,

$$\vec{a}=[a_1, a_2, a_3], \quad \vec{b}=[b_1, b_2, b_3]$$

벡터의 합과 차, 그리고 벡터의 스칼라 배에 대한 식은 다음과 같이 나타낼 수 있다.

■ 벡터의 기본연산의 성분 표현

$$\begin{aligned}\vec{a}+\vec{b}&=(a_1+b_1)\vec{i}+(a_2+b_2)\vec{j}+(a_3+b_3)\vec{k}\\&=[a_1+b_1,\ a_2+b_2,\ a_3+b_3]\end{aligned} \quad (7.27)$$

$$\begin{aligned}\vec{a}-\vec{b}&=(a_1-b_1)\vec{i}+(a_2-b_2)\vec{j}+(a_3-b_3)\vec{k}\\&=[a_1-b_1,\ a_2-b_2,\ a_3-b_3]\end{aligned} \quad (7.28)$$

$$k\vec{a}=ka_1\vec{i}+ka_2\vec{j}+ka_3\vec{k}=[ka_1,\ ka_2,\ ka_3] \quad (7.29)$$

예제 7-8

$\vec{a}=[7,\ 3,\ -1]$, $\vec{b}=[-2,\ 5,\ 3]$일 때, 다음을 구하라.

(a) $\vec{a}+\vec{b}$ (b) $\vec{a}-\vec{b}$

(c) $2(\vec{b}-\vec{a})$ (d) $2\vec{a}+3\vec{b}$

(e) $|2\vec{b}-2\vec{a}|$ (f) $|\vec{b}+\vec{a}|$

key point
$\vec{a}\pm\vec{b}=[a_1\pm b_1,\ a_2\pm b_2,\ a_3\pm b_3]$

풀이

(a) $\vec{a}+\vec{b}=[7,\ 3,\ -1]+[-2,\ 5,\ 3]=[7-2,\ 3+5,\ -1+3]=[5,\ 8,\ 2]$

(b) $\vec{a}-\vec{b}=[7,\ 3,\ -1]-[-2,\ 5,\ 3]=[7-(-2),\ 3-5, -1-3]=[9, -2,\ -4]$

(c) $\vec{b}-\vec{a}=[-2,\ 5,\ 3]-[7,\ 3, -1]=[-2-7,\ 5-3,\ 3-(-1)]=[-9,\ 2,\ 4]$

$2(\vec{b}-\vec{a})=2[-9,\ 2,\ 4]=[-18,\ 4,\ 8]$

(d) $2\vec{a}+3\vec{b}=2[7,\ 3,\ -1]+3[-2,\ 5,\ 3]=[14,\ 6,\ -2]+[-6,\ 15,\ 9]$

$=[14-6,\ 6+15,\ -2+9]=[8,\ 21,\ 7]$

(e) (c)의 풀이에서 $2(\vec{b}-\vec{a})=2\vec{b}-2\vec{a}=[-18, 4, 8]$ 이므로

$|2\vec{b}-2\vec{a}|=\sqrt{(-18)^2+(4)^2+(8)^2}=2\sqrt{101}$

(f) $\vec{b}+\vec{a}=[-2,\ 5,\ 3]+[7,\ 3, -1]=[-2+7,\ 5+3,\ 3-1]=[5,\ 8,\ 2]$

$|\vec{b}+\vec{a}|=\sqrt{(5)^2+(8)^2+(2)^2}=\sqrt{93}$

7.4 벡터의 내적과 외적

벡터의 곱은 스칼라로 나타나는 것이 있고, 벡터로 나타나는 것이 있다. 이 절에서는 벡터를 곱한 결과가 스칼라로 나타나는 내적과, 벡터로 나타나는 외적에 대해서 살펴보자.

7.4.1 벡터의 내적

벡터를 곱한 결과가 스칼라량으로 나타나는 벡터의 곱을 **내적**inner product이라고 한다. 임의의 두 벡터를 $\vec{a}$와 $\vec{b}$라고 할 때, 벡터의 내적은 다음과 같이 정의된다.

$$\vec{a}\cdot\vec{b}=|\vec{a}||\vec{b}|\cos\theta \tag{7.30}$$

■ 벡터의 내적

식 (7.30)에서 θ는 두 벡터 $\vec{a}$와 $\vec{b}$가 이루는 각이다.

벡터의 내적은 θ에 따라 달라질 수 있다. [그림 7-13]은 벡터의 내적과 θ와의 관계를 나타낸 것이다.

■ 벡터의 내적과 각도와의 관계

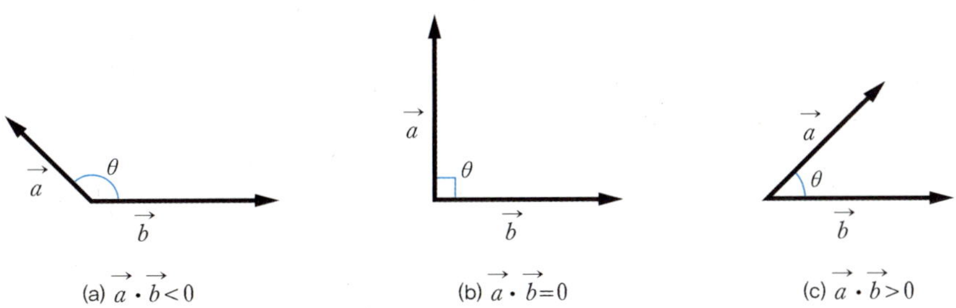

[그림 7-13]

[그림 7-13(b)]는 두 벡터가 이루는 각이 $\theta=\frac{\pi}{2}$인 경우이다. 즉

$$\vec{a}\cdot\vec{b}=0 \tag{7.31}$$

이 성립한다는 것은 두 벡터가 직각으로 만난다는 것을 의미하므로, 식 (7.31)과 같은 경우를 벡터 $\vec{a}$와 $\vec{b}$가 **직교한다**orthogonal고 표현한다. 또한 두 벡터가 서로 직교하는 성질을 **직교성**orthogonality이라고 한다.

■ 벡터의 직교성

두 벡터 $\vec{a}$와 $\vec{b}$가 각각 $\vec{a}=[a_1,\ a_2,\ a_3]$, $\vec{b}=[b_1,\ b_2,\ b_3]$와 같이 성분으로 표현될 때, 벡터의 내적은 다음과 같은 식으로 정의할 수 있다.

■ 벡터의 내적의 성분 표현

$$\vec{a}\cdot\vec{b}=a_1b_1+a_2b_2+a_3b_3 \tag{7.32}$$

또 두 벡터가 다른 벡터가 아니라 동일한 벡터, 즉 $\vec{a}=\vec{b}$인 경우, 벡터의 내적은

$$\vec{a}\cdot\vec{a}=|\vec{a}|^2=a_1^2+a_2^2+a_3^2 \tag{7.33}$$

이 된다. 그러므로 식 (7.33)은 다음과 같이 바꾸어 쓸 수 있다.

$$|\vec{a}|=\sqrt{\vec{a}\cdot\vec{a}} \tag{7.34}$$

또한 식 (7.30)으로부터 두 벡터가 이루는 각에 의한 $\cos\theta$는 다음 식으로 구할 수 있다.

■ 두 벡터의 각에 의한 $\cos\theta$

$$\cos\theta=\frac{\vec{a}\cdot\vec{b}}{|\vec{a}||\vec{b}|} \tag{7.35}$$

예제 7-9

key point

$\vec{a}\cdot\vec{b}=a_1b_1+a_2b_2+a_3b_3$

$\cos\theta=\dfrac{\vec{a}\cdot\vec{b}}{|\vec{a}||\vec{b}|}$

$\vec{a}$와 $\vec{b}$가 다음과 같을 때, 두 벡터의 내적 및 $\cos\theta$를 구하라.

(a) $\vec{a}=[1,\ 1,\ 1]$, $\vec{b}=[1,\ 1,\ 1]$

(b) $\vec{a}=[1,\ 1,\ 1]$, $\vec{b}=[2,\ 2,\ 2]$

(c) $\vec{a}=[1,\ 1,\ 1]$, $\vec{b}=[-1,\ -1,\ -1]$

(d) $\vec{a}=[1,\ 1,\ 0]$, $\vec{b}=[1,\ -1,\ 0]$

풀이

(a) $\vec{a} \cdot \vec{b} = 1 \cdot 1 + 1 \cdot 1 + 1 \cdot 1 = 1+1+1=3$과 같이 계산할 수 있지만,
두 벡터가 동일하므로 $\vec{a} \cdot \vec{a} = a_1^2 + a_2^2 + a_3^2 = 1^2 + 1^2 + 1^2 = 3$과 같이 구할 수도 있다.

$$|\vec{a}| = \sqrt{1^2+1^2+1^2} = \sqrt{3},\ |\vec{b}| = \sqrt{1^2+1^2+1^2} = \sqrt{3}$$

$$\cos\theta = \frac{\vec{a} \cdot \vec{b}}{|\vec{a}||\vec{b}|} = \frac{3}{\sqrt{3} \cdot \sqrt{3}} = 1$$

(b) $\vec{a} \cdot \vec{b} = 1 \cdot 2 + 1 \cdot 2 + 1 \cdot 2 = 2+2+2=6$이고
$|\vec{a}| = \sqrt{1^2+1^2+1^2} = \sqrt{3}$, $|\vec{b}| = \sqrt{2^2+2^2+2^2} = 2\sqrt{3}$ 이므로,

$$\cos\theta = \frac{\vec{a} \cdot \vec{b}}{|\vec{a}||\vec{b}|} = \frac{6}{\sqrt{3} \cdot 2\sqrt{3}} = 1$$

(a)와 동일하게 $\cos\theta = 1$이란 값을 가지므로 $\theta = 0$이다. 그러므로 두 벡터는 동일한 방향을 가진다. 즉 $\vec{b} = [2,\ 2,\ 2] = 2[1,\ 1,\ 1]$이므로 (a)의 경우와 크기만 다를 뿐 방향은 같은 벡터이기 때문에 같은 $\cos\theta$의 값이 얻어지는 것이다.

(c) $\vec{a} \cdot \vec{b} = 1 \cdot (-1) + 1 \cdot (-1) + 1 \cdot (-1) = -1-1-1 = -3$이고
$|\vec{a}| = \sqrt{1^2+1^2+1^2} = \sqrt{3}$, $|\vec{b}| = \sqrt{(-1)^2+(-1)^2+(-1)^2} = \sqrt{3}$ 이므로,

$$\cos\theta = \frac{\vec{a} \cdot \vec{b}}{|\vec{a}||\vec{b}|} = \frac{-3}{\sqrt{3} \cdot \sqrt{3}} = -1$$

이 경우는 앞의 두 경우와 달리 $\cos\theta = -1$, 즉 $\theta = \pi = 180°$ 이므로, (a), (b)와는 정반대 방향의 벡터라는 사실을 벡터의 내적에 대한 식으로 확인할 수 있다.

(d) $\vec{a} \cdot \vec{b} = 1 \cdot 1 + 1 \cdot (-1) + 0 \cdot 0 = 1-1+0 = 0$이고
$|\vec{a}| = \sqrt{1^2+1^2+0^2} = \sqrt{2}$, $|\vec{b}| = \sqrt{1^2+(-1)^2+0^2} = \sqrt{2}$ 이므로,

$$\cos\theta = \frac{\vec{a} \cdot \vec{b}}{|\vec{a}||\vec{b}|} = \frac{0}{\sqrt{2} \cdot \sqrt{2}} = 0$$

이 경우 $\vec{a} \cdot \vec{b} = 0$ 이기 때문에 두 벡터가 직교한다는 사실을 알 수 있지만, $\cos\theta = 0$을 통해서도 $\theta = \frac{\pi}{2} = 90°$, 즉 두 벡터가 직교한다는 사실을 알 수 있다.

예제 7-10

$\vec{a}$와 $\vec{b}$가 다음과 같을 때, 두 벡터의 내적 및 $\cos\theta$를 구하라.

(a) $\vec{a}=[1,\ 3,\ -1]$, $\vec{b}=[-2,\ 1,\ 2]$

(b) $\vec{a}=[7,\ 3,\ -1]$, $\vec{b}=[-2,\ 5,\ 3]$

풀이

(a) $\vec{a}\cdot\vec{b}=1\cdot(-2)+3\cdot1+(-1)\cdot2=-2+3-2=-1$

$|\vec{a}|=\sqrt{1^2+3^2+(-1)^2}=\sqrt{11}$, $|\vec{b}|=\sqrt{(-2)^2+1^2+2^2}=\sqrt{9}=3$

$$\cos\theta=\frac{\vec{a}\cdot\vec{b}}{|\vec{a}||\vec{b}|}=\frac{-1}{3\sqrt{11}}$$

(b) $\vec{a}\cdot\vec{b}=7\cdot(-2)+3\cdot5+(-1)\cdot3=-14+15-3=-2$

$|\vec{a}|=\sqrt{7^2+3^2+(-1)^2}=\sqrt{59}$, $|\vec{b}|=\sqrt{(-2)^2+5^2+3^2}=\sqrt{38}$

$$\cos\theta=\frac{\vec{a}\cdot\vec{b}}{|\vec{a}||\vec{b}|}=\frac{-2}{\sqrt{59\cdot38}}\cong-\frac{2}{47.35}$$

벡터의 내적과 관련하여 다음과 같은 법칙이 성립한다.

정리 7-1 벡터의 내적에 대한 법칙

아래 식에서 l은 스칼라이다.

(1) $\vec{a}\cdot\vec{b}=\vec{b}\cdot\vec{a}$

(2) $\vec{a}\cdot(\vec{b}+\vec{c})=\vec{a}\cdot\vec{b}+\vec{a}\cdot\vec{c}$

(3) $l(\vec{a}\cdot\vec{b})=(l\vec{a})\cdot\vec{b}=\vec{a}\cdot(l\vec{b})$

(4) $\vec{a}\cdot\vec{a}=|\vec{a}|^2$

예제 7-11

> **key point**
> 벡터의 내적 법칙을 이용한다.

$\vec{a}=[2,\ 3,\ -1]$, $\vec{b}=[-2,\ 5,\ 2]$, $\vec{c}=[1,\ -1,\ 2]$일 때, 다음을 구하라.

(a) $\vec{a}\cdot\vec{b}$, $\vec{b}\cdot\vec{a}$

(b) $\vec{a}\cdot(\vec{b}+\vec{c})$, $\vec{a}\cdot\vec{b}+\vec{a}\cdot\vec{c}$

(c) $2(\vec{a}\cdot\vec{b})$, $(2\vec{a})\cdot\vec{b}$, $\vec{a}\cdot(2\vec{b})$

풀이

(a) $\vec{a}\cdot\vec{b}=2\cdot(-2)+3\cdot5+(-1)\cdot2=-4+15-2=9$

$\vec{b} \cdot \vec{a} = (-2) \cdot 2 + 5 \cdot 3 + 2 \cdot (-1) = -4 + 15 - 2 = 9$

(b) $\vec{b} + \vec{c} = [-2,\ 5,\ 2] + [1,\ -1,\ 2] = [-1,\ 4,\ 4]$

$\vec{a} \cdot (\vec{b} + \vec{c}) = [2,\ 3,\ -1] \cdot [-1,\ 4,\ 4] = -2 + 12 - 4 = 6$

(a)에서 $\vec{a} \cdot \vec{b} = 9$

$\vec{a} \cdot \vec{c} = 2 \cdot 1 + 3 \cdot (-1) + (-1) \cdot 2 = 2 - 3 - 2 = -3$

$\vec{a} \cdot \vec{b} + \vec{a} \cdot \vec{c} = 9 - 3 = 6$

(c) $2(\vec{a} \cdot \vec{b}) = 2 \cdot 9 = 18$

$(2\vec{a}) \cdot \vec{b} = [4,\ 6,\ -2] \cdot [-2,\ 5,\ 2] = -8 + 30 - 4 = 18$

$\vec{a} \cdot (2\vec{b}) = [2,\ 3,\ -1] \cdot [-4,\ 10,\ 4] = -8 + 30 - 4 = 18$

7.4.2 벡터의 외적

벡터를 곱한 결과가 벡터로 나타나는 벡터의 곱을 **외적**cross product이라고 한다. 임의의 두 벡터를 $\vec{a}$와 $\vec{b}$라고 할 때, 벡터의 외적 $\vec{v}$는 다음과 같이 표현한다.

$$\vec{v} = \vec{a} \times \vec{b} \tag{7.36}$$

■ 벡터의 외적

벡터의 외적 $\vec{a} \times \vec{b}$ 는 외적에 사용된 두 벡터 $\vec{a}$와 $\vec{b}$에 직교하는 벡터이기도 하다. 그러므로 벡터의 외적은 3차원 공간에서 정의될 수밖에 없다. [그림 7-14]는 벡터의 외적에 대하여 나타낸 것이다.

■ 벡터의 외적의 개념

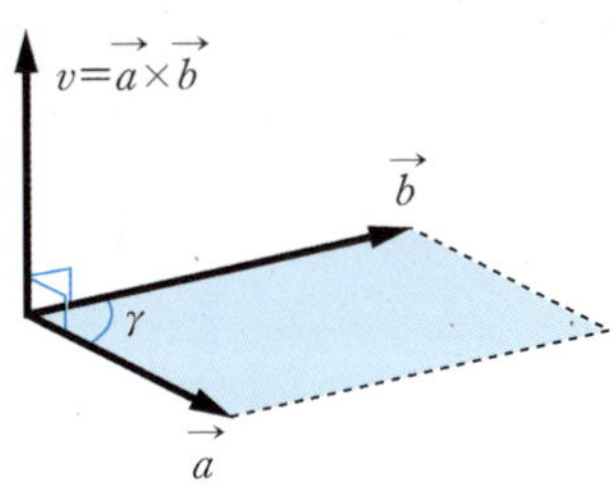

[그림 7-14]

벡터의 외적 $\vec{v}$의 방향은 두 벡터 $\vec{a}$와 $\vec{b}$ 동시에 수직인 방향으로 $\vec{a}$, $\vec{b}$, $\vec{v}$의 순서로 오른손 법칙을 사용하면 그 방향을 알 수 있다.

벡터의 외적의 크기는 다음 식으로 구할 수 있다.

■ 벡터의 외적의 크기

$$|\vec{v}| = |\vec{a}\times\vec{b}| = |\vec{a}||\vec{b}|\sin\theta \qquad (7.37)$$

예제 7-12

key point
$|\vec{a}\times\vec{b}| = |\vec{a}||\vec{b}|\sin\theta$

두 벡터 $\vec{a}=[1,\ 1,\ 0]$, $\vec{b}=[0,\ 2,\ 0]$의 외적의 크기를 구하라. 단, 두 벡터가 이루는 각은 $\frac{\pi}{4}$이다.

풀이

$|\vec{a}| = \sqrt{1^2+1^2+0^2} = \sqrt{2}$, $|\vec{b}| = \sqrt{0^2+2^2+0^2} = \sqrt{4} = 2$이므로

$|\vec{a}\times\vec{b}| = |\vec{a}||\vec{b}|\sin\theta = 2\sqrt{2}\sin\frac{\pi}{4} = 2\sqrt{2}\cdot\frac{\sqrt{2}}{2} = 2$이다.

두 벡터 $\vec{a}$와 $\vec{b}$가 각각 $\vec{a}=[a_1,\ a_2,\ a_3]$, $\vec{b}=[b_1,\ b_2,\ b_3]$일 때, 벡터의 외적은 다음과 같이 행렬식을 이용하여 나타낼 수 있다.

■ 벡터의 외적의 행렬식 표현

$$\vec{a}\times\vec{b} = \begin{vmatrix} \vec{i} & \vec{j} & \vec{k} \\ a_1 & a_2 & a_3 \\ b_1 & b_2 & b_3 \end{vmatrix} = \vec{i}\begin{vmatrix} a_2 & a_3 \\ b_2 & b_3 \end{vmatrix} - \vec{j}\begin{vmatrix} a_1 & a_3 \\ b_1 & b_3 \end{vmatrix} + \vec{k}\begin{vmatrix} a_1 & a_2 \\ b_1 & b_2 \end{vmatrix} \qquad (7.38)$$

여기서 $\vec{i}$, $\vec{j}$, $\vec{k}$는 기본단위벡터이다. 즉 $\vec{i}=[1,\ 0,\ 0]$, $\vec{j}=[0,\ 1,\ 0]$, $\vec{k}=[0,\ 0,\ 1]$이다.

식 (7.38)의 행렬식을 계산하여 풀어서 나타내면

$$\vec{a}\times\vec{b} = \vec{i}(a_2b_3-a_3b_2) - \vec{j}(a_1b_3-a_3b_1) + \vec{k}(a_1b_2-a_2b_1) \qquad (7.39)$$

과 같이 나타나므로, 결과적으로 두 벡터 $\vec{a}$와 $\vec{b}$의 외적은

■ 벡터의 외적 계산

$$\vec{a}\times\vec{b} = [a_2b_3-a_3b_2,\ a_3b_1-a_1b_3,\ a_1b_2-a_2b_1] \qquad (7.40)$$

과 같이 나타낼 수 있다.

각 축의 기본단위벡터 $\vec{i}$, $\vec{j}$, $\vec{k}$ 간의 외적에는 다음과 같은 관계가 있다.

■ 기본단위벡터 간의 외적

$$\vec{i}\times\vec{j} = \vec{k},\ \vec{j}\times\vec{k} = \vec{i},\ \vec{k}\times\vec{i} = \vec{j} \qquad (7.41)$$

Check it up!

✔ 3차 행렬식 : 여인수 전개

벡터의 외적을 행렬을 이용하여 계산할 때, 여인수 전개를 알면 쉽게 이해할 수 있다.

3차 행렬식 $\begin{vmatrix} a_{11} & a_{12} & a_{13} \\ a_{21} & a_{22} & a_{23} \\ a_{31} & a_{32} & a_{33} \end{vmatrix}$에서 i번째 행과 j번째 열을 없앤 나머지 행렬식을 원소 a_{ij}의 부분행렬식이라 하고, 이 부분행렬식을 $\mathrm{M_{ij}}$라고 표기한다. 또한 $C_{ij}=(-1)^{i+j}\mathrm{M_{ij}}$를 원소 a_{ij}의 여인수cofactor라고 부른다. 이 여인수를 이용하여 행렬식을 계산할 수 있다.

A의 행렬식을 나타낼 때 $\det A = C_{11}a_{11}+C_{12}a_{12}+C_{13}a_{13}$ 으로 나타낼 수 있다. $\vec{a}\times\vec{b}$의 3차 행렬식 $\begin{vmatrix} \vec{i} & \vec{j} & \vec{k} \\ a_1 & a_2 & a_3 \\ b_1 & b_2 & b_3 \end{vmatrix}$을 예를 들어보자.

네모상자 안의 원소들로 이루어진 2차 행렬식

$\mathrm{M_{11}} = \begin{vmatrix} a_2 & a_3 \\ b_2 & b_3 \end{vmatrix} = a_2b_3 - a_3b_2$가 $\vec{i}$의 부분행렬식이다. 마찬가지로 2차 행렬식

$\mathrm{M_{12}} = \begin{vmatrix} a_1 & a_3 \\ b_1 & b_3 \end{vmatrix} = a_1b_3 - a_3b_1$은 $\vec{j}$의 부분행렬식이고, 2차 행렬식

$\mathrm{M_{13}} = \begin{vmatrix} a_1 & a_2 \\ b_1 & b_2 \end{vmatrix} = a_1b_2 - a_2b_1$은 $\vec{k}$의 부분행렬식이다. 따라서 $\vec{a}\times\vec{b}$의 3차 행렬식은 다음과 같다.

$$\begin{aligned}\det A &= (-1)^{1+1}\begin{vmatrix} a_2 & a_3 \\ b_2 & b_3 \end{vmatrix}\vec{i} + (-1)^{1+2}\begin{vmatrix} a_1 & a_3 \\ b_1 & b_3 \end{vmatrix}\vec{j} + (-1)^{1+3}\begin{vmatrix} a_1 & a_2 \\ b_1 & b_2 \end{vmatrix}\vec{k} \\ &= (a_2b_3 - a_3b_2)\vec{i} - (a_1b_3 - a_3b_1)\vec{j} + (a_1b_2 - a_2b_1)\vec{k}\end{aligned}$$

예제 7-13

$\vec{a}=[1,\ 1,\ 0]$, $\vec{b}=[0,\ 2,\ 0]$의 외적과 그 크기를 구하라.

key point

$\vec{a}\times\vec{b}=[a_2b_3-a_3b_2,\ a_3b_1-a_1b_3,\ a_1b_2-a_2b_1]$

풀이

$a_2b_3 - a_3b_2 = 1\cdot 0 - 0\cdot 2 = 0$

$a_3b_1 - a_1b_3 = 0\cdot 0 - 1\cdot 0 = 0$

$a_1b_2 - a_2b_1 = 1\cdot 2 - 1\cdot 0 = 2$

이므로 $\vec{a}\times\vec{b}=[a_2b_3-a_3b_2,\ a_3b_1-a_1b_3,\ a_1b_2-a_2b_1]=[0,\ 0,\ 2]$이다. 그러므로 벡터의 외적은 $\vec{a}\times\vec{b}=[0,\ 0,\ 2]=2\vec{k}$와 같이 나타낼 수 있다.

또 외적의 크기는 $|\vec{a}\times\vec{b}|=\sqrt{0^2+0^2+2^2}=2$이다. 이는 [예제 7-12]와 동일한 외적의 크기임을 확인할 수 있다.

예제 7-14

> **key point**
> $\vec{i}=[1,\ 0,\ 0]$,
> $\vec{j}=[0,\ 1,\ 0]$,
> $\vec{k}=[0,\ 0,\ 1]$

다음을 증명하라.

(a) $\vec{i}\times\vec{j}=\vec{k}$

(b) $\vec{j}\times\vec{k}=\vec{i}$

(c) $\vec{k}\times\vec{i}=\vec{j}$

풀이

(a) $\vec{i}\times\vec{j}=[1,\ 0,\ 0]\times[0,\ 1,\ 0]=\begin{vmatrix}\vec{i} & \vec{j} & \vec{k}\\ 1 & 0 & 0\\ 0 & 1 & 0\end{vmatrix}=\vec{i}\begin{vmatrix}0 & 0\\ 1 & 0\end{vmatrix}-\vec{j}\begin{vmatrix}1 & 0\\ 0 & 0\end{vmatrix}+\vec{k}\begin{vmatrix}1 & 0\\ 0 & 1\end{vmatrix}=\vec{k}$

(b) $\vec{j}\times\vec{k}=[0,\ 1,\ 0]\times[0,\ 0,\ 1]=\begin{vmatrix}\vec{i} & \vec{j} & \vec{k}\\ 0 & 1 & 0\\ 0 & 0 & 1\end{vmatrix}=\vec{i}\begin{vmatrix}1 & 0\\ 0 & 1\end{vmatrix}-\vec{j}\begin{vmatrix}0 & 0\\ 0 & 1\end{vmatrix}+\vec{k}\begin{vmatrix}0 & 1\\ 0 & 0\end{vmatrix}=\vec{i}$

(c) $\vec{k}\times\vec{i}=[0,\ 0,\ 1]\times[1,\ 0,\ 0]=\begin{vmatrix}\vec{i} & \vec{j} & \vec{k}\\ 0 & 0 & 1\\ 1 & 0 & 0\end{vmatrix}=\vec{i}\begin{vmatrix}0 & 1\\ 0 & 0\end{vmatrix}-\vec{j}\begin{vmatrix}0 & 1\\ 1 & 0\end{vmatrix}+\vec{k}\begin{vmatrix}0 & 0\\ 1 & 0\end{vmatrix}=\vec{j}$

벡터의 외적과 관련하여 다음과 같은 법칙이 성립한다.

정리 7-2 벡터의 외적에 대한 법칙

(1) $\vec{a}\times\vec{b}=-(\vec{b}\times\vec{a})$

(2) $\vec{a}\times(\vec{b}+\vec{c})=(\vec{a}\times\vec{b})+(\vec{a}\times\vec{c})$

(3) $(\vec{a}\times\vec{b})\cdot\vec{c}=\vec{a}\cdot(\vec{b}\times\vec{c})$

(4) $\vec{a}\times\vec{a}=0$

[정리 7-2]의 법칙을 이용하면 벡터 연산을 보다 쉽게 처리할 수 있다.

예제 7-15

$\vec{a}=[1,\ 1,\ -1]$, $\vec{b}=[3,\ 2,\ 1]$, $\vec{c}=[-2,\ 0,\ 1]$일 때, 다음을 구하라.

(a) $\vec{a}\times\vec{b}$

(b) $\vec{b}\times\vec{a}$

(c) $\vec{a}\times\vec{c}$

(d) $\vec{a}\times(\vec{b}+\vec{c})$

(e) $(\vec{a}\times\vec{b})\cdot\vec{c}$

(f) $\vec{a}\cdot(\vec{b}\times\vec{c})$

key point

벡터의 외적 법칙을 이용한다.

풀이

(a) $\vec{a}\times\vec{b}=[1,\ 1,\ -1]\times[3,\ 2,\ 1]$

$$=\begin{vmatrix}\vec{i} & \vec{j} & \vec{k}\\ 1 & 1 & -1\\ 3 & 2 & 1\end{vmatrix}=\vec{i}\begin{vmatrix}1 & -1\\ 2 & 1\end{vmatrix}-\vec{j}\begin{vmatrix}1 & -1\\ 3 & 1\end{vmatrix}+\vec{k}\begin{vmatrix}1 & 1\\ 3 & 2\end{vmatrix}$$

$$=3\vec{i}-4\vec{j}-\vec{k}=[3,\ -4,\ -1]$$

(b) $\vec{b}\times\vec{a}=[3,\ 2,\ 1]\times[1,\ 1,\ -1]$

$$=\begin{vmatrix}\vec{i} & \vec{j} & \vec{k}\\ 3 & 2 & 1\\ 1 & 1 & -1\end{vmatrix}=\vec{i}\begin{vmatrix}2 & 1\\ 1 & -1\end{vmatrix}-\vec{j}\begin{vmatrix}3 & 1\\ 1 & -1\end{vmatrix}+\vec{k}\begin{vmatrix}3 & 2\\ 1 & 1\end{vmatrix}$$

$$=-3\vec{i}+4\vec{j}+\vec{k}=[-3,\ 4,\ 1]$$

(c) $\vec{a}\times\vec{c}=[1,\ 1,\ -1]\times[-2,\ 0,\ 1]$

$$=\begin{vmatrix}\vec{i} & \vec{j} & \vec{k}\\ 1 & 1 & -1\\ -2 & 0 & 1\end{vmatrix}=\vec{i}\begin{vmatrix}1 & -1\\ 0 & 1\end{vmatrix}-\vec{j}\begin{vmatrix}1 & -1\\ -2 & 1\end{vmatrix}+\vec{k}\begin{vmatrix}1 & 1\\ -2 & 0\end{vmatrix}$$

$$=\vec{i}+\vec{j}+2\vec{k}=[1,\ 1,\ 2]$$

(d) $\vec{b}+\vec{c}=[3,\ 2,\ 1]+[-2;\ 0, 1]=[1,\ 2,\ 2]$

$$\vec{a}\times(\vec{b}+\vec{c})=[1,\ 1,\ -1]\times[1,\ 2,\ 2]$$

$$=\begin{vmatrix}\vec{i} & \vec{j} & \vec{k}\\ 1 & 1 & -1\\ 1 & 2 & 2\end{vmatrix}=\vec{i}\begin{vmatrix}1 & -1\\ 2 & 2\end{vmatrix}-\vec{j}\begin{vmatrix}1 & -1\\ 1 & 2\end{vmatrix}+\vec{k}\begin{vmatrix}1 & 1\\ 1 & 2\end{vmatrix}$$

$$=4\vec{i}-3\vec{j}+\vec{k}=[4,\ -3,\ 1]$$

(e) (a)에서 $\vec{a}\times\vec{b}=[3,\ -4,\ -1]$이었으므로

$$(\vec{a}\times\vec{b})\cdot c=[3,\ -4, -1]\cdot[-2,\ 0,\ 1]$$

$$=3\cdot(-2)+(-4)\cdot 0+(-1)\cdot 1$$

$$=-6-1=-7$$

(f) $\vec{b}\times\vec{c}=[3,\ 2,\ 1]\times[-2,\ 0,\ 1]$

$$= \begin{vmatrix} \vec{i} & \vec{j} & \vec{k} \\ 3 & 2 & 1 \\ -2 & 0 & 1 \end{vmatrix} = \vec{i}\begin{vmatrix} 2 & 1 \\ 0 & 1 \end{vmatrix} - \vec{j}\begin{vmatrix} 3 & 1 \\ -2 & 1 \end{vmatrix} + \vec{k}\begin{vmatrix} 3 & 2 \\ -2 & 0 \end{vmatrix}$$

$$= 2\vec{i} - 5\vec{j} + 4\vec{k} = [2,\ -5,\ 4]$$

$$\begin{aligned} \vec{a} \cdot (\vec{b} \times \vec{c}) &= [1,\ 1,\ -1] \cdot [2,\ -5,\ 4] \\ &= 1 \cdot 2 + 1 \cdot (-5) + (-1) \cdot 4 \\ &= 2 - 5 - 4 = -7 \end{aligned}$$

쿨롱의 법칙과 점전하 간의 힘

전자기학

$20\mu C$의 전하 Q_1은 (0, 1, 2)에 위치하고, $-300\mu C$의 전하 Q_2는 (2, 0, 0)에 위치하고 있다.

(a) Q_1에 의해 Q_2에 작용하는 힘 $\overrightarrow{F_{12}}$를 구하라.

(b) Q_2에 의해 Q_1에 작용하는 힘 $\overrightarrow{F_{21}}$을 구하라.

문제 접근

쿨롱(Coulomb)의 법칙은 두 개의 점전하 Q_1, Q_2가 있을 때 한 전하 Q_1이 다른 전하 Q_2에 미치는 힘에 대한 법칙이다. 기본적으로 쿨롱의 법칙은 다음과 같은 원칙을 따른다.

두 전하 간의 힘은

❶ 두 전하를 연결하는 직선에 따라 작용하고,
❷ 두 전하의 곱 $Q_1 Q_2$에 비례하고,
❸ 두 전하 사이의 거리 R의 제곱에 반비례한다.

[그림 7-15]는 쿨롱의 법칙에 따른 두 점전하와 힘과의 관계를 나타낸 것이다. $\overrightarrow{r_1}$과 $\overrightarrow{r_2}$는 원점에서 두 전하 Q_1, Q_2까지의 위치벡터이다. 그림에서 보듯이 $\overrightarrow{r_1}+\overrightarrow{R_{12}}=\overrightarrow{r_2}$ 이므로 $\overrightarrow{R_{12}}=\overrightarrow{r_2}-\overrightarrow{r_1}$ 이 된다.

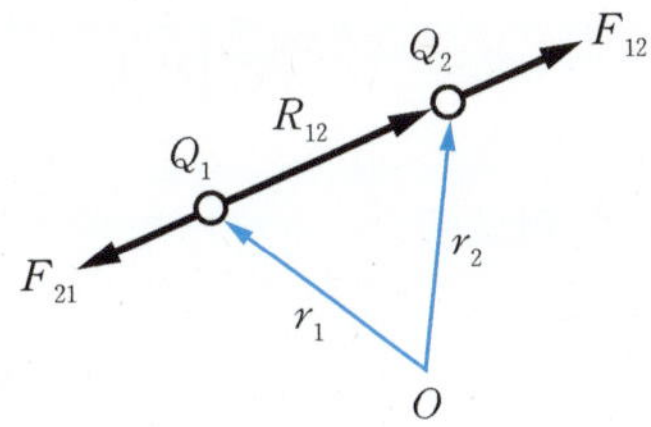

[그림 7-15]

이와 같은 조건에서 Q_1에 의해 Q_2에 미치는 힘 $\overrightarrow{F_{12}}$는 다음과 같다.

$$\overrightarrow{F_{12}}=\frac{Q_1 Q_2}{4\pi\epsilon_0 R^2}\overrightarrow{u_{R12}}$$

이 식에서 $\overrightarrow{u_{R12}}$는 $\overrightarrow{R_{12}}$ 방향의 단위벡터, 즉 $\overrightarrow{u_{R12}}=\frac{\overrightarrow{R_{12}}}{|\overrightarrow{R_{12}}|}$를 의미한다. 여기서 $\frac{1}{4\pi\epsilon_0}=9\times10^9\,[\mathrm{m/F}]$이다.

반대로 전하 Q_2가 Q_1에 미치는 힘은 $\overrightarrow{F_{21}}=-\overrightarrow{F_{12}}$이므로, $\overrightarrow{F_{12}}$를 알고 있다면 금방 답을 구할 수 있겠지만, 처음부터 Q_2가 Q_1에 미치는 힘을 구하려면 다음과 같은 식을 이용하면 된다.

$$\overrightarrow{F_{21}}=\frac{Q_1 Q_2}{4\pi\epsilon_0 R^2}\overrightarrow{u_{R21}}$$

여기서 $\overrightarrow{u_{R21}}=\frac{\overrightarrow{R_{21}}}{|\overrightarrow{R_{21}}|}$이다. $\overrightarrow{R_{21}}=-\overrightarrow{R_{12}}$이기 때문에 각각의 단위벡터 간의 관계도 $\overrightarrow{u_{R21}}=-\overrightarrow{u_{R12}}$라는 사실을 고려하면, 위의 두 식의 관계를 금방 이해할 수 있을 것이다. 또한 위 식에서 나타나는 $\overrightarrow{u_{R21}}$, $\overrightarrow{u_{R12}}$는 각각

$$\overrightarrow{u_{R12}} = \frac{\overrightarrow{R_{12}}}{|\overrightarrow{R_{12}}|} = \frac{\overrightarrow{r_2} - \overrightarrow{r_1}}{|\overrightarrow{r_2} - \overrightarrow{r_1}|}, \quad \overrightarrow{u_{R21}} = \frac{\overrightarrow{R_{21}}}{|\overrightarrow{R_{21}}|} = \frac{\overrightarrow{r_1} - \overrightarrow{r_2}}{|\overrightarrow{r_1} - \overrightarrow{r_2}|}$$

와 같이 나타낼 수 있고, $R = |\overrightarrow{r_1} - \overrightarrow{r_2}| = |\overrightarrow{r_2} - \overrightarrow{r_1}|$이므로, 각각의 힘은 다음과 같이 나타낼 수 있다.

$$\overrightarrow{F_{12}} = \frac{Q_1 Q_2 (\overrightarrow{r_2} - \overrightarrow{r_1})}{4\pi\epsilon_0 |\overrightarrow{r_2} - \overrightarrow{r_1}|^3}, \quad \overrightarrow{F_{21}} = \frac{Q_1 Q_2 (\overrightarrow{r_1} - \overrightarrow{r_2})}{4\pi\epsilon_0 |\overrightarrow{r_1} - \overrightarrow{r_2}|^3}$$

문제 해결

(a) Q_1, Q_2의 위치에 따라 위치벡터 $\overrightarrow{r_1} = [0, 1, 2]$, $\overrightarrow{r_2} = [2, 0, 0]$이므로

$$\overrightarrow{R_{12}} = \overrightarrow{r_2} - \overrightarrow{r_1} = [2, -1, -2], \quad R = |\overrightarrow{R_{12}}| = \sqrt{2^2 + (-1)^2 + (-2)^2} = 3$$

$$\overrightarrow{u_{R12}} = \frac{\overrightarrow{R_{12}}}{|\overrightarrow{R_{12}}|} = \frac{2\vec{i} - \vec{j} - 2\vec{k}}{3} = \frac{1}{3}(2\vec{i} - \vec{j} - 2\vec{k})$$

그러므로

$$\begin{aligned} \overrightarrow{F_{12}} &= \frac{Q_1 Q_2}{4\pi\epsilon_0 R^2} \overrightarrow{u_{R12}} \\ &= \frac{(9 \times 10^9)(20 \times 10^{-6})(-300 \times 10^{-6})}{3^2} \cdot \frac{2\vec{i} - \vec{j} - 2\vec{k}}{3} \\ &= (-6)\frac{2\vec{i} - \vec{j} - 2\vec{k}}{3} = -2(2\vec{i} - \vec{j} - 2\vec{k})\,[\mathrm{N}] \end{aligned}$$

결과적으로 $\overrightarrow{F_{12}} = -4\vec{i} + 2\vec{j} + 4\vec{k} = [-4, 2, 4]\,[\mathrm{N}]$이다.

(b) $\overrightarrow{F_{12}} = [-4, 2, 4]\,[\mathrm{N}]$이므로 $\overrightarrow{F_{21}} = -\overrightarrow{F_{12}} = [4, -2, -4]\,[\mathrm{N}]$이다.

유제 01 $50\mu C$의 전하 Q_1은 $(-1, 1, -3)$에 위치하고, $10\mu C$의 전하 Q_2는 $(3, 1, 0)$에 위치하고 있다. Q_2에 의해 Q_1에 작용하는 힘 $\overrightarrow{F_{21}}$을 구하라.

유제 02 **유제 01**과 같은 상황에서 Q_1에 의해 Q_2에 작용하는 힘 $\overrightarrow{F_{12}}$를 구하라.

■ 중첩의 원리와 전기장의 세기

전자기학

-1mC의 점전하 Q_1, Q_2가 각각 점 $(0,\ 1,\ 2)$, 점 $(2,\ 0,\ 0)$에 위치하고 있다.

(a) 원점 O에 위치한 2mC의 점전하 Q에 작용하는 힘은 얼마인가?

(b) Q가 위치한 점에서의 전기장의 세기를 구하라.

문제 접근

2개 이상의 점전하들이 있을 때, 그 중 특정한 전하에 작용하는 힘을 구하기 위해서는 중첩의 원리(principle of superposition)를 사용한다. 각각의 점전하 Q_1, Q_2, $\cdots$, Q_n의 위치가 위치벡터 $\vec{r_1}$, $\vec{r_2}$, $\cdots$, $\vec{r_n}$으로 표현될 때, 위치벡터 $\vec{r}$로 표현되는 위치에 있는 전하 Q에 작용하는 힘은 각각의 전하 Q_1, Q_2, $\cdots$, Q_n이 Q에 미치는 각각의 힘을 합한 것으로 나타난다. 즉

$$\vec{F}=\frac{QQ_1\left(\vec{r}-\vec{r_1}\right)}{4\pi\epsilon_0\left|\vec{r}-\vec{r_1}\right|^3}+\frac{QQ_2\left(\vec{r}-\vec{r_2}\right)}{4\pi\epsilon_0\left|\vec{r}-\vec{r_2}\right|^3}+\cdots+\frac{QQ_n\left(\vec{r}-\vec{r_n}\right)}{4\pi\epsilon_0\left|\vec{r}-\vec{r_n}\right|^3}=\frac{Q}{4\pi\epsilon_0}\sum_{i=1}^{n}\frac{Q_i\left(\vec{r}-\vec{r_i}\right)}{\left|\vec{r}-\vec{r_i}\right|^3}$$

와 같은 식으로 표현할 수 있다. 여기서 $\frac{1}{4\pi\epsilon_0}=9\times10^9\ [\text{m/F}]$이다.

또한 위와 같이 전하 Q에 작용하는 힘에 대한 식을 이용하여 전하 Q가 만드는 전기장의 세기(전계)인 $\vec{E}$도 구할 수 있다. 전기장 내에 놓여 있는 단위전하에 미치는 힘으로 정의되는 것이 전기장의 세기이므로

$$\vec{E}=\frac{\vec{F}}{Q}=\frac{1}{4\pi\epsilon_0}\sum_{i=1}^{n}\frac{Q_i\left(\vec{r}-\vec{r_i}\right)}{\left|\vec{r}-\vec{r_i}\right|^3}$$

와 같은 식으로 나타낼 수 있다.

문제 해결

Q_1, Q_2의 위치에 따라 위치벡터 $\vec{r_1}=[0,\ 1,\ 2]$, $\vec{r_2}=[2,\ 0,\ 0]$이고, 원점 O는 위치벡터 $\vec{r}=(0,0,0)$으로 나타낼 수 있다. 따라서 $\vec{r}-\vec{r_1}=[0,\ -1,\ -2]$, $\vec{r}-\vec{r_2}=[-2,\ 0,\ 0]$이고, 각각의 크기는 $\left|\vec{r}-\vec{r_1}\right|=\sqrt{0^2+(-1)^2+(-2)^2}=\sqrt{5}$, $\left|\vec{r}-\vec{r_2}\right|=\sqrt{(-2)^2+0^2+0^2}=2$이다.

$$\begin{aligned}\vec{F}&=\frac{QQ_1\left(\vec{r}-\vec{r_1}\right)}{4\pi\epsilon_0\left|\vec{r}-\vec{r_1}\right|^3}+\frac{QQ_2\left(\vec{r}-\vec{r_2}\right)}{4\pi\epsilon_0\left|\vec{r}-\vec{r_2}\right|^3}\\&=(9\times10^9)(2\times10^{-3})(-10^{-3})\left(\frac{[0,\ -1,\ -2]}{|\sqrt{5}|^3}+\frac{[-2,\ 0,\ 0]}{|2|^3}\right)\end{aligned}$$

$$= -(18\times10^3)\left(\frac{[0,\ -1,\ -2]}{5\sqrt{5}}+\frac{[-2,\ 0,\ 0]}{8}\right)$$

$$\cong -1610[0,\ -1,\ -2]-2250[-2,\ 0,\ 0]$$

그러므로 원점에 위치한 전하에 작용하는 힘은

$$\vec{F}\cong[4500,\ 1610,\ 3220][\mathrm{N}]$$

$$=4.500\vec{i}+1.610\vec{j}+3.220\vec{k}\,[\mathrm{kN}]$$

이고, 원점에서의 전기장의 세기 $\vec{E}$는 다음과 같이 계산할 수 있다.

$$\vec{E}=\frac{\vec{F}}{Q}=\frac{1}{2\times10^{-3}}(4.500\vec{i}+1.610\vec{j}+3.220\vec{k})\,[\mathrm{kV/m}]$$

$$=(9.000\vec{i}+3.220\vec{j}+6.440\vec{k})\,[\mathrm{MV/m}]$$

유제 01 5nC과 -2nC의 점전하 Q_1, Q_2가 각각 점 (2, 0, 4), 점 (−3, 0, 5)에 위치하고 있다. 점 (1, −3, 7)에 위치한 1nC의 점전하 Q에 작용하는 힘은 얼마인가?

유제 02 **유제 01**과 같은 상황에서 점 (1, −3, 7)에서의 전기장의 세기는 얼마인가?

■ 앙페르의 오른손 법칙

전자기학

임의의 도선에 형성되어 있는 자속밀도가 $\overrightarrow{B}=[z,\ x,\ y]$일 때, 그 도선에 흐르는 전류의 전류밀도를 구하라.

문제 접근

[그림 7-16]의 오른쪽 그림에 나타낸 것처럼 원통형 도선에 흐르는 전류 I에 의해 자속밀도 B가 발생한다. 즉 왼편에 있는 그림에서 보면 엄지손가락 외의 네 손가락이 말아 쥔 방향이 자속밀도 B의 발생 방향일 때, 엄지손가락은 전류 I의 방향을 나타낸다. 이와 같은 자계와 전계와의 관계를 앙페르의 오른손 법칙이라고 한다.

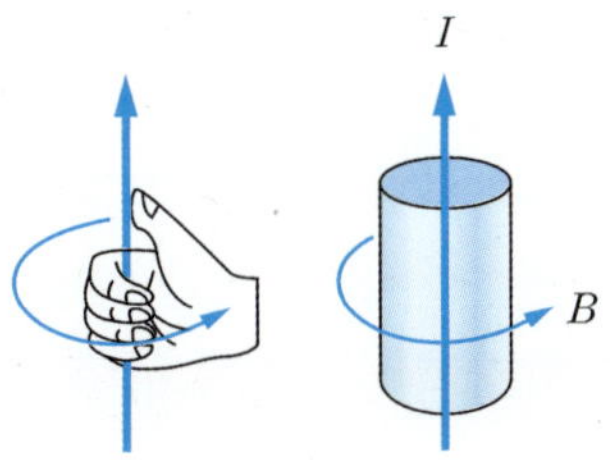

[그림 7-16]

이 이론은 벡터의 외적을 이용하여

$$\nabla\times\overrightarrow{B}=\mu_0\overrightarrow{J}$$

와 같은 식으로 표현할 수 있다. 식에서 μ_0는 자유공간에서의 투자율이고, $\overrightarrow{J}$는 전류밀도를 나타낸다.

[그림 7-17]은 ∇와 자속밀도 $\overrightarrow{B}$의 방향과 그 외적인 $\nabla\times\overrightarrow{B}$의 방향을 나타낸 것이다. ∇는 '나블라'라고 하는 연산자로서 다음과 같이 정의되는 식이다.

$$\nabla=\left[\frac{\partial}{\partial x},\ \frac{\partial}{\partial y},\ \frac{\partial}{\partial z}\right]=\frac{\partial}{\partial x}\overrightarrow{i}+\frac{\partial}{\partial y}\overrightarrow{j}+\frac{\partial}{\partial z}\overrightarrow{k}$$

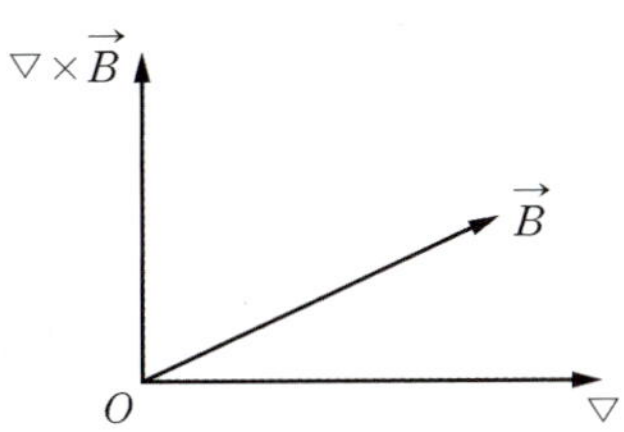

[그림 7-17]

그러므로 자속밀도가 $\vec{B}=[B_1,\ B_2,\ B_3]$인 경우

$$\nabla\times\vec{B}=\begin{vmatrix}\vec{i} & \vec{j} & \vec{k}\\ \frac{\partial}{\partial x} & \frac{\partial}{\partial y} & \frac{\partial}{\partial z}\\ B_1 & B_2 & B_3\end{vmatrix}=\vec{i}\left(\frac{\partial B_3}{\partial y}-\frac{\partial B_2}{\partial z}\right)-\vec{j}\left(\frac{\partial B_3}{\partial x}-\frac{\partial B_1}{\partial z}\right)+\vec{k}\left(\frac{\partial B_2}{\partial x}-\frac{\partial B_1}{\partial y}\right)=\mu_0\vec{J}$$

와 같이 계산할 수 있으므로, 전류밀도 $\vec{J}$는 다음과 같은 식으로 나타낼 수 있다.

$$\vec{J}=\frac{1}{\mu_0}\left[\vec{i}\left(\frac{\partial B_3}{\partial y}-\frac{\partial B_2}{\partial z}\right)-\vec{j}\left(\frac{\partial B_3}{\partial x}-\frac{\partial B_1}{\partial z}\right)+\vec{k}\left(\frac{\partial B_2}{\partial x}-\frac{\partial B_1}{\partial y}\right)\right]$$

문제 해결

전류밀도 $\vec{J}$는 앙페르의 오른손 법칙을 나타내는 식 $\nabla\times\vec{B}=\mu_0\vec{J}$를 이용하여

$$\begin{aligned}\nabla\times\vec{B}&=\vec{i}\left(\frac{\partial(y)}{\partial y}-\frac{\partial(x)}{\partial z}\right)-\vec{j}\left(\frac{\partial(y)}{\partial x}-\frac{\partial(z)}{\partial z}\right)+\vec{k}\left(\frac{\partial(x)}{\partial x}-\frac{\partial(z)}{\partial y}\right)\\&=\vec{i}(1-0)-\vec{j}(0-1)+\vec{k}(1-0)\\&=\vec{i}+\vec{j}+\vec{k}\\&=[1,\ 1,\ 1]\end{aligned}$$

이 되므로, $\vec{J}=\frac{1}{\mu_0}[1,\ 1,\ 1]$이 된다.

유제 01 임의의 도선에 형성되어 있는 자속밀도가 $\vec{B}=[xy,\ yz,\ zx]$일 때, 그 도선에 흐르는 전류의 전류밀도를 구하라.

유제 02 임의의 도선에 형성되어 있는 자속밀도가 $\vec{B}=[x^2yz,\ y,\ z^2x]$일 때, $\mu_0\vec{J}$를 구하라.

Chapter 07 연습문제

※ [그림 7-18]의 벡터를 A, B, C, D를 사용한 벡터로 표현하라.

7.1 $\vec{a}+\vec{b}$

7.2 $\vec{a}-\vec{b}$

7.3 $\vec{b}+\vec{a}$

7.4 $\vec{b}-\vec{a}$

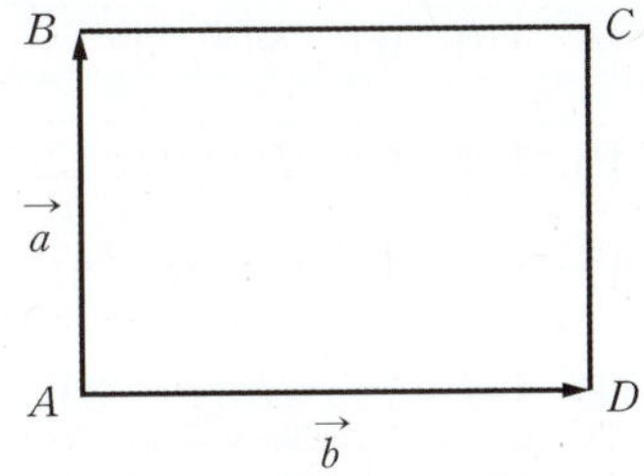

[그림 7-18]

※ [그림 7-19]의 벡터를 $\vec{a}$, $\vec{b}$, $\vec{c}$를 사용하여 표현하라.

7.5 $\overrightarrow{CA}$

7.6 $\overrightarrow{BC}$

7.7 $\overrightarrow{CD}$

7.8 $\overrightarrow{DB}$

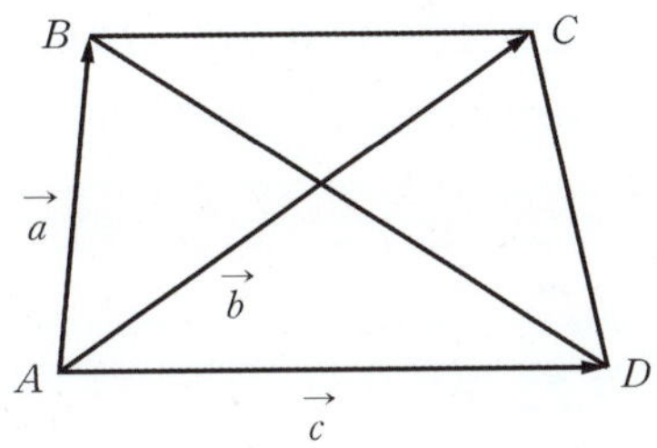

[그림 7-19]

※ 임의의 점 A, B, C, D, E로 구성되는 벡터에서 다음 벡터를 하나의 벡터로 표현하라.

7.9 $\overrightarrow{CE}+\overrightarrow{DC}$

7.10 $\overrightarrow{BE}+\overrightarrow{CB}$

7.11 $\overrightarrow{CE}+\overrightarrow{AC}$

7.12 $\overrightarrow{EA}+\overrightarrow{BE}$

7.13 $\overrightarrow{DC}+\overrightarrow{CB}$

7.14 $\overrightarrow{BA}+\overrightarrow{DB}$

※ 다음과 같은 시점 A와 종점 B를 가지는 벡터와 그 크기를 구하라.

7.15 $A(0,\ 0),\ B(3,\ 3)$

7.16 $A(0,\ 0),\ B(-2,\ -2)$

7.17 $A(-1,\ -1),\ B(-3,\ -3)$

7.18 $A(1,\ 7),\ B(3,\ -3)$

7.19 $A(0,\ 0,\ 0),\ B(2,\ 2,\ 2)$

7.20 $A(0,\ 0,\ 0),\ B(-1,\ -2,\ -3)$

7.21 $A(-1,\ 0,\ -2),\ B(1,\ -2,\ 3)$

7.22 $A(-3,\ 0,\ 7),\ B(1,\ 5,\ 3)$

※ $\vec{a}=2\vec{i}-3\vec{j}+\vec{k},\ \vec{b}=-\vec{i}+2\vec{j}-5\vec{k}$일 때, 다음을 구하라.

7.23 $|\vec{a}|$

7.24 $|\vec{b}|$

7.25 $\vec{a}-\vec{b}$

7.26 $\vec{a}+\vec{b}$

7.27 $|\vec{b}+\vec{a}|$

7.28 $|\vec{b}-\vec{a}|$

7.29 $2\vec{a}-3\vec{b}$

7.30 $|3\vec{b}-2\vec{a}|$

※ 다음 두 벡터가 직교성을 가지는지의 여부를 조사하라.

7.31 $\vec{a}=[0,\ 0,\ 4],\ \vec{b}=[1,\ -3,\ 0]$

7.32 $\vec{a}=[1,\ 0,\ 4],\ \vec{b}=[3,\ -3,\ 0]$

7.33 $\vec{a}=[2,\ -1,\ 1]$, $\vec{b}=[2,\ 3,\ -1]$

7.34 $\vec{a}=[100,\ -2,\ 5]$, $\vec{b}=[1,\ -3,\ -5]$

※ $\vec{p}=[3,\ -2,\ 0]$, $\vec{q}=[4,\ -1,\ 3]$, $\vec{r}=[-2,\ 7,\ -3]$일 때, 다음을 구하라.

7.35 $\vec{p}\cdot\vec{q}$

7.36 $\vec{q}\cdot\vec{r}$

7.37 $\vec{r}\cdot\vec{p}$

7.38 $\vec{p}\cdot(\vec{q}-\vec{r})$

7.39 $(\vec{p}-\vec{q})\cdot\vec{r}$

7.40 $\vec{p}\times\vec{q}$

7.41 $\vec{q}\times\vec{r}$

7.42 $\vec{r}\times\vec{p}$

7.43 $\vec{p}\times(\vec{q}+\vec{r})$

7.44 $\vec{p}\cdot(\vec{q}\times\vec{r})$

※ **전자기학** 다음 물음에 답하라.

7.45 $250\mu C$의 전하 Q_1은 $(5,\ 0,\ 0)$에, $-300\mu C$의 전하 Q_2는 $(0,\ 0,\ -5)$에 위치한다. Q_2에 의해 Q_1에 작용하는 힘 $\overrightarrow{F_{21}}$을 구하라.

7.46 $30\mu C$의 전하 Q_1은 $(2,\ 0,\ 5)$에, $-100\mu C$의 전하 Q_2는 $(-1,\ 0,\ -2)$에 위치한다. Q_2에 의해 Q_1에 작용하는 힘 $\overrightarrow{F_{21}}$을 구하라.

7.47 100μC의 전하 Q가 (0, 0, 3)에 위치하고 있다. 20μC인 네 개의 전하 Q_1, Q_2, Q_3, Q_4가 각각 (4, 0, 0), (−4, 0, 0), (0, 4, 0), (0, −4, 0)에 위치하고 있다면, Q에 작용하는 힘 $\vec{F}$는 얼마인가?

7.48 1nC과 −2nC의 점전하 Q_1, Q_2가 각각 점 (3, 2, −1), 점 (−1, −1, 4)에 위치하고 있다. 점 (0, 3, 1)에 있는 10nC의 점전하 Q에 작용하는 힘은 얼마인가?

7.49 [연습문제 **7.48**]에서 10nC의 점전하 Q에 작용하는 전기장을 세기를 구하라.

7.50 1C, 2C, 3C의 3개의 점전하 Q_1, Q_2, Q_3가 각각 점 (0, 0, 0), (3, 0, 0), (0, 4, 0)에 놓여 있다. 1C의 점전하가 있는 점 (3, 4, 0)에서의 전기장의 세기를 구하라.

Chapter

08

벡터해석

Vector Analysis

벡터의 개념은 물론 벡터를 함숫값으로 가지는 벡터함수는 전기전자 공학에서 다양하게 응용되고 있다. 특히 벡터함수의 도함수와 적분을 토대로 하는 벡터해석은 전기전자 공학의 기본과목인 전자기학의 이론을 이해하는 데 필수적인 개념이다. 이 장에서는 벡터함수의 정의부터 시작하여 그 도함수와 적분 및 벡터장의 발산과 회전까지 벡터함수의 전반적인 내용에 대하여 학습한다.

8.1 벡터함수의 정의

■ 벡터함수

벡터함수vector function는 벡터를 값으로 갖는 함수로서 실수의 집합이 정의역이고, 벡터의 집합이 치역이 되는 함수이다. 즉 실수 t에 대하여 하나의 벡터 $\overrightarrow{r(t)}$가 결정될 때, $\overrightarrow{r(t)}$를 t의 벡터함수라고 한다. $f(t)$, $g(t)$, $h(t)$가 $\overrightarrow{r(t)}$의 성분이라면, 벡터함수 $\overrightarrow{r(t)}$를

■ 벡터함수의 성분 표현식

$$\overrightarrow{r(t)} = [f(t),\ g(t),\ h(t)] = f(t)\vec{i} + g(t)\vec{j} + h(t)\vec{k} \tag{8.1}$$

■ 성분함수

와 같이 나타낼 수 있다. 이때 $f(t)$, $g(t)$, $h(t)$는 벡터함수 $\overrightarrow{r(t)}$의 **성분함수**component function로, 이 성분함수는 실숫값 함수이다.

벡터함수 $\overrightarrow{r(t)}$의 극한은 각 성분함수의 극한에 따라 다음과 같이 정해진다.

■ 성분함수의 극한

$$\lim_{t \to a} \overrightarrow{r(t)} = [\lim_{t \to a} \overrightarrow{f(t)},\ \lim_{t \to a} \overrightarrow{g(t)},\ \lim_{t \to a} \overrightarrow{h(t)}] \tag{8.2}$$

벡터함수는 공간곡선과 밀접한 관련이 있다. 즉 $f(t)$, $g(t)$, $h(t)$가 실숫값 함수일 때,

$$x = f(t),\ \ y = g(t),\ \ z = h(t) \tag{8.3}$$

■ 공간곡선

와 같은 관계가 성립한다면, 점 $(x,\ y,\ z)$의 집합은 **공간곡선**space curve을 구성하게 된다. 이때 벡터함수 $\overrightarrow{r(t)}$는 공간곡선의 위치벡터가 되는 것이다. [그림 8-1]은 이러한 벡터함수 $\overrightarrow{r(t)}$와 공간곡선 C의 관계를 나타낸 것이다.

■ 벡터함수와 공간곡선과의 관계

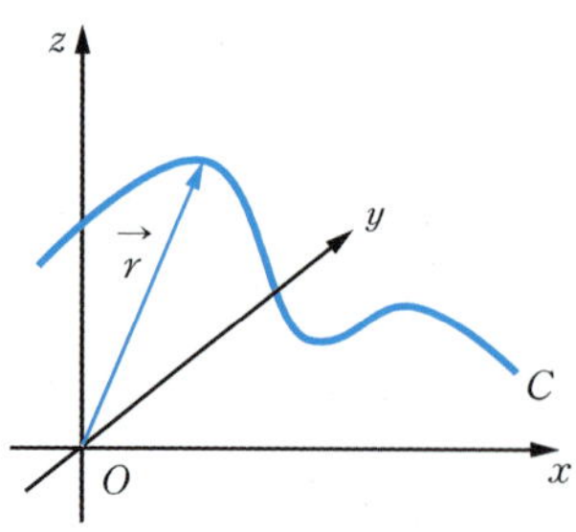

[그림 8-1]

예제 8-1

벡터함수 $\overrightarrow{r(t)} = [t^2,\ \sqrt{t},\ \ln(1-t)]$가 있을 때,

(a) 벡터함수 $\overrightarrow{r(t)}$의 성분함수는 무엇인가?

(b) 벡터함수 $\overrightarrow{r(t)}$의 정의역을 구하라.

> **key point**
> $\overrightarrow{r(t)}$
> $= [f(t),\ g(t),\ h(t)]$
> $= f(t)\vec{i} + g(t)\vec{j} + h(t)\vec{k}$

풀이

(a) 성분함수는 $f(t) = t^2$, $g(t) = \sqrt{t}$, $h(t) = \ln(1-t)$이다.

(b) $\overrightarrow{r(t)}$의 정의역은 $\overrightarrow{r(t)}$가 정의되는 t의 모든 값으로 구성된다. 그러므로 t^2, $\sqrt{t}$, $\ln(1-t)$는 $1-t>0$, $t \geq 0$에서 정의된다. 따라서 정의역은 $0 \leq t < 1$이 된다.

예제 8-2

벡터함수 $\overrightarrow{r(t)} = [t^2,\ \sqrt{t},\ \ln(1-t)]$가 있을 때, 다음 극한을 구하라.

(a) $\lim\limits_{t \to a} \overrightarrow{r(t)}$

(b) $\lim\limits_{t \to 0} \overrightarrow{r(t)}$

> **key point**
> $\lim\limits_{t \to a} \overrightarrow{r(t)} = [\lim\limits_{t \to a} \overrightarrow{f(t)},$
> $\lim\limits_{t \to a} \overrightarrow{g(t)}, \lim\limits_{t \to a} \overrightarrow{h(t)}]$

풀이

(a) $\lim\limits_{t \to a} \overrightarrow{r(t)} = [\lim\limits_{t \to a} t^2,\ \lim\limits_{t \to a} \sqrt{t},\ \lim\limits_{t \to a} \ln(1-t)] = [a^2,\ \sqrt{a},\ \ln(1-a)]$

(b) $\lim\limits_{t \to 0} \overrightarrow{r(t)} = [\lim\limits_{t \to 0} t^2,\ \lim\limits_{t \to 0} \sqrt{t},\ \lim\limits_{t \to 0} \ln(1-t)] = [0,\ 0,\ \ln 1] = 0$

8.2 벡터함수의 도함수와 적분

8.2.1 벡터함수의 도함수

벡터함수 $\overrightarrow{r(t)}$와 벡터 $\vec{a}$가 존재할 때

$$\lim_{t \to t_0} |\overrightarrow{r(t)} - \vec{a}| = 0 \qquad (8.4)$$

이 성립한다면, 여기서 $\vec{a}$를 $t=t_0$에서 $\overrightarrow{r(t)}$의 극한이라고 하고

■ 벡터함수의 극한

$$\lim_{t \to t_0} \overrightarrow{r(t)} = \vec{a} \tag{8.5}$$

와 같이 나타낸다.

$t=t_0$에서 벡터함수 $\overrightarrow{r(t)}$의 극한이 존재할 때, 이 극한을

$$\lim_{h \to 0} \frac{\overrightarrow{r(t_0+h)} - \overrightarrow{r(t_0)}}{h} \tag{8.6}$$

와 같이 나타내고, $\overrightarrow{r(t)}$는 $t=t_0$에서 **미분가능하다**differentiable고 한다. 그러므로 벡터함수 $\overrightarrow{r(t)}$의 도함수는

■ 벡터함수의 도함수

$$\frac{d\overrightarrow{r(t)}}{dt} = \overrightarrow{r'(t)} = \lim_{h \to 0} \frac{\overrightarrow{r(t_0+h)} - \overrightarrow{r(t_0)}}{h} \tag{8.7}$$

와 같이 나타낼 수 있다.

또 $\overrightarrow{r(t)} = [f(t), g(t), h(t)] = f(t)\vec{i} + g(t)\vec{j} + h(t)\vec{k}$인 경우, 그 도함수는

■ 벡터함수의 도함수의 성분 표현

$$\frac{d\overrightarrow{r(t)}}{dt} = [f'(t),\ g'(t),\ h'(t)] = \frac{df(t)}{dt}\vec{i} + \frac{dg(t)}{dt}\vec{j} + \frac{dh(t)}{dt}\vec{k} \tag{8.8}$$

와 같이 표현할 수 있다.

정리 8-1 벡터함수의 도함수

벡터함수 $\overrightarrow{r(t)} = [f(t),\ g(t),\ h(t)]$에 대하여 $f,\ g,\ h$가 t에서 미분가능하면, $\overrightarrow{r(t)}$도 t에서 미분가능하고

$$\overrightarrow{r'(t)} = [f'(t),\ g'(t),\ h'(t)]$$

이다.

예제 8-3

다음 벡터함수의 도함수를 구하라.

(a) $\overrightarrow{r(t)}=[\sqrt{t},\ 2-t,\ e^{-2t}]$

(b) $\overrightarrow{r(t)}=\cos t\vec{i}+\sin t\vec{j}+t\vec{k}$

key point

$$\frac{d\overrightarrow{r(t)}}{dt}=[f'(t),\ g'(t),\ h'(t)]$$
$$=\frac{df(t)}{dt}\vec{i}+\frac{dg(t)}{dt}\vec{j}+\frac{dh(t)}{dt}\vec{k}$$

풀이

(a) $$\frac{d\overrightarrow{r(t)}}{dt}=[f'(t),\ g'(t),\ h'(t)]$$
$$=\left[\frac{d(\sqrt{t})}{dt},\ \frac{d(2-t)}{dt},\ \frac{d(e^{-2t})}{dt}\right]$$
$$=\left[\frac{1}{2\sqrt{t}},\ -1,\ -2e^{-2t}\right]$$

(b) $$\frac{d\overrightarrow{r(t)}}{dt}=\frac{df(t)}{dt}\vec{i}+\frac{dg(t)}{dt}\vec{j}+\frac{dh(t)}{dt}\vec{k}$$
$$=\frac{d(\cos t)}{dt}\vec{i}+\frac{d(\sin t)}{dt}\vec{j}+\frac{d(t)}{dt}\vec{k}$$
$$=-\sin t\vec{i}+\cos t\vec{j}+\vec{k}$$

벡터함수의 도함수에는 [정리 8-2]와 같은 법칙이 성립한다.

정리 8-2 벡터함수의 도함수에 대한 법칙

여기서 a는 상수이고, $\vec{a}$는 상수벡터이다.

(1) $\vec{a}=0$

(2) $\frac{d}{dt}\{\overrightarrow{u(t)}+\overrightarrow{v(t)}\}=\overrightarrow{u'(t)}+\overrightarrow{v'(t)}$

(3) $\frac{d}{dt}\{a\overrightarrow{u(t)}\}=a\overrightarrow{u'(t)}$

(4) $\frac{d}{dt}\{f(t)\overrightarrow{u(t)}\}=f'(t)\overrightarrow{u(t)}+f(t)\overrightarrow{u'(t)}$

(5) $\frac{d}{dt}\{\overrightarrow{u(t)}\cdot\overrightarrow{v(t)}\}=\overrightarrow{u'(t)}\cdot\overrightarrow{v(t)}+\overrightarrow{u(t)}\cdot\overrightarrow{v'(t)}$

(6) $\frac{d}{dt}\{\overrightarrow{u(t)}\times\overrightarrow{v(t)}\}=\overrightarrow{u'(t)}\times\overrightarrow{v(t)}+\overrightarrow{u(t)}\times\overrightarrow{v'(t)}$

(7) $\frac{d}{dt}\{\overrightarrow{u(f(t))}\}=f'(t)\overrightarrow{u'(f(t))}$

예제 8-4

key point

[정리 8-2]를 참고한다.

$\overrightarrow{p(t)}=[1,\ t,\ t^2]$, $\overrightarrow{q(t)}=[t, \sin t, \cos t]$, $f(t)=2+t$인 경우, 다음을 구하라.

(a) $\dfrac{d}{dt}\{\overrightarrow{p(t)}+\overrightarrow{q(t)}\}$ (b) $\dfrac{d}{dt}\{f(t)\overrightarrow{p(t)}\}$

(c) $\dfrac{d}{dt}\{\overrightarrow{p(t)}\cdot\overrightarrow{q(t)}\}$ (d) $\dfrac{d}{dt}\{\overrightarrow{p(t)}\times\overrightarrow{q(t)}\}$

풀이

먼저 $\overrightarrow{p(t)}$, $\overrightarrow{q(t)}$, $f(t)$의 도함수부터 구하면,

$$\overrightarrow{p'(t)}=\frac{d}{dt}[1,\ t,\ t^2]=[0,\ 1,\ 2t]$$

$$\overrightarrow{q'(t)}=\frac{d}{dt}[t,\ \sin t,\ \cos t]=[1,\ \cos t,\ -\sin t],\quad f'(t)=\frac{d}{dt}(2+t)=1$$

(a) $$\frac{d}{dt}\{\overrightarrow{p(t)}+\overrightarrow{q(t)}\}=\overrightarrow{p'(t)}+\overrightarrow{q'(t)}$$
$$=[0,\ 1,\ 2t]+[1,\ \cos t,\ -\sin t]$$
$$=[1,\ 1+\cos t,\ 2t-\sin t]$$

(b) $$\frac{d}{dt}\{f(t)\overrightarrow{p(t)}\}=f'(t)\overrightarrow{p(t)}+f(t)\overrightarrow{p'(t)}$$
$$=1\cdot[1,\ t,\ t^2]+(2+t)[0,\ 1,\ 2t]$$
$$=[1,\ 2+2t,\ 4t+3t^2]$$

(c) $$\frac{d}{dt}\{\overrightarrow{p(t)}\cdot\overrightarrow{q(t)}\}=\overrightarrow{p'(t)}\cdot\overrightarrow{q(t)}+\overrightarrow{p(t)}\cdot\overrightarrow{q'(t)}$$
$$=[0,\ 1,\ 2t]\cdot[t,\ \sin t,\ \cos t]+[1,\ t,\ t^2]\cdot[1,\ \cos t,\ -\sin t]$$
$$=[0,\ \sin t,\ 2t\cos t]+[1,\ t\cos t,\ -t^2\sin t]$$
$$=[1,\ \sin t+t\cos t,\ 2t\cos t-t^2\sin t]$$

(d) $$\frac{d}{dt}\{\overrightarrow{p(t)}\times\overrightarrow{q(t)}\}=\overrightarrow{p'(t)}\times\overrightarrow{q(t)}+\overrightarrow{p(t)}\times\overrightarrow{q'(t)}$$

$$\overrightarrow{p'(t)}\times\overrightarrow{q(t)}=[0,\ 1,\ 2t]\times[t,\ \sin t,\ \cos t]$$
$$=\begin{vmatrix}\vec{i} & \vec{j} & \vec{k}\\ 0 & 1 & 2t\\ t & \sin t & \cos t\end{vmatrix}=\vec{i}\begin{vmatrix}1 & 2t\\ \sin t & \cos t\end{vmatrix}-\vec{j}\begin{vmatrix}0 & 2t\\ t & \cos t\end{vmatrix}+\vec{k}\begin{vmatrix}0 & 1\\ t & \sin t\end{vmatrix}$$
$$=[\cos t-2t\sin t,\ 2t^2,\ -t]$$

$$\overrightarrow{p(t)}\times\overrightarrow{q'(t)}=[1,\ t,\ t^2]\times[1,\ \cos t,\ -\sin t]$$

$$=\begin{vmatrix} \vec{i} & \vec{j} & \vec{k} \\ 1 & t & t^2 \\ 1 & \cos t & -\sin t \end{vmatrix} = \vec{i}\begin{vmatrix} t & t^2 \\ \cos t & -\sin t \end{vmatrix} - \vec{j}\begin{vmatrix} 1 & t^2 \\ 1 & -\sin t \end{vmatrix} + \vec{k}\begin{vmatrix} 1 & t \\ 1 & \cos t \end{vmatrix}$$

$$=[-t\sin t - t^2\cos t,\ \sin t + t^2,\ \cos t - t]$$

$$\frac{d}{dt}\{\overrightarrow{p(t)} \times \overrightarrow{q(t)}\}$$

$$=[\cos t - 2t\sin t,\ 2t^2,\ -t] + [-t\sin t - t^2\cos t,\ \sin t + t^2,\ \cos t - t]$$

$$=[(1-t^2)\cos t - 3t\sin t,\ 3t^2 + \sin t,\ \cos t - 2t]$$

8.2.2 벡터함수의 적분

벡터함수 $\overrightarrow{r(t)}$의 적분은 적분한 결과가 벡터로 나타나는 것일 뿐, 일반적인 적분과 동일한 방법으로 정의할 수 있다. 즉 벡터함수 $\overrightarrow{s(t)}$의 도함수가 $\overrightarrow{r(t)}$인 경우

$$\frac{d\overrightarrow{s(t)}}{dt} = \overrightarrow{r(t)} \tag{8.9}$$

와 같이 표현할 수 있는데, 이때 벡터함수 $\overrightarrow{r(t)}$의 부정적분은

$$\int \overrightarrow{r(t)}\,dt = \overrightarrow{s(t)} + \vec{c} \tag{8.10}$$

▪ 벡터함수의 부정적분

와 같이 나타낼 수 있다.

$\overrightarrow{r(t)} = [r_1(t),\ r_2(t),\ r_3(t)]$인 경우

$$\int \overrightarrow{r(t)}\,dt = \vec{i}\int r_1(t)\,dt + \vec{j}\int r_2(t)\,dt + \vec{k}\int r_3(t)\,dt \tag{8.11}$$

▪ 성분함수의 부정적분

와 같이 정의할 수 있다.

또한 벡터함수의 부정적분에 대해서 [정리 8-3]과 같은 법칙이 성립한다.

정리 8-3 벡터함수의 부정적분에 대한 법칙

여기서 a는 상수이고, $\vec{a}$는 상수벡터이다.

(1) $\int \left(\overrightarrow{u(t)}+\overrightarrow{v(t)}\right) dt = \int \overrightarrow{u(t)}\, dt + \int \overrightarrow{v(t)}\, dt$

(2) $\int a\,\overrightarrow{u(t)}\, dt = a \int \overrightarrow{u(t)}\, dt$

(3) $\int \vec{a} \cdot \overrightarrow{u(t)}\, dt = \vec{a} \cdot \int \overrightarrow{u(t)}\, dt$

(4) $\int \vec{a} \times \overrightarrow{u(t)}\, dt = \vec{a} \times \int \overrightarrow{u(t)}\, dt$

예제 8-5

key point
[정리 8-3]을 참고한다.

$\overrightarrow{p(t)}=[1,\ t,\ t^2]$, $\overrightarrow{q(t)}=[e^{-t},\ \sin t,\ \cos t]$, $\vec{a}=[1,\ 2,\ 1]$인 경우, 다음을 구하라. 단, 적분상수벡터 $\vec{c}=0$으로 계산한다.

(a) $\int \overrightarrow{p(t)}\, dt$　　(b) $\int \overrightarrow{q(t)}\, dt$

(c) $\int \vec{a} \cdot \overrightarrow{p(t)}\, dt$　　(d) $\int \vec{a} \times \overrightarrow{q(t)}\, dt$

풀이

(a) $\int \overrightarrow{p(t)}\, dt = \vec{i}\int (1)\, dt + \vec{j}\int (t)\, dt + \vec{k}\int (t^2)\, dt$

$$= t\vec{i} + \frac{1}{2}t^2\vec{j} + \frac{1}{3}t^3\vec{k} + \vec{c} = \left[t,\ \frac{1}{2}t^2,\ \frac{1}{3}t^3\right]$$

(b) $\int \overrightarrow{q(t)}\, dt = \vec{i}\int (e^{-t})\, dt + \vec{j}\int (\sin t)\, dt + \vec{k}\int (\cos t)\, dt$

$$= -e^{-t}\vec{i} - \cos t\,\vec{j} + \sin t\,\vec{k} + \vec{c} = [-e^{-t},\ -\cos t,\ \sin t]$$

(c) $\int \vec{a} \cdot \overrightarrow{p(t)}\, dt = \vec{a} \cdot \int \overrightarrow{p(t)}\, dt$ 이므로

$$\int \vec{a} \cdot \overrightarrow{p(t)}\, dt = [1,\ 2,\ 1] \cdot \left[t,\ \frac{1}{2}t^2,\ \frac{1}{3}t^3\right] = t + t^2 + \frac{1}{3}t^3$$

(d) $\int \vec{a} \times \overrightarrow{q(t)}\, dt = \vec{a} \times \int \overrightarrow{q(t)}\, dt$ 이므로

$$\int \vec{a} \times \overrightarrow{q(t)}\, dt = [1,\ 2,\ 1] \times [-e^{-t},\ -\cos t,\ \sin t]$$

$$= \begin{vmatrix} \vec{i} & \vec{j} & \vec{k} \\ 1 & 2 & 1 \\ -e^{-t} & -\cos t & \sin t \end{vmatrix}$$

$$= \vec{i}\begin{vmatrix} 2 & 1 \\ -\cos t & \sin t \end{vmatrix} - \vec{j}\begin{vmatrix} 1 & 1 \\ -e^{-t} & \sin t \end{vmatrix} + \vec{k}\begin{vmatrix} 1 & 2 \\ -e^{-t} & -\cos t \end{vmatrix}$$

$$= (2\sin t + \cos t)\vec{i} - (\sin t + e^{-t})\vec{j} + (-\cos t + 2e^{-t})\vec{k}$$

$$= [2\sin t + \cos t,\ -\sin t - e^{-t},\ -\cos t + 2e^{-t}]$$

벡터함수 $\overrightarrow{s(t)}$의 도함수가 $\overrightarrow{r(t)}$인 경우, 벡터함수 $\overrightarrow{r(t)}$의 정적분은

$$\int_a^b \overrightarrow{r(t)}\,dt = \overrightarrow{s(b)} - \overrightarrow{s(a)} \qquad (8.12)$$

■ 벡터함수의 정적분

와 같이 정의한다.

또한 $\overrightarrow{r(t)} = [r_1(t),\ r_2(t),\ r_3(t)]$인 경우

$$\int_a^b \overrightarrow{r(t)}\,dt = \vec{i}\int_a^b r_1(t)\,dt + \vec{j}\int_a^b r_2(t)\,dt + \vec{k}\int_a^b r_3(t)\,dt \qquad (8.13)$$

■ 성분함수의 정적분

와 같이 나타낼 수 있다.

벡터함수의 정적분에 대해서는 다음과 같은 법칙이 성립한다.

정리 8-4 벡터함수의 정적분에 대한 법칙

여기서 a는 상수이고, $\vec{a}$는 상수벡터이다.

(1) $\displaystyle\int_a^b a\,\overrightarrow{u(t)}\,dt = a\int_a^b \overrightarrow{u(t)}\,dt$

(2) $\displaystyle\int_a^b \left(\overrightarrow{u(t)} + \overrightarrow{v(t)}\right)dt = \int_a^b \overrightarrow{u(t)}\,dt + \int_a^b \overrightarrow{v(t)}\,dt$

(3) $\displaystyle\left|\int_a^b \overrightarrow{u(t)}\,dt\right| \le \int_a^b \left|\overrightarrow{u(t)}\right|dt$

예제 8-6

$\int_a^b \overrightarrow{r(t)}\,dt = \overrightarrow{s(b)} - \overrightarrow{s(a)}$를 증명하라.

풀이

$\overrightarrow{r(t)} = [r_1(t),\ r_2(t),\ r_3(t)]$, $\overrightarrow{s(t)} = [s_1(t),\ s_2(t),\ s_3(t)]$로 표현할 때, $\dfrac{\overrightarrow{ds_1(t)}}{dt} = \overrightarrow{r_1(t)}$, $\dfrac{\overrightarrow{ds_2(t)}}{dt} = \overrightarrow{r_2(t)}$, $\dfrac{\overrightarrow{ds_3(t)}}{dt} = \overrightarrow{r_3(t)}$이다. 그러므로 미적분의 기본적인 정리에서

$$\int_a^b r_1(t)\,dt = s_1(b) - s_1(a),\quad \int_a^b r_2(t)\,dt = s_2(b) - s_2(a),$$
$$\int_a^b r_3(t)\,dt = s_3(b) - s_3(a)$$

가 된다는 사실로부터

$$\begin{aligned}
\int_a^b \overrightarrow{r(t)}\,dt &= \vec{i}\int_a^b r_1(t)\,dt + \vec{j}\int_a^b r_2(t)\,dt + \vec{k}\int_a^b r_3(t)\,dt \\
&= \vec{i}\{s_1(b) - s_1(a)\} + \vec{j}\{s_2(b) - s_2(a)\} + \vec{k}\{s_3(b) - s_3(a)\} \\
&= \{\vec{i}s_1(b) + \vec{j}s_2(b) + \vec{k}s_3(b)\} - \{\vec{i}s_1(a) + \vec{j}s_2(a) + \vec{k}s_3(a)\} \\
&= [s_1(b),\ s_2(b),\ s_3(b)] - [s_1(a),\ s_2(a),\ s_3(a)] \\
&= \overrightarrow{s(b)} - \overrightarrow{s(a)}
\end{aligned}$$

와 같이 됨을 증명할 수 있다.

예제 8-7

$\overrightarrow{p(t)} = [1,\ e^{3t},\ t^2]$, $\overrightarrow{q(t)} = [e^{-2t},\ \sin 2t,\ t]$, $\vec{a} = [-1,\ 3,\ 2]$일 때, 다음을 구하라.

(a) $\int_0^1 \overrightarrow{p(t)}\,dt$　　　(b) $\int_0^\pi \overrightarrow{q(t)}\,dt$

(c) $\int_0^2 \overrightarrow{q(t)} \cdot \overrightarrow{p(t)}\,dt$　　　(d) $\int_0^\pi \vec{a} \times \overrightarrow{q(t)}\,dt$

풀이

(a) $\int_0^1 \overrightarrow{p(t)}\,dt = \vec{i}\int_0^1 (1)\,dt + \vec{j}\int_0^1 (e^{3t})\,dt + \vec{k}\int_0^1 (t^2)\,dt$

$$=\left[t,\ \frac{1}{3}e^{3t},\ \frac{1}{3}t^3\right]_0^1=\left[1-0,\ \frac{1}{3}e^3-\frac{1}{3},\ \frac{1}{3}-0\right]$$

$$=\left[1,\ \frac{1}{3}(e^3-1),\ \frac{1}{3}\right]$$

(b) $\displaystyle\int_0^{\pi}\overrightarrow{q(t)}\,dt=\vec{i}\int_0^{\pi}(e^{-2t})\,dt+\vec{j}\int_0^{\pi}(\sin 2t)\,dt+\vec{k}\int_0^{\pi}(t)\,dt$

$$=\left[-\frac{1}{2}e^{-2t},\ -\frac{1}{2}\cos 2t,\ \frac{1}{2}t^2\right]_0^{\pi}$$

$$=\left[-\frac{1}{2}(e^{-2\pi}-e^0),\ -\frac{1}{2}(\cos 2\pi-\cos 0),\ \frac{1}{2}(\pi^2-1)\right]$$

$$=\left[-\frac{1}{2}(e^{-2\pi}-1),\ 0,\ \frac{1}{2}(\pi^2-1)\right]$$

(c) $\overrightarrow{q(t)}\cdot\overrightarrow{p(t)}=[e^{-2t},\ \sin 2t,\ t]\cdot[1,\ e^{3t},\ t^2]=[e^{-2t},\ e^{3t}\sin 2t,\ t^3]$ 이므로

$$\int_0^2\overrightarrow{q(t)}\cdot\overrightarrow{p(t)}\,dt=\int_0^2[e^{-2t},\ e^{3t}\sin 2t,\ t^3]\,dt$$

$$=\vec{i}\int_0^2 e^{-2t}dt+\vec{j}\int_0^2 e^{3t}\sin 2t\,dt+\vec{k}\int_0^2 t^3\,dt$$

$\displaystyle\int e^{3t}\sin 2t\,dt$의 적분의 계산은 부분적분법에 의하여

$$\int e^{3t}\sin 2t\,dt=-\frac{1}{2}e^{3t}\cos 2t+\frac{3}{2}\int e^{3t}\cos 2t\,dt$$

이다. 마찬가지로

$$\int e^{3t}\cos 2t\,dt=\frac{1}{2}e^{3t}\sin 2t-\frac{3}{2}\int e^{3t}\sin 2t\,dt$$

이다. 그러므로

$$\int e^{3t}\sin 2t\,dt=-\frac{1}{2}e^{3t}\cos 2t+\frac{3}{2}\int e^{3t}\cos 2t\,dt$$

$$=-\frac{1}{2}e^{3t}\cos 2t+\frac{3}{2}\left(\frac{1}{2}e^{3t}\sin 2t-\frac{3}{2}\int e^{3t}\sin 2t\,dt\right)$$

$$=-\frac{1}{2}e^{3t}\cos 2t+\frac{3}{4}e^{3t}\sin 2t-\frac{9}{4}\int e^{3t}\sin 2t\,dt$$

이고,

$$\left(1+\frac{9}{4}\right)\int e^{3t}\sin 2t\,dt=-\frac{1}{2}e^{3t}\cos 2t+\frac{3}{4}e^{3t}\sin 2t$$

이다. 그러므로

$$
\begin{aligned}
&\int e^{3t}\sin 2t\,dt\\
&=\frac{4}{13}\left(-\frac{1}{2}e^{3t}\cos 2t+\frac{3}{4}e^{3t}\sin 2t\right)=-\frac{2}{13}e^{3t}\cos 2t+\frac{3}{13}e^{3t}\sin 2t\\
&=\frac{e^{3t}}{13}(3\sin 2t-2\cos 2t)
\end{aligned}
$$

이다. 따라서

$$
\begin{aligned}
&\int_0^2 \overrightarrow{q(t)}\cdot\overrightarrow{p(t)}\,dt\\
&=\int_0^2 [e^{-2t},\ e^{3t}\sin 2t,\ t^3]\,dt\\
&=\vec{i}\int_0^2 e^{-2t}dt+\vec{j}\int_0^2 e^{3t}\sin 2t\,dt+\vec{k}\int_0^2 t^3\,dt\\
&=\vec{i}\left[-\frac{1}{2}e^{-2t}\right]_0^2+\vec{j}\left[\frac{e^{3t}}{13}(3\sin 2t-2\cos 2t)\right]_0^2+\left[\frac{1}{4}t^4\right]_0^2\\
&=\left[-\frac{1}{2}(e^{-4}-1),\ \frac{e^6}{13}(3\sin 4-2\cos 4)+\frac{2}{13},\ 4\right]
\end{aligned}
$$

(d) $\vec{a}\times\overrightarrow{q(t)}=[-1,\ 3,\ 2]\times[e^{-2t},\ \sin 2t,\ t]$

$$
\begin{aligned}
&=\begin{vmatrix}\vec{i} & \vec{j} & \vec{k}\\ -1 & 3 & 2\\ e^{-2t} & \sin 2t & t\end{vmatrix}=\vec{i}\begin{vmatrix}3 & 2\\ \sin 2t & t\end{vmatrix}-\vec{j}\begin{vmatrix}-1 & 2\\ e^{-2t} & t\end{vmatrix}+\vec{k}\begin{vmatrix}-1 & 3\\ e^{-2t} & \sin 2t\end{vmatrix}\\
&=\left[(3t-2\sin 2t)\vec{i}-(-t-2e^{-2t})\vec{j}+(-\sin 2t-3e^{-2t})\vec{k}\right]\\
&=[3t-2\sin 2t,\ t+2e^{-2t},\ -\sin 2t-3e^{-2t}]
\end{aligned}
$$

$$
\begin{aligned}
\int_0^{\pi}\vec{a}\times\overrightarrow{q(t)}\,dt&=\int_0^{\pi}[3t-2\sin 2t,\ t+e^{-2t},\ -\sin 2t-3e^{-2t}]\,dt\\
&=\left[\frac{3}{2}t^2+\cos 2t,\ \frac{1}{2}t^2-\frac{1}{2}e^{-2t},\ \frac{1}{2}\cos 2t+\frac{3}{2}e^{-2t}\right]_0^{\pi}\\
&=\left[\frac{3}{2}\pi^2+\cos 2\pi-1,\ \frac{1}{2}\pi^2-\frac{1}{2}e^{-2\pi}+\frac{1}{2},\ \frac{1}{2}+\frac{3}{2}e^{-2\pi}-\frac{1}{2}-\frac{3}{2}\right]\\
&=\left[\frac{3}{2}\pi^2,\ \frac{1}{2}(\pi^2-e^{-2\pi}+1),\ \frac{3}{2}(e^{-2\pi}-1)\right]
\end{aligned}
$$

8.3 그래디언트와 방향도함수

8.3.1 벡터장과 스칼라장

이제 벡터함수와 스칼라함수, 그리고 그런 함수들이 정의되는 공간에 대하여 생각해보자. 앞으로 전개될 벡터의 미분법에서는 벡터함수를 스칼라함수로부터, 스칼라함수를 벡터함수로부터 구하는 내용을 학습할 것이다.

먼저 벡터함수를 정의하기 위하여 다음과 같은 위치벡터를 활용한다.

$$\vec{r} = [x,\ y,\ z] = x\vec{i} + y\vec{j} + z\vec{k} \tag{8.14}$$

■ 위치벡터

식 (8.14)와 같은 위치벡터의 각 성분 x, y, z가 임의의 변수를 가진 함수 $r_1(P)$, $r_2(P)$, $r_3(P)$라고 생각하면, 다음과 같이 나타낼 수 있다.

$$\vec{r} = \overrightarrow{r(P)} = [r_1(P),\ r_2(P),\ r_3(P)] = r_1(P)\vec{i} + r_2(P)\vec{j} + r_3(P)\vec{k} \tag{8.15}$$

■ 벡터장의 표현식

식 (8.15)는 벡터를 함숫값으로 하고 있다. 따라서 $\overrightarrow{r(P)}$는 벡터함수이고, 이와 같이 벡터함수가 정의되어 있는 공간을 **벡터장**vector field이라고 한다.

식 (8.15)에서 각 성분 $r_1(P)$, $r_2(P)$, $r_3(P)$는 점 P에서 함숫값이 스칼라로 주어진 함수이므로

$$f = f(P) = f(x,\ y,\ z) \tag{8.16}$$

■ 스칼라장의 표현식

와 같이 정의되는 스칼라함수이다. 이와 같이 스칼라함수가 정의되어 있는 공간은 **스칼라장**scalar field이라고 한다.

벡터함수는 정의되어 있는 스칼라함수의 형태를 포함하여 다음과 같이 표현할 수 있다.

$$\overrightarrow{r(P)} = \overrightarrow{r(x,\ y,\ z)} = [r_1(x,\ y,\ z),\ r_2(x,\ y,\ z),\ r_3(x,\ y,\ z)] \tag{8.17}$$

■ 스칼라함수에 의한 벡터함수 표현식

3차원 공간에 존재하는 임의의 곡선에서 각 점에서의 접선벡터가 벡터함수

의 한 예이다. 그 점의 위치에 따라 크기와 방향이 달라지기 때문이다. 두 점 간의 거리를 나타내는 함수는 스칼라함수의 예이다. 이 경우에는 방향과는 상관없이 거리, 즉 크기만 달라지는 함수이기 때문이다.

예제 8-8

> **key point**
> $\overrightarrow{r(P)}$
> $=[r_1(P),\ r_2(P),\ r_3(P)]$
> $=r_1(P)\vec{i}+r_2(P)\vec{j}+r_3(P)\vec{k}$

다음 물음에 답하라.

(a) 벡터 $\overrightarrow{r(t)}=[\cos t,\ \sin t,\ t]$가 있을 때, $t=0,\ \pi,\ 2\pi$일 때의 벡터함수 $\overrightarrow{r(t)}$를 구하라.

(b) 점 $A(x_1,\ y_1,\ z_1)$에서 점 $B(x,\ y,\ z)$까지의 거리를 나타내는 스칼라함수 $f(P)$를 구하고, 원점에서 점 $P(2,\ -1,\ 1)$까지의 거리를 구하라.

풀이

(a) $t=0$이면, $\overrightarrow{r(0)}=[\cos 0,\ \sin 0,\ 0]=[1,\ 0,\ 0]=\vec{i}$

$t=\pi$ 이면, $\overrightarrow{r(\pi)}=[\cos\pi,\ \sin\pi,\ \pi]=[-1,\ 0,\ \pi]=-\vec{i}+\pi\vec{k}$

$t=2\pi$ 이면, $\overrightarrow{r(2\pi)}=[\cos 2\pi,\ \sin 2\pi,\ 2\pi]=[1,\ 0,\ 2\pi]=\vec{i}+2\pi\vec{k}$

즉 t에 따라 벡터함수 $\overrightarrow{r(t)}$의 값은 달리진다.

(b) 점 $A(x_1,\ y_1,\ z_1)$에서 점 $B(x,\ y,\ z)$까지의 거리 $f(P)$는 다음과 같이 구할 수 있다.

$$f(P)=f(x,\ y,\ z)=\sqrt{(x-x_1)^2+(y-y_1)^2+(z-z_1)^2}$$

스칼라함수 $f(P)$를 이용하려면, 점 $A(x_1,\ y_1,\ z_1)$을 원점 $O(0,\ 0,\ 0)$로, 점 $B(x,\ y,\ z)$를 점 $P(2,\ -1,\ 1)$로 바꾸면 된다. 그러면 원점에서 점 $P(2,\ -1,\ 1)$까지의 거리는 다음과 같이 구할 수 있다.

$$f(P)=\sqrt{(2-0)^2+(-1-0)^2+(1-0)^2}=\sqrt{6}$$

8.3.2 그래디언트

▪ 그래디언트

벡터의 응용에 활용되는 일부 벡터함수들은 스칼라함수로부터 구할 수 있으므로, 스칼라함수는 벡터함수에 비하여 다루기 쉽다는 점을 활용하는 것도 좋은 방법이다. 특히 스칼라함수의 기울기인 **그래디언트**gradient는 벡터함수로 정의되므로 매우 중요한 개념이다.

3차원 공간에서 미분가능한 스칼라함수 $f(x, y, z)$가 주어졌을 때, 이 스칼라함수의 그래디언트는 다음과 같이 벡터함수로 정의된다.

$$\text{grad} f = \nabla f = \left[\frac{\partial f}{\partial x}, \frac{\partial f}{\partial y}, \frac{\partial f}{\partial z}\right] = \frac{\partial f}{\partial x}\vec{i} + \frac{\partial f}{\partial y}\vec{j} + \frac{\partial f}{\partial z}\vec{k} \quad (8.18)$$

■ 그래디언트의 식

여기서 ∇는 **나블라**nabla라고 읽는다. 따라서 다음과 같이 ∇를 이용한 연산자를 정의할 수 있다.

$$\nabla = \frac{\partial}{\partial x}\vec{i} + \frac{\partial}{\partial y}\vec{j} + \frac{\partial}{\partial z}\vec{k} \quad (8.19)$$

■ 나블라의 정의

예제 8-9

다음과 같은 스칼라함수의 그래디언트를 구하라.

(a) $f(x, y, z) = xyz$

(b) $f(x, y, z) = x + y + z$

(c) $f(x, y, z) = xy + yz + zx$

(d) $f(x, y, z) = 2x^3 + 3yz + 2z$

key point

$$\nabla f = \left[\frac{\partial f}{\partial x}, \frac{\partial f}{\partial y}, \frac{\partial f}{\partial z}\right]$$

풀이

(a) $\nabla f = \left[\frac{\partial}{\partial x}(xyz), \frac{\partial}{\partial y}(xyz), \frac{\partial}{\partial z}(xyz)\right] = [yz, xz, xy]$

(b) $\nabla f = \left[\frac{\partial}{\partial x}(x+y+z), \frac{\partial}{\partial y}(x+y+z), \frac{\partial}{\partial z}(x+y+z)\right] = [1, 1, 1]$

(c) $\nabla f = \left[\frac{\partial}{\partial x}(xy+yz+zx), \frac{\partial}{\partial y}(xy+yz+zx), \frac{\partial}{\partial z}(xy+yz+zx)\right]$

$= [y+z, x+z, y+x]$

(d) $\nabla f = \left[\frac{\partial}{\partial x}(2x^3+3yz+2z), \frac{\partial}{\partial y}(2x^3+3yz+2z), \frac{\partial}{\partial z}(2x^3+3yz+2z)\right]$

$= [6x^2, 3z, 3y+2]$

8.3.3 방향도함수

그래디언트를 나타내는 식 (8.18)에서의 편도함수 $\frac{\partial f}{\partial x}, \frac{\partial f}{\partial y}, \frac{\partial f}{\partial z}$는 각각

x, y, z 방향으로 스칼라함수 $f(x, y, z)$의 변화율을 나타내고 있다. 스칼라함수 $f(x, y, z)$가 특정한 방향으로 얼마만큼 변화하는지를 나타내는 비율을 **방향도함수**[directional derivative]라고 한다.

■ 방향도함수

그러므로 3차원 공간의 점 A에서 스칼라함수 $f(x, y, z)$의 $\vec{m}$ 방향으로의 방향도함수는 다음과 같이 정의할 수 있다.

■ 방향도함수의 정의식

$$D_{\vec{m}}f = \frac{df}{dl} = \lim_{l \to 0} \frac{f(A) - f(B)}{l} \qquad (8.20)$$

여기서 $\vec{m}$의 방향은 점 A에서 점 B로 진행하는 방향이다. 또한 l은 점 A에서 점 B까지의 거리를 나타낸다. [그림 8-2]는 방향도함수를 설명한 것이다.

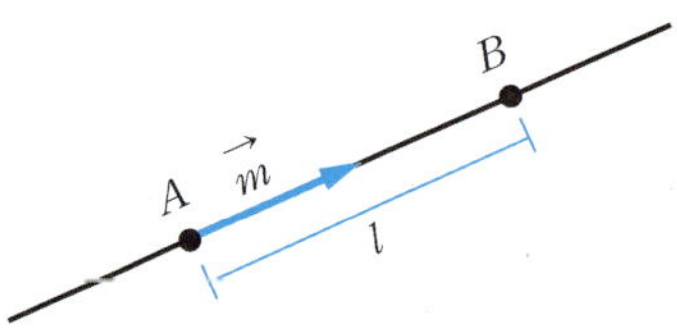

[그림 8-2]

$\vec{m}$을 단위벡터라고 가정하면, 방향도함수는 다음과 같이 나타낼 수 있다.

■ 방향도함수의 식

$$D_{\vec{m}}f = \frac{df}{dl} = \vec{m} \cdot \nabla f \qquad (8.21)$$

또 단위벡터가 아니고 임의의 길이를 가지는 $\vec{a}$ 방향으로 진행되는 경우의 방향도함수는 다음 식과 같이 나타낼 수 있다.

■ $\vec{a}$의 방향으로 진행되는 방향도함수

$$D_{\vec{a}}f = \frac{df}{dl} = \frac{\vec{a}}{|\vec{a}|} \cdot \nabla f \qquad (8.22)$$

예제 8-10

key point

$$D_{\vec{a}}f = \frac{df}{dl} = \frac{\vec{a}}{|\vec{a}|} \cdot \nabla f$$

점 $A(2, 1, 3)$에서 $\vec{a} = [1, 0, 2]$ 방향으로 함수 $f(x, y, z) = 2x^2 + 3y^2 + z^2$의 방향도함수를 구하라.

풀이

그래디언트를 구하면

$$\nabla f = \left[\frac{\partial}{\partial x}(2x^2+3y^2+z^2),\ \frac{\partial}{\partial y}(2x^2+3y^2+z^2),\ \frac{\partial}{\partial z}(2x^2+3y^2+z^2) \right]$$
$$= [4x,\ 6y,\ 2z]$$

이므로, 점 $A(2,\ 1,\ 3)$에서는 $\nabla f(A) = [4 \cdot 2,\ 6 \cdot 1,\ 2 \cdot 3] = [8,\ 6,\ 6]$이 된다.

$|\vec{a}| = \sqrt{1^2+0^2+2^2} = \sqrt{5}$ 이므로, 방향도함수를 구하는 식 (8.22)를 이용하면

$$D_{\vec{a}} f = \frac{\vec{a}}{|\vec{a}|} \cdot \nabla f = \frac{[1,\ 0,\ 2]}{\sqrt{5}} \cdot [8,\ 6,\ 6]$$
$$= \frac{1}{\sqrt{5}}(8+0+12) = 4\sqrt{5}$$

8.4 벡터장의 발산과 회전

벡터의 미분법이 전기전자 공학에서 중요한 위치를 차지하는 이유는 벡터장의 발산과 회전이 굉장히 중요한 개념이기 때문이다. 스칼라함수(스칼라장)의 그래디언트(미분)가 벡터함수(벡터장)를 나타내는 것처럼, 벡터의 발산을 적용하면 벡터함수에서 스칼라함수(벡터장에서 스칼라장)를 구할 수도 있다. 또한 벡터함수를 회전시키면 새로운 벡터함수가 얻어지기도 한다.

이와 같이 벡터의 미분법인 벡터함수의 발산과 회전의 이론은 전기전자 공학 분야에서 중요한 부분을 차지하고 있으므로 잘 익혀둘 필요가 있다.

8.4.1 벡터장의 발산

벡터함수 $\overrightarrow{v(x,\ y,\ z)}$의 성분이 각각 $v_1,\ v_2,\ v_3$라고 할 때, 벡터함수 $\overrightarrow{v(x,\ y,\ z)}$에 의해 정의되는 벡터장의 **발산**divergence은 다음과 같이 정의된다.

$$\operatorname{div} \vec{v} = \nabla \cdot \vec{v} = \frac{\partial v_1}{\partial x} + \frac{\partial v_2}{\partial y} + \frac{\partial v_3}{\partial z} \qquad (8.23)$$

■ 벡터장의 발산 식

증명

벡터함수 $\overrightarrow{v(x,\ y,\ z)}$의 성분 $v_1,\ v_2,\ v_3$에 따라

$$\overrightarrow{v(x,\ y,\ z)}=[v_1,\ v_2,\ v_3]=v_1\vec{i}+v_2\vec{j}+v_3\vec{k}$$

와 같이 나타낼 수 있다. 따라서 벡터장의 발산은

$$\begin{aligned}\nabla\cdot\vec{v}&=\left(\frac{\partial}{\partial x}\vec{i}+\frac{\partial}{\partial y}\vec{j}+\frac{\partial}{\partial z}\vec{k}\right)\cdot\left(v_1\vec{i}+v_2\vec{j}+v_3\vec{k}\right)\\&=\frac{\partial}{\partial x}v_1+\frac{\partial}{\partial y}v_2+\frac{\partial}{\partial z}v_3=\frac{\partial v_1}{\partial x}+\frac{\partial v_2}{\partial y}+\frac{\partial v_3}{\partial z}\end{aligned}$$

와 같이 계산되므로, 식 (8.23)이 성립함을 알 수 있다. ■

그래디언트의 발산은

■ 그래디언트의 발산

$$\mathrm{div}\ (\nabla f)=\nabla^2 f \tag{8.24}$$

와 같이 정의할 수 있다. 이때 다음과 같은 ∇^2을 **라플라스 연산자**Laplace operator라고 한다.

■ 라플라스 연산자

$$\nabla^2=\frac{\partial^2}{\partial x^2}\vec{i}+\frac{\partial^2}{\partial y^2}\vec{j}+\frac{\partial^2}{\partial z^2}\vec{k} \tag{8.25}$$

증명

스칼라함수 $f(x,\ y,\ z)$가 존재할 때, 그래디언트는

$$\nabla f=\left[\frac{\partial f}{\partial x},\ \frac{\partial f}{\partial y},\ \frac{\partial f}{\partial z}\right]=\frac{\partial f}{\partial x}\vec{i}+\frac{\partial f}{\partial y}\vec{j}+\frac{\partial f}{\partial z}\vec{k}$$

이다. 따라서 그래디언트의 발산은

$$\begin{aligned}\mathrm{div}(\nabla f)&=\nabla\cdot(\nabla f)\\&=\left(\frac{\partial}{\partial x}\vec{i}+\frac{\partial}{\partial y}\vec{j}+\frac{\partial}{\partial z}\vec{k}\right)\cdot\left(\frac{\partial f}{\partial x}\vec{i}+\frac{\partial f}{\partial y}\vec{j}+\frac{\partial f}{\partial z}\vec{k}\right)\\&=\frac{\partial^2 f}{\partial x^2}+\frac{\partial^2 f}{\partial y^2}+\frac{\partial^2 f}{\partial z^2}\\&=\nabla^2 f\end{aligned}$$

와 같이 구할 수 있으므로 식 (8.24)가 성립함을 알 수 있다. ■

발산의 값이 양(+)이면 유입량이 유출량보다 많다는 의미이고, 음(−)이면 그 반대의 의미이다. 따라서 발산의 값이 0이면 유입량과 유출량이 같다는 의미가 된다.

예제 8-11

벡터함수 $\overrightarrow{v(x, y, z)}=[xy, yz, zx]$에 대하여 다음 물음에 답하라.

(a) $\overrightarrow{v(x, y, z)}$의 발산을 구하라.

(b) 점 $(1, -1, 0)$에서의 발산을 구하라.

key point

$$\text{div}\,\vec{v}=\nabla\cdot\vec{v}=\frac{\partial v_1}{\partial x}+\frac{\partial v_2}{\partial y}+\frac{\partial v_3}{\partial z}$$

풀이

(a) $\text{div}\,\vec{v}=\nabla\cdot\vec{v}=\frac{\partial(xy)}{\partial x}+\frac{\partial(yz)}{\partial y}+\frac{\partial(zx)}{\partial z}$

$=y+z+x$

(b) $\text{div}\,\vec{v}=x+y+z$ 이므로, 점 $(1, -1, 0)$에서의 발산은

$\text{div}\,\vec{v}=1+(-1)+0=0$ 이다.

8.4.2 벡터장의 회전

벡터함수 $\overrightarrow{v(x, y, z)}=[v_1, v_2, v_3]=v_1\vec{i}+v_2\vec{j}+v_3\vec{k}$에 의해 정의되는 벡터장의 **회전**curl은 다음과 같이 정의한다.

$$\text{curl}\,\vec{v}=\nabla\times\vec{v}=\begin{vmatrix}\vec{i} & \vec{j} & \vec{k}\\ \dfrac{\partial}{\partial x} & \dfrac{\partial}{\partial y} & \dfrac{\partial}{\partial z}\\ v_1 & v_2 & v_3\end{vmatrix} \quad (8.26)$$

■ 벡터장의 회전 식

식 (8.26)의 행렬식을 풀어서 다음과 같이 나타낼 수도 있다.

$$\text{curl}\,\vec{v}=\nabla\times\vec{v}=\vec{i}\left(\frac{\partial v_3}{\partial y}-\frac{\partial v_2}{\partial z}\right)-\vec{j}\left(\frac{\partial v_3}{\partial x}-\frac{\partial v_1}{\partial z}\right)+\vec{k}\left(\frac{\partial v_2}{\partial x}-\frac{\partial v_1}{\partial y}\right) \quad (8.27)$$

그래디언트의 회전은

$$\text{curl}(\text{grad}\,f)=\nabla\times(\nabla f)=0 \quad (8.28)$$

■ 그래디언트의 회전

과 같이 된다. 결과적으로 스칼라함수의 그래디언트는 벡터함수가 되지만, 그 벡터함수의 회전은 0이 된다는 사실을 알 수 있다.

증명

그래디언트 $\nabla f = \frac{\partial f}{\partial x}\vec{i} + \frac{\partial f}{\partial y}\vec{j} + \frac{\partial f}{\partial z}\vec{k}$ 를 식 (8.26)에 대입하면,

$$\begin{aligned}
\mathrm{curl}(\mathrm{grad} f) &= \nabla \times (\nabla f) \\
&= \begin{vmatrix} \vec{i} & \vec{j} & \vec{k} \\ \frac{\partial}{\partial x} & \frac{\partial}{\partial y} & \frac{\partial}{\partial z} \\ \frac{\partial f}{\partial x} & \frac{\partial f}{\partial y} & \frac{\partial f}{\partial z} \end{vmatrix} \\
&= \vec{i}\left(\frac{\partial^2 f}{\partial y \partial z} - \frac{\partial^2 f}{\partial z \partial y}\right) - \vec{j}\left(\frac{\partial^2 f}{\partial x \partial z} - \frac{\partial^2 f}{\partial z \partial x}\right) + \vec{k}\left(\frac{\partial^2 f}{\partial x \partial y} - \frac{\partial^2 f}{\partial y \partial x}\right) \\
&= 0
\end{aligned}$$

과 같이 구할 수 있으므로, 식 (8.28)이 성립함을 알 수 있다. ■

회전의 발산은

■ 회전의 발산

$$\mathrm{div}\,(\mathrm{curl}\,\vec{v}\,) = \nabla \cdot (\nabla \times \vec{v}) = 0 \tag{8.29}$$

과 같은 결과를 낳게 된다. 즉 벡터함수의 회전으로는 유입량과 유출량의 차이를 의미하는 발산은 생기지 않는다는 결론을 얻을 수 있다.

증명

$$\begin{aligned}
\mathrm{curl}\,\vec{v} &= \vec{i}\left(\frac{\partial v_3}{\partial y} - \frac{\partial v_2}{\partial z}\right) - \vec{j}\left(\frac{\partial v_3}{\partial x} - \frac{\partial v_1}{\partial z}\right) + \vec{k}\left(\frac{\partial v_2}{\partial x} - \frac{\partial v_1}{\partial y}\right) \\
&= \left[\frac{\partial v_3}{\partial y} - \frac{\partial v_2}{\partial z},\ \frac{\partial v_1}{\partial z} - \frac{\partial v_3}{\partial x},\ \frac{\partial v_2}{\partial x} - \frac{\partial v_1}{\partial y}\right]
\end{aligned}$$

이므로, 이 식을 식 (8.29)에 대입하면

$$\begin{aligned}
\mathrm{div}(\mathrm{curl}\,\vec{v}) &= \nabla \cdot (\nabla \times \vec{v}) \\
&= \nabla \cdot \left[\frac{\partial v_3}{\partial y} - \frac{\partial v_2}{\partial z},\ \frac{\partial v_1}{\partial z} - \frac{\partial v_3}{\partial x},\ \frac{\partial v_2}{\partial x} - \frac{\partial v_1}{\partial y}\right] \\
&= \frac{\partial^2 v_3}{\partial x \partial y} - \frac{\partial^2 v_2}{\partial x \partial z} + \frac{\partial^2 v_1}{\partial y \partial z} - \frac{\partial^2 v_3}{\partial y \partial x} + \frac{\partial^2 v_2}{\partial z \partial x} - \frac{\partial^2 v_1}{\partial z \partial y} \\
&= 0
\end{aligned}$$

이다. ■

정리 8-5 벡터장과 스칼라장의 발산과 회전에 대한 법칙

벡터장 $\vec{u}$, $\vec{v}$와 스칼라장 f, g의 발산과 회전에 대한 공식을 정리하면 다음과 같다.

(1) $\nabla(f+g)=\nabla f+\nabla g$

(2) $\nabla(fg)=(\nabla f)g+f(\nabla g)$

(3) $\nabla\cdot(\vec{u}+\vec{v})=\nabla\cdot\vec{u}+\nabla\cdot\vec{v}$

(4) $\nabla\times(\vec{u}+\vec{v})=\nabla\times\vec{u}+\nabla\times\vec{v}$

(5) $\nabla\cdot(f\vec{u})=\nabla f\cdot\vec{u}+f\nabla\cdot\vec{u}$

(6) $\nabla\times(f\vec{u})=\nabla f\times\vec{u}+f(\nabla\times\vec{u})$

(7) $\nabla\times(\vec{u}\times\vec{v})=(\vec{v}\cdot\nabla)\vec{u}-(\vec{u}\cdot\nabla)\vec{v}+(\nabla\cdot\vec{v})\vec{u}-(\nabla\cdot\vec{u})\vec{v}$

(8) $\nabla\times(\nabla\times\vec{u})=\nabla(\nabla\cdot\vec{u})-\nabla^2\vec{u}$

예제 8-12

다음 벡터함수의 회전을 구하라.

(a) $\overrightarrow{v(x,\ y,\ z)}=[xy,\ yz,\ zx]$

(b) $\overrightarrow{v(x,\ y,\ z)}=[x^2yz,\ y,\ z^2x]$

key point

$$\nabla\times\vec{v}=\vec{i}\left(\frac{\partial v_3}{\partial y}-\frac{\partial v_2}{\partial z}\right)-\vec{j}\left(\frac{\partial v_3}{\partial x}-\frac{\partial v_1}{\partial z}\right)+\vec{k}\left(\frac{\partial v_2}{\partial x}-\frac{\partial v_1}{\partial y}\right)$$

풀이

(a) 벡터함수의 성분은 각각 $v_1=xy$, $v_2=yz$, $v_3=zx$이므로, 식 (8.27)을 이용하면

$$\begin{aligned}\nabla\times\vec{v}&=\vec{i}\left(\frac{\partial(zx)}{\partial y}-\frac{\partial(yz)}{\partial z}\right)-\vec{j}\left(\frac{\partial(zx)}{\partial x}-\frac{\partial(xy)}{\partial z}\right)+\vec{k}\left(\frac{\partial(yz)}{\partial x}-\frac{\partial(xy)}{\partial y}\right)\\&=\vec{i}(0-y)-\vec{j}(z-0)+\vec{k}(0-x)\\&=-y\vec{i}-z\vec{j}-x\vec{k}=[-y,\ -z,\ -x]\end{aligned}$$

이다.

(b) 벡터함수의 성분은 각각 $v_1=x^2yz$, $v_2=y$, $v_3=z^2x$이므로, 식 (8.27)을 이용하면

$$\begin{aligned}\nabla\times\vec{v} &= \vec{i}\left(\frac{\partial(z^2x)}{\partial y}-\frac{\partial(y)}{\partial z}\right)-\vec{j}\left(\frac{\partial(z^2x)}{\partial x}-\frac{\partial(x^2yz)}{\partial z}\right)+\vec{k}\left(\frac{\partial(y)}{\partial x}-\frac{\partial(x^2yz)}{\partial y}\right)\\ &= \vec{i}(0-0)-\vec{j}(z^2-x^2y)+\vec{k}(0-x^2z)\\ &= (x^2y-z^2)\vec{j}-x^2z\vec{k}=[0,\ x^2y-z^2,\ -x^2z]\end{aligned}$$

이다.

■ 체적전하밀도와 전속밀도

전자기학

전기장의 세기는 $\vec{E}=[2xy,\ 3yz,\ 5zx]$이다.

(a) 이 전계의 전속밀도를 구하라.

(b) 점 $(1,\ -1,\ 3)$에서의 체적전하밀도를 구하라.

문제 접근

일반적으로는 전기적인 힘이나 전기장을 구하는 이론은 매우 작은 공간을 점유하는 점전하에 대해서부터 전개한다. 하지만 전하는 점뿐만 아니라 선, 표면, 체적 내에 분포해 있을 수도 있다. 이런 경우 각각의 전하밀도를 선전하밀도(line charge density), 면전하밀도(surface charge density), 체적전하밀도(volume charge density)라고 한다. 또 전계의 상태를 나타내는 선의 흐름을 전속(electric flux)이라고 하고, 단위면적을 통과하는 전속의 수를 전속밀도(electric flux density)라고 한다.

전속밀도는 다음과 같은 식으로 정의한다.

$$\vec{D}=\epsilon_0\vec{E}$$

여기서 $\vec{E}$는 전기장의 세기이고, ϵ_0는 자유공간의 유전율로 $\epsilon_0=8.854\times10^{-12}\cong\frac{10^{-9}}{36\pi}$ [F/m]와 같은 상수이다. 전속밀도를 이용하면 다음과 같이 체적전하밀도 ρ_v를 구할 수 있다.

$$\rho_v=\nabla\cdot\vec{D}$$

문제 해결

(a) 전속밀도는 $\vec{D}=\epsilon_0\vec{E}$에 의해 $\vec{D}\cong\frac{10^{-9}}{36\pi}[2xy,\ 3yz,\ 5zx]$이다.

(b) 체적전하밀도는 $\rho_v=\nabla\cdot\vec{D}=\frac{\partial D_1}{\partial x}+\frac{\partial D_2}{\partial y}+\frac{\partial D_3}{\partial z}\cong\frac{10^{-9}}{36\pi}(2y+3z+5x)$이다.

따라서 점 $(1,\ -1,\ 3)$에서의 체적전하밀도는 다음과 같다.

$$\rho_v=\frac{10^{-9}}{36\pi}(2\cdot1+3\cdot(-1)+5\cdot3)=\frac{7\times10^{-9}}{18\pi}\ [\mathrm{C/m^3}]$$

유제 01 전기장의 세기가 $\vec{E}=[x^2y,\ y^2z,\ z^2x]$일 때, 전계의 전속밀도 $\vec{D}$를 구하라.

유제 02 유제 01과 같은 상황에서 점 $(2,\ 3,\ -1)$에서의 체적전하밀도 ρ_v를 구하라.

전계와 전위차

전자기학

전위차가 $V=x\cos y\sin z$ 이다.

(a) 전계 $\vec{E}$를 구하라.

(b) 점 $(2,\ \pi,\ 2\pi)$에서의 전속밀도 $\vec{D}$를 구하라.

문제 접근

전계, 즉 전기장의 세기 $\vec{E}$는 전위의 음(−)의 기울기를 계산함으로써 수치적으로 구할 수 있다. 즉 다음과 같은 식으로 표현할 수 있다.

$$\vec{E}=-\nabla V$$

이러한 전계와 전위차의 관계를 이용하면 공간에서 전위차를 쉽게 구할 수 있기 때문에 이 식은 매우 중요하게 활용된다. 위 식에서 음의 부호를 붙이는 것은 벡터의 방향은 낮은 곳에서 높은 곳을 향하지만, 전계는 높은 곳에서 낮은 곳을 향하기 때문에 서로 반대 방향임을 나타내기 위함이다.

문제 해결

(a) $\vec{E}=-\nabla V=-\left(\frac{\partial V}{\partial x}\vec{i}+\frac{\partial V}{\partial y}\vec{j}+\frac{\partial V}{\partial z}\vec{k}\right)=-\cos y\sin z\vec{i}+x\sin y\sin z\vec{j}-x\cos y\cos z\vec{k}$

$=[-\cos y\sin z,\ x\sin y\sin z,\ -x\cos y\cos z]$

(b) 전속밀도 $\vec{D}=\epsilon_0\vec{E}\cong\frac{10^{-9}}{36\pi}[-\cos y\sin z,\ x\sin y\sin z,\ -x\cos y\cos z]$이므로, 점 $(2,\ \pi,\ 2\pi)$에서의 전속밀도는 다음과 같다.

$$\vec{D}\cong\frac{10^{-9}}{36\pi}[-\cos\pi\sin2\pi,\ 2\sin\pi\sin2\pi,\ -2\cos\pi\cos2\pi]$$

$$=\frac{10^{-9}}{36\pi}[0,\ 0,\ 2]=\frac{10^{-9}}{18\pi}\vec{k}$$

유제 01 전위차가 $V=xyz$일 때, 전계 $\vec{E}$를 구하라.

유제 02 유제 01과 같은 상황에서 점 $(-1,\ 0,\ 2)$에서의 전속밀도 $\vec{D}$를 구하라.

■ 체적전류밀도와 자기장의 세기

전자기학

자기장의 세기가 $\vec{H}=xyz\vec{k}$일 때, 체적전류밀도를 구하라.

문제 접근

전하의 분포가 선, 표면, 체적 내에 있을 수 있듯이 전류 역시 여러 형태의 전류분포가 존재한다. 그런 점을 감안하여 각각의 전류밀도를 생각할 수 있는데, 체적전류밀도 $\vec{J}$와 자기장의 세기 $\vec{H}$ 간에는

$$\nabla\times\vec{H}=\vec{J}$$

와 같은 관계가 있다. 이 식을 이용하면 자기장의 세기를 알 때, 체적전류밀도를 구할 수 있다.

문제 해결

체적전류밀도는 식 $\nabla\times\vec{H}=\vec{J}$를 이용하여 구한다.

$$\begin{aligned}\vec{J}&=\vec{i}\left(\frac{\partial(xyz)}{\partial y}-\frac{\partial(0)}{\partial z}\right)-\vec{j}\left(\frac{\partial(xyz)}{\partial x}-\frac{\partial(0)}{\partial z}\right)+\vec{k}\left(\frac{\partial(0)}{\partial x}-\frac{\partial(0)}{\partial y}\right)\\&=\vec{i}(xz-0)-\vec{j}(yz-0)+\vec{k}(0-0)\\&=xz\vec{i}-yz\vec{j}=[xz,\ -yz,\ 0]\end{aligned}$$

유제 01 자기장의 세기가 $\vec{H}=[xyz,\ 0,\ 0]$일 때, 체적전류밀도를 구하라.

유제 02 자기장의 세기가 $\vec{H}=x\vec{i}+y\vec{j}+z\vec{k}$ 일 때, 체적전류밀도를 구하라.

Chapter 08 연습문제

※ 다음 벡터함수의 도함수를 구하라.

8.1 $\overrightarrow{r(t)} = [5,\ 2t,\ 3t^2]$

8.2 $\overrightarrow{r(t)} = [2^t,\ e^{3t},\ 4\cos t]$

8.3 $\overrightarrow{r(t)} = [\tan t,\ \sec t,\ t^2]$

8.4 $\overrightarrow{r(t)} = [1+t^3,\ te^{-t},\ \sin 2t]$

8.5 $\overrightarrow{r(t)} = \vec{i} - \vec{j} + 3\vec{k}$

8.6 $\overrightarrow{r(t)} = e^{-2t}\vec{i} + \cos 2t\vec{j} + 3t\vec{k}$

8.7 $\overrightarrow{r(t)} = t^3\vec{i} - t^2\vec{j} + 3t\vec{k}$

8.8 $\overrightarrow{r(t)} = at\vec{i} - b\cos bt\vec{j} + c\sin ct\vec{k}$ (a, b, c는 상수)

※ $\overrightarrow{u(t)} = [1,\ t,\ t^2]$, $\overrightarrow{v(t)} = [t,\ \sin t,\ \cos t]$, $f(t) = 2 + t$일 때, 다음을 구하라.

8.9 $\dfrac{d}{dt}\{\overrightarrow{u(t)}\}$

8.10 $\dfrac{d}{dt}\{\overrightarrow{v(t)}\}$

8.11 $\dfrac{d}{dt}\{\overrightarrow{v(t)} + \overrightarrow{u(t)}\}$

8.12 $\dfrac{d}{dt}\{f(t)\overrightarrow{u(t)}\}$

8.13 $\dfrac{d}{dt}\{\overrightarrow{u(t)} \cdot \overrightarrow{v(t)}\}$

8.14 $\dfrac{d}{dt}\{\overrightarrow{v(t)} \times \overrightarrow{u(t)}\}$

8.15 $\dfrac{d}{dt}\{f(t)\overrightarrow{v(t)}\}$

8.16 $\dfrac{d}{dt}\{\overrightarrow{u(t)} \times \overrightarrow{v(t)}\}$

※ $\overrightarrow{u(t)}=[e^{2t},\ \sin 2t,\ \cos 2t]$, $\overrightarrow{v(t)}=\left[t^2,\ 2t,\ \frac{1}{t}\right]$, $\vec{a}=[3,\ 2,\ -1]$인 경우, 다음을 구하라. 단, 적분상수벡터 $\vec{c}=0$이다.

8.17 $\int \overrightarrow{u(t)}\,dt$

8.18 $\int \overrightarrow{v(t)}\,dt$

8.19 $\int \vec{a}\cdot\overrightarrow{u(t)}\,dt$

8.20 $\int \vec{a}\cdot\overrightarrow{v(t)}\,dt$

8.21 $\int \vec{a}\times\overrightarrow{u(t)}\,dt$

8.22 $\int \vec{a}\times\overrightarrow{v(t)}\,dt$

※ $\overrightarrow{u(t)}=[1,\ t,\ t^2]$, $\overrightarrow{v(t)}=[\cos t,\ \sin t,\ 1]$, $\vec{a}=[2,\ -3,\ 2]$, $\vec{b}=[5,\ 1,\ -2]$일 때, 다음을 구하라.

8.23 $\int_1^3 \overrightarrow{u(t)}\,dt$

8.24 $\int_0^\pi \overrightarrow{v(t)}\,dt$

8.25 $\int_0^3 \vec{a}\cdot\vec{b}\,dt$

8.26 $\int_0^2 \vec{a}\cdot\overrightarrow{u(t)}\,dt$

8.27 $\int_0^\pi \vec{b}\cdot\overrightarrow{v(t)}\,dt$

8.28 $\int_0^{2\pi} \overrightarrow{u(t)}\cdot\overrightarrow{v(t)}\,dt$

8.29 $\int_0^1 \vec{a}\times\overrightarrow{u(t)}\,dt$

8.30 $\int_\pi^{2\pi} \vec{b}\times\overrightarrow{v(t)}\,dt$

※ 다음 스칼라함수의 그래디언트를 구하라.

8.31 $f(x, y, z) = yz$

8.32 $f(x, y, z) = x^2y^2z^2$

8.33 $f(x, y, z) = e^x \sin y$

8.34 $f(x, y, z) = \sqrt{x^2 + y^2}$

8.35 $f(x, y, z) = xy\sin z$

8.36 $f(x, y, z) = (x + y + z)^2$

※ 다음에 나타낸 점 A에서 벡터 $\vec{a}$의 방향으로 스칼라함수 f의 방향도함수를 구하라.

8.37 $A(1, 1, 1)$, $\vec{a} = [1, 1, 1]$, $f = yz$

8.38 $A(1, 0, -1)$, $\vec{a} = [1, 3, -1]$, $f = x^2y^2z^2$

8.39 $A(1, 0, 2)$, $\vec{a} = [1, -1, 2]$, $f = e^x \sin y$

8.40 $A(1, 2, -1)$, $\vec{a} = [2, 3, 1]$, $f = \sqrt{x^2 + y^2}$

8.41 $A(1, 2, \frac{\pi}{2})$, $\vec{a} = [1, 2, 2]$, $f = xy\sin z$

8.42 $A(1, 1, -1)$, $\vec{a} = [2, 2, -2]$, $f = (x + y + z)^2$

※ 다음 벡터함수 $\vec{f}$의 점 P에서의 발산을 구하라.

8.43 $\vec{f} = [xz, xyz, -y^2]$, $P(1, 1, 1)$

8.44 $\vec{f} = [2x^2, -y^2, 4z^2]$, $P(3, 1, 0)$

8.45 $\vec{f} = [x^2yz, xy^2z, xyz^2]$, $P(-1, 1, 2)$

8.46 $\vec{f} = (x^2 + y^2 + z^2)[1, 1, 1]$, $P(1, 1, 1)$

8.47 $\vec{f}=[0,\ \sin x^2yz,\ \cos xy^2z]$, $P(1,\ 1,\ \pi)$

8.48 $\vec{f}=[f_1(y,\ z),\ f_2(z,\ x),\ f_1(x,\ y)]$, $P(3,\ 1,\ -1)$

※ 다음 벡터함수 $\vec{f}$의 회전을 구하라.

8.49 $\vec{f}=[xz,\ xyz,\ -y^2]$

8.50 $\vec{f}=[y,\ -x,\ 0]$

8.51 $\vec{f}=[xy,\ x^2-y^2,\ 0]$

8.52 $\vec{f}=[y^2z^3,\ 2xyz^3,\ 3xy^2z^2]$

8.53 $\vec{f}=[x^3yz,\ xy^3z,\ xyz^3]$

8.54 $\vec{f}=[0,\ 0,\ e^{-x}\sin y]$

※ **전자기학** 다음 물음에 답하라.

8.55 전기장의 세기는 $\vec{E}=36\pi\times10^9[\sin x,\ \cos y,\ e^z]$일 때, 전속밀도와 점 $(-\pi,\ \pi,\ 0)$에서의 체적전하밀도를 구하라.

8.56 전속밀도가 $\vec{D}=[e^x\cos y,\ e^y\sin x,\ e^z]$일 때, 점 $(0,\ 0,\ 0)$에서의 체적전하밀도를 구하라.

8.57 전위차가 $V=\sin xyz$일 때, 전계 $\vec{E}$를 구하라.

8.58 전위차가 $V=z\sin x+z\cos y$일 때, 점 $\left(\pi,\ \frac{\pi}{2},\ 36\pi\times10^{-9}\right)$에서의 전속밀도 $\vec{D}$를 구하라.

8.59 자기장의 세기가 $\vec{H}=4y^2\vec{i}+3x^2\vec{j}$ 일 때, 체적전류밀도를 구하라.

8.60 자기장의 세기가 $\vec{H}=\dfrac{1}{(x^2+y^2+z^2)^{\frac{2}{3}}}[x,\ y,\ z]$일 때, 체적전류밀도를 구하라.

m.e.m.o

Chapter

09

선적분과 다중적분

Line Integral and Multiple Integral

선적분이란 정적분을 임의의 곡선에 대하여 일반화시킨 개념이고, 중적분은 정적분을 다변수함수에 대하여 일반화시킨 개념이다. 이 장에서는 이와 같은 적분법이 사용되는 발산정리, 스톡스의 정리 등에 대해서 학습하고, 최종적으로는 맥스웰 방정식에서 사용되고 있는 적분법에 대하여 학습해보기로 한다. 이들 정리 및 방정식은 전기전자 공학의 토대인 전자기학의 기본 틀을 이루고 있는 이론이다.

9.1 선적분

9.1.1 선적분의 개념

선적분line integral은 일반적으로 알려져 있는 정적분의 개념에서 비롯되었다. 즉

■ 선적분의 개념식

$$\int_a^b f(x)dx \tag{9.1}$$

와 같은 정적분을 선적분의 개념으로 보면, x축 위의 시점 a에서 종점 b까지를 x축이라는 선을 따라가면서 적분한 값이라고 할 수 있다. 또한

$$\int_a^b f(x)dx = -\int_b^a f(x)dx \tag{9.2}$$

와 같은 식을, 선을 따라 적분하는 시점과 종점이 바뀌면 적분한 결과의 부호가 바뀌는 것으로 해석할 수 있다.

이러한 선적분의 개념을 벡터함수로 확장할 수 있다. 8장의 식 (8.1)로 나타낸 바와 같이, 구간이 정해진 곡선을 벡터함수로 나타내면

■ 곡선의 벡터함수 표현

$$\begin{aligned}\overrightarrow{r(t)} &= [r_1(t),\ r_2(t),\ r_3(t)] \\ &= r_1(t)\vec{i} + r_2(t)\vec{j} + r_3(t)\vec{k} \quad (a \le t \le b)\end{aligned} \tag{9.3}$$

와 같다. [그림 9-1]은 선적분을 하기 위한 곡선에서 적분의 시점 A와 종점 B, 그리고 선적분하는 방향을 나타낸 것이다.

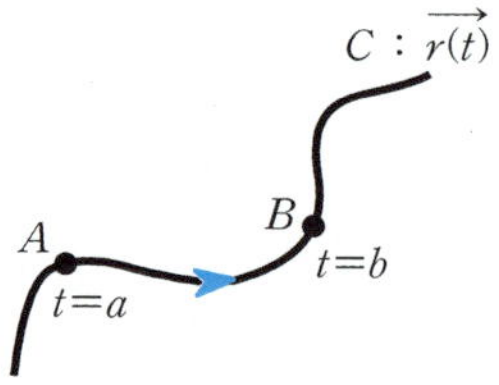

[그림 9-1]

■ 적분경로

식 (9.3)으로 나타낸 곡선을 C라고 표현할 때, 이 C를 **적분경로**path of integration라고 한다. 벡터함수로 나타내면 시점 $A(t=a)$인 점은 $\overrightarrow{r(a)}$, 종점 $B(t=b)$인 점은 $\overrightarrow{r(b)}$가 된다. 곡선 C는 벡터함수 $\overrightarrow{r(t)}$로 표현되고,

방향성을 가진다. 곡선 C는 t가 증가하는 방향인 A에서 B로의 방향이 양의 방향, 그 반대 방향이 음의 방향이 된다. 즉 선적분을 나타내는 기호 $\int_C$는 곡선 C를 따라서 적분한다는 의미이다.

9.1.2 선적분의 정의

곡선 C에서 벡터함수 $\overrightarrow{F(r)}$의 선적분은

$$\begin{aligned}\int_C \overrightarrow{F(r)} \cdot d\vec{r} &= \int_a^b \overrightarrow{F(r(t))} \cdot \frac{d\vec{r}}{dt} dt \\ &= \int_a^b \overrightarrow{F(r(t))} \cdot \overrightarrow{r'(t)} dt\end{aligned} \tag{9.4}$$

■ 벡터함수의 선적분 1

와 같이 정의한다. 식 (9.4)의 각 구성요소는

$$\overrightarrow{F(r(t))} = F_1(x, y, z)\vec{i} + F_2(x, y, z)\vec{j} + F_3(x, y, z)\vec{k} \tag{9.5}$$

$$\overrightarrow{dr(t)} = dx\vec{i} + dy\vec{j} + dz\vec{k} \tag{9.6}$$

$$\frac{d\vec{r}}{dt} = \overrightarrow{r'(t)} = \frac{dx}{dt}\vec{i} + \frac{dy}{dt}\vec{j} + \frac{dz}{dt}\vec{k} \tag{9.7}$$

와 같기 때문에, 식 (9.4)는 다음 식 (9.8)과 같이 나타낼 수 있다.

$$\begin{aligned}\int_C \overrightarrow{F(r)} \cdot d\vec{r} &= \int_C (F_1 dx + F_2 dy + F_3 dz) \\ &= \int_a^b \left(F_1 \frac{dx}{dt} + F_2 \frac{dy}{dt} + F_3 \frac{dz}{dt}\right) dt\end{aligned} \tag{9.8}$$

■ 벡터함수의 선적분 2

예제 9-1

구간이 $0 \le t \le 2$로 주어진 곡선 C가 벡터함수 $\overrightarrow{r(t)} = [1, t, 0]$과 같이 주어질 때, $\overrightarrow{F(r(t))} = [x, y, 0]$의 선적분 값을 구하라.

key point

$$\int_C \overrightarrow{F(r)} \cdot d\vec{r} = \int_a^b \overrightarrow{F(r(t))} \cdot \overrightarrow{r'(t)} dt$$

풀이

곡선을 나타내는 벡터함수의 식은

$$\overrightarrow{r(t)} = [x(t), y(t), z(t)] = [1, t, 0]$$

이므로, $x(t)=1$, $y(t)=t$, $z(t)=0$이다. 그러므로

$$\overrightarrow{F(r(t))}=[x,\ y,\ 0]=[1,\ t,\ 0]=\vec{i}+t\vec{j}$$

가 되고, $\overrightarrow{r(t)}$를 미분하면

$$\overrightarrow{r'(t)}=[0,\ 1,\ 0]=\vec{j}$$

이므로, 식 (9.4)를 이용하여 선적분을 구하면

$$\int_a^b \overrightarrow{F(r(t))}\cdot\overrightarrow{r'(t)}dt=\int_0^2(\vec{i}+t\vec{j})\cdot(\vec{j})dt=\int_0^2 t\,dt=\left[\frac{t^2}{2}\right]_0^2=2$$

이다.

key point

$$\int_C \overrightarrow{F(r)}\cdot\overrightarrow{dr}=\int_a^b \overrightarrow{F(r(t))}\cdot\overrightarrow{r'(t)}dt$$

예제 9-2

구간이 $0\le t\le\pi$로 주어진 곡선 C가 벡터함수 $\overrightarrow{r(t)}=[\sin t,\ \cos t,\ t]$와 같이 주어질 때, $\overrightarrow{F(r(t))}=[-y,\ x,\ z]$의 선적분 값을 구하라.

풀이

곡선을 나타내는 벡터함수의 식은

$$\overrightarrow{r(t)}=[x(t),\ y(t),\ z(t)]=[\sin t,\ \cos t,\ t]$$

이므로, $x(t)=\sin t$, $y(t)=\cos t$, $z(t)=t$이다. 그러므로

$$\overrightarrow{F(r(t))}=[-y,\ x,\ z]=[-\cos t,\ \sin t,\ t]=-\cos t\,\vec{i}+\sin t\,\vec{j}+t\,\vec{k}$$

이다.

또 $\overrightarrow{r(t)}$를 미분하면

$$\overrightarrow{r'(t)}=[\cos t,\ -\sin t,\ 1]=\cos t\vec{i}-\sin t\vec{j}+\vec{k}$$

이므로, 식 (9.4)를 이용하여 선적분을 구하면

$$\begin{aligned}\int_a^b \overrightarrow{F(r(t))}\cdot\overrightarrow{r'(t)}dt&=\int_0^\pi(-\cos t\vec{i}+\sin t\vec{j}+t\vec{k})\cdot(\cos t\vec{i}-\sin t\vec{j}+\vec{k})dt\\&=\int_0^\pi(-\cos^2 t-\sin^2 t+t)\,dt\end{aligned}$$

$$= \left[-t + \frac{t^2}{2} \right]_0^2 = -2 + 2 = 0$$

이다.

9.1.3 선적분의 성질

선적분의 성질은 정적분의 성질과 동일하다. 선적분의 성질을 정리하면 다음과 같다.

정리 9-1 선적분의 성질

(1) $\int_C k\vec{F} \cdot d\vec{r} = k\int_C \vec{F} \cdot d\vec{r}$

(2) $\int_C (\vec{F} + \vec{G}) \cdot d\vec{r} = \int_C \vec{F} \cdot d\vec{r} + \int_C \vec{G} \cdot d\vec{r}$

(3) $\int_C \vec{F} \cdot d\vec{r} = \int_{C_1} \vec{F} \cdot d\vec{r} + \int_{C_2} \vec{F} \cdot d\vec{r}$

[정리 9-1]에서 사용된 곡선의 적분경로 C는 모두 같은 방향이고, 식 (3)에서 C_1과 C_2는 적분경로 C를 두 개의 경로로 나눈 것이다.

9.2 다중적분

9.2.1 이중적분

적분은 여러 번 연속해서 수행하는 것이 가능하다. 여기서는 먼저 여러 번 적분하는 방법 중에서 적분하는 횟수가 가장 적은 **이중적분**double integral부터 살펴보기로 하자.

편미분이 한 가지 변수에 주목하여 미분을 하는 것처럼, 이중적분을 하는 경우에도 적분하려는 변수만 변수로, 나머지 변수는 상수로 취급하여 적분하는 방법을 사용한다. 피적분함수 $f(x, y)$를 이중적분한다는 것은, xy

평면에서 $f(x, y)$가 폐곡선을 이루는 영역에 대하여 적분한다는 의미이다. 적분 영역 R에서 함수 $f(x, y)$의 이중적분은

■ 이중적분의 개념

$$\iint_R f(x, y)dA = \iint_R f(x, y)dxdy \tag{9.9}$$

와 같이 나타낸다.

영역 R이 $a \le x \le b$, $c \le y \le d$의 범위로 주어지고 함수 $f(x, y)$가 연속이라면, 식 (9.9)의 이중적분은

■ 이중적분의 계산 1

$$\int_a^b \int_c^d f(x, y)dydx = \int_a^b \left\{ \int_c^d f(x, y)dy \right\} dx \tag{9.10}$$

와 같이, 혹은

■ 이중적분의 계산 2

$$\int_c^d \int_a^b f(x, y)dxdy = \int_c^d \left\{ \int_a^b f(x, y)dx \right\} dy \tag{9.11}$$

■ 반복적분

와 같이 나타낼 수 있다. 이와 같이 이중적분을 표현하는 것을 **반복적분** iterated integral이라고 한다.

반복적분을 나타내는 식 (9.10)과 (9.11)은 다음과 같이 확장해서 사용할 수 있다.

■ 반복적분의 계산

$$\int_a^b \int_{g(x)}^{h(x)} f(x, y)dydx = \int_a^b \left\{ \int_{g(x)}^{h(x)} f(x, y)dy \right\} dx \tag{9.12}$$

$$\int_c^d \int_{q(y)}^{p(y)} f(x, y)dxdy = \int_c^d \left\{ \int_{q(y)}^{p(y)} f(x, y)dx \right\} dy \tag{9.13}$$

[그림 9-2]는 식 (9.12)와 (9.13)과 같이 이중적분을 수행하는 방법을 나타낸 것이다.

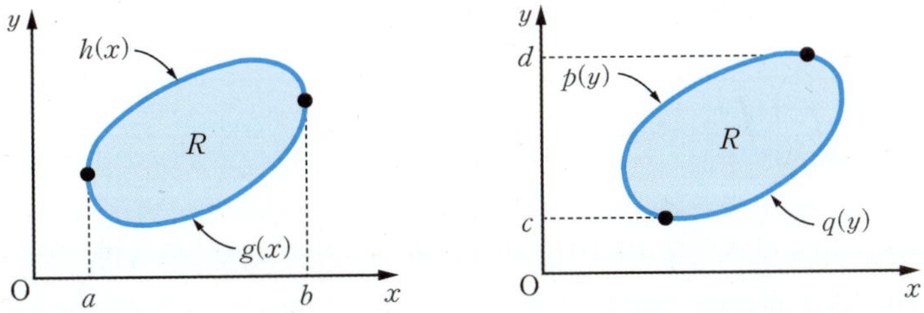

[그림 9-2]

■ 이중적분의 계산방법

이중적분을 반복적분으로 표현할 수 없는 경우도 있지만, 피적분함수 $f(x,\ y)$가 연속이라면 이중적분의 값을 반복적분으로 계산할 수 있고, 적분 순서를 바꾸어서 계산할 수 있다.

다음은 이중적분의 기본적인 성질을 나타낸 것이다.

정리 9-2 이중적분의 성질

(1) $\iint_R \{f(x,\ y) \pm g(x,\ y)\}dA = \iint_R f(x,\ y)dA \pm \iint_R g(x,\ y)dA$

(2) $\iint_R cf(x,\ y)dA = c\iint_R f(x,\ y)dA$

(3) 영역 R 내의 모든 점 $(x,\ y)$에 대해서 $f(x,\ y) \geq g(x,\ y)$라고 하면, $\iint_R f(x,\ y)dA \geq \iint_R g(x,\ y)dA$

예제 9-3

$f(x,\ y) = 2xy^2$일 때, $1 \leq x \leq 2,\ 0 \leq y \leq 2$의 범위에서

(a) 식 (9.10)과 같은 방법으로 이중적분의 값을 구하라.

(b) 식 (9.11)과 같은 방법으로 이중적분의 값을 구하라.

key point

이중적분의 계산 :

$\int_a^b \left\{\int_c^d f(x,\ y)dy\right\}dx,$

$\int_c^d \left\{\int_a^b f(x,\ y)dx\right\}dy$

풀이

주어진 이중적분은 $\iint_R f(x,\ y)dA = \iint_R 2xy^2dxdy$이므로

(a) 위의 식을 식 (9.10)을 이용하여 계산하면,

$$\iint_R 2xy^2dxdy = \int_1^2 \left[\int_0^2 2xy^2dy\right]dx = \int_1^2 \left[\frac{16}{3}x\right]dx = \left[\frac{8x^2}{3}\right]_1^2 = 8$$

(b) 식 (9.11)을 이용하여 계산하면,

$$\iint_R 2xy^2dxdy = \int_0^2\left[\int_1^2 2xy^2dx\right]dy = \int_0^2 [3y^2]\,dy = [y^3]_0^2 = 8$$

(a)와 (b)의 결과를 비교하면, 식 (9.10), (9.11)의 두 가지 방법 중 어떤 방법을 사용해도 이중적분의 값은 같다는 사실을 확인할 수 있다.

예제 9-4

key point

$$\int_a^b\left\{\int_c^d f(x,\ y)dy\right\}dx,$$

$$\int_c^d\left\{\int_a^b f(x,\ y)dx\right\}dy$$

다음 반복적분의 값을 구하라.

(a) $\int_0^1\int_0^2(3xy+1)dxdy$

(b) $\int_0^2\int_0^{2y}(x+2y+1)dxdy$

(c) $\int_1^2\int_x^{2x}(x+y)dydx$

풀이

(a) $$\int_0^1\int_0^2(3xy+1)dxdy = \int_0^1\left[\frac{3}{2}x^2y+x\right]_0^2 dy$$

$$= \int_0^1(6y+2)dy = [3y^2+2y]_0^1 = 5$$

(b) $$\int_0^2\int_0^{2y}(x+2y+1)dxdy = \int_0^2\left[\frac{x^2}{2}+2yx+x\right]_0^{2y} dy$$

$$= \int_0^2(2y^2+4y^2+2y)dy = [2y^3+y^2]_0^2 = 20$$

(c) $$\int_1^2\int_x^{2x}(x+y)dydx = \int_1^2\left[xy+\frac{y^2}{2}\right]_x^{2x} dx$$

$$= \int_1^2\left(\frac{5x^2}{2}\right)dy = \left[\frac{5x^3}{6}\right]_1^2 = \frac{35}{6}$$

9.2.2 면적분

■ 면적분의 정의

선적분은 곡선 C에서의 적분을 수행하는 것이다. 이러한 선적분에 비교하여 **면적분**surface integral은 곡선이 아닌 곡면에서 적분을 수행하는 것이다.

곡면에서의 적분인 면적분을 표현하기 위해서는 우선 곡면을 표현하는 법부터 알아보자. 곡면은 2차원이므로 두 개의 매개변수를 이용하면 다음과 같이 곡면의 벡터를 표현할 수 있다.

$$\begin{aligned}\vec{r}(u,\ v) &= [x(u,\ v),\ y(u,\ v),\ z(u,\ v)] \\ &= x(u,\ v)\vec{i} + y(u,\ v)\vec{j} + z(u,\ v)\vec{k}\end{aligned} \tag{9.14}$$

■ 곡면의 벡터함수 표현

임의의 곡면을 S라고 할 때, 곡면 S 위의 한 점을 P라고 하자. 이때 점 P를 지나는 곡면 S의 접선벡터들은 평면을 이루게 된다. 그렇게 구성된 평면을 점 P에서 곡면 S의 **접평면**tangent plane이라고 한다. 접평면에 수직인 벡터를 점 P에서 곡면 S의 **법선벡터**normal vector라고 하고, 크기가 1인 법선벡터를 **단위법선벡터**unit normal vector라고 한다. [그림 9-3]은 곡면에서의 접평면과 법선벡터를 나타낸 것으로, 여기서 $\vec{n}$은 단위법선벡터를 표시한 것이다.

■ 접평면

■ 법선벡터

■ 곡면에서의 접평면과 법선벡터

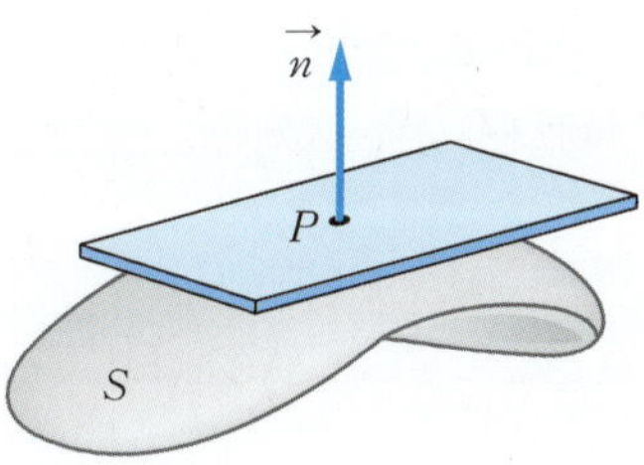

[그림 9-3]

[그림 9-3]과 같은 곡면 S에서의 면적분은

$$\iint_S \vec{F} \cdot dA = \iint_S \vec{F} \cdot \vec{n}\, dA \tag{9.15}$$

■ 면적분의 개념식

와 같이 나타낼 수 있다. 식 (9.15)는

$$\iint_S \vec{F} \cdot dA = \iint_S (F_1 dydz + F_2 dzdx + F_3 dxdy) \tag{9.16}$$

■ 면적분의 계산

와 같이 벡터함수 $\vec{F}$의 각 성분을 이중적분하는 형태로 표현할 수도 있다.

예제 9-5

> **key point**
> $$\iint_S \vec{F}\cdot d\vec{A} = \iint_S (F_1 dydz + F_2 dzdx + F_3 dxdy)$$

$1 \le x \le 3$, $0 \le y \le 2$, $z = 0$로 정의되는 면 A에서 벡터함수 $\vec{F} = (x+y)\vec{k}$의 면적분을 구하라.

풀이

벡터함수 $\vec{F} = (x+y)\vec{k}$는 [그림 9-4]와 같이 나타낼 수 있다. 그림에서 보듯이 주어진 면은 xy 평면이고, 그 면에 대한 법선은 z 방향이다.

따라서 $d\vec{A} = dxdy\vec{k}$이기 때문에

$$\vec{F}\cdot d\vec{A} = (x+y)\vec{k}\cdot dxdy\vec{k} = (x+y)dxdy$$

와 같이 된다. 이 식을 식 (9.16)에 대입하면,

$$\iint_S \vec{F}\cdot d\vec{A} = \iint_S (x+y)dxdy = \int_0^2 \int_1^3 (x+y)dxdy$$
$$= \int_0^2 (2y+4)dy = \left[4y + y^2\right]_0^2 = 12$$

가 된다.

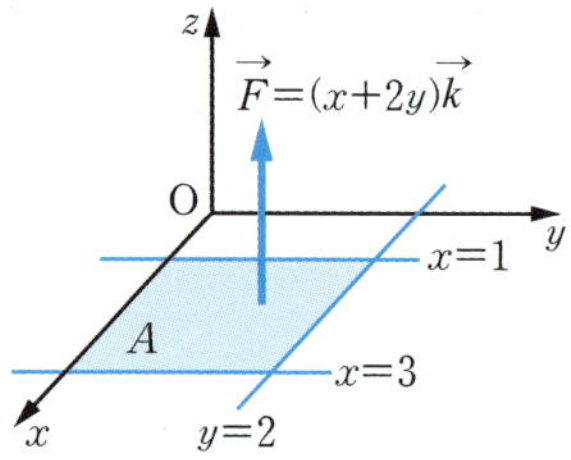

[그림 9-4]

9.2.3 삼중적분

삼중적분surface integral은 기본적으로 이중적분에서 한 번 더 적분이 수행되는 것으로, 이중적분보다 한 차원 더 확장된 개념이다. 즉 3차원 공간의 임의의 영역 V에서 세 개의 변수를 가진 피적분함수 $f(x, y, z)$를 적분하는 것을 의미한다. 이때 함수 $f(x, y, z)$는 연속이어야 한다.

기본적으로 삼중적분은 다음과 같이 나타낸다.

$$\iiint_V f(x,\ y,\ z)dV = \iiint_V f(x,\ y,\ z)dxdydz \tag{9.17}$$

■ 삼중적분의 개념식

영역 R이 xy 평면 위의 영역이고, $p(x,\ y) \le z \le q(x,\ y)$일 때, 식 (9.17)의 삼중적분은 다음과 같은 식으로 나타낼 수 있다.

$$\iiint_V f(x,\ y,\ z)dxdydz = \iint_R \left\{ \int_{p(x,\ y)}^{q(x,\ y)} f(x,\ y,\ z)dz \right\} dxdy \tag{9.18}$$

공간 V가 $a \le x \le b$, $c \le y \le d$, $p(x,\ y) \le z \le q(x,\ y)$와 같이 정의되어 있는 공간이라면 식 (9.17)의 삼중적분은

$$\iiint_V f(x,\ y,\ z)dxdydz = \int_a^b \int_c^d \int_{p(x,\ y)}^{q(x,\ y)} f(x,\ y,\ z)dzdydx \tag{9.19}$$

■ 삼중적분의 계산

와 같이 나타낼 수 있다.

식 (9.17)의 삼중적분에서 함수 $f(x,\ y,\ z)$가 영역 V 내의 점 $(x,\ y,\ z)$에서 밀도를 나타내는 함수이면 삼중적분은 V의 질량을 나타내고, $f(x,\ y,\ z)=1$이면 삼중적분은 V의 부피를 나타낸다. V의 질량을 M, V의 부피를 B라고 하면,

$$M = \iiint_V f(x,\ y,\ z)dxdydz \tag{9.20}$$

■ 삼중적분과 질량

$$B = \iiint_V dxdydz \tag{9.21}$$

■ 삼중적분과 부피

와 같이 나타낼 수 있다.

예제 9-6

key point

$$\iiint_V f(x,\ y,\ z)dxdydz = \int_a^b\int_c^d\int_{p(x,\ y)}^{q(x,\ y)} f(x,\ y,\ z)dzdydx$$

$0 \le x \le 1$, $0 \le y \le 1$, $0 \le z \le 1$의 범위에서 함수 $f(x,\ y,\ z)=x+y+z$의 삼중적분을 구하라.

풀이

$$\int_0^1\int_0^1\int_0^1(x+y+z)dxdydz = \int_0^1\left\{\int_0^1\left\{\int_0^1(x+y+z)dx\right\}dy\right\}dz$$

$$= \int_0^1\left\{\int_0^1\left(y+z+\frac{1}{2}\right)dy\right\}dz$$

$$= \int_0^1(z+1)dz = \frac{3}{2}$$

예제 9-7

key point

$z=0$인 xy 평면에서의 $x,\ y,\ z$의 범위를 구해 본다.

$0 \le x \le 1$, $y \ge 0$, $z \ge 0$, $x+y+z \le 1$의 범위에서 함수 $f(x,\ y,\ z)=x+y+z$의 삼중적분을 구하라.

풀이

$z=0$인 xy 평면에서는 $x+y+z \le 1$에서 $x+y \le 1$이 되므로 $0 \le x \le 1$, $0 \le y \le 1-x$가 되고, $0 \le z \le 1-x-y$가 된다. 그러므로 삼중적분은 식 (9.19)를 이용하여 다음과 같이 계산할 수 있다.

$$\int_0^1\int_0^{1-x}\int_0^{1-x-y}(x+y+z)dzdxdy$$

$$= \int_0^1\left\{\int_0^{1-x}\left\{\int_0^{1-x-y}(x+y+z)dz\right\}dy\right\}dx$$

$$= \int_0^1\left\{\int_0^{1-x}\left[(x+y)+z+\frac{z^2}{2}\right]_0^{1-x-y}dy\right\}dx$$

$$= \int_0^1\left\{\int_0^{1-x}\left(\frac{1}{2}-\frac{1}{2}(x+y)^2\right)dy\right\}dx$$

$$= \int_0^1\frac{1}{2}\left[(1-x^2)y-xy^2-\frac{y^3}{3}\right]_0^{1-x}dx$$

$$= \int_0^1\frac{1}{6}(1-x)(2-x-x^2)dx$$

$$= \frac{1}{6}\left[2x-\frac{3}{2}x^2+\frac{x^4}{4}\right]_0^1 = \frac{1}{8}$$

9.3 발산정리와 스톡스의 정리

9.3.1 발산정리

발산정리divergence theorem는 유명한 독일의 수학자 **가우스**Carl Friedrich Gauss, 1777~1855에 의해 발견된 것으로, 가우스의 발산정리라고도 한다. 발산정리는 곡면 S에서의 면적분을 공간 V에 대한 체적적분으로 변환시키는 내용을 나타내며, 다음과 같이 정의된다.

$$\iiint_V \operatorname{div} \vec{F} dV = \iint_S \vec{F} \cdot \vec{n} dA \tag{9.22}$$

■ 발산정리의 정의식

발산정리에 포함되어 있는 벡터함수 $\vec{F}$에 대한 발산은

$$\operatorname{div} \vec{F} = \nabla \cdot \vec{F} = \frac{\partial F_1}{\partial x} + \frac{\partial F_2}{\partial y} + \frac{\partial F_3}{\partial z} \tag{9.23}$$

와 같이 나타낼 수 있다.

발산정리에서 면적분은 곡면에 수직인 벡터의 방향을 공간에서 바깥으로 나오는 방향으로 선택하여 계산한다. 즉 양의 방향을 외부 쪽으로 향하는 방향으로 잡는다는 것이다.

발산정리의 식 (9.22)는

$$\iiint_V \left(\frac{\partial F_1}{\partial x} + \frac{\partial F_2}{\partial y} + \frac{\partial F_3}{\partial z} \right) dxdydz = \iint_S (F_1 dydz + F_2 dzdx + F_3 dxdy) \tag{9.24}$$

와 같이 벡터함수의 성분을 이용하여 표현할 수 있다.

예제 9-8

발산정리를 이용하여 $0 \le x \le 1$, $0 \le y \le 1$, $0 \le z \le 1$의 범위에서 벡터함수 $\vec{F} = \left[x^2,\ \frac{1}{2}y^2,\ \frac{1}{2}z^2\right]$에 대한 $\iint_S \vec{F} \cdot \vec{n}dA$의 값을 구하라.

풀이

발산정리를 이용하여 체적적분의 값을 구하면 된다. 벡터함수 $\vec{F}$의 발산은

$$\operatorname{div}\vec{F} = \frac{\partial(x^2)}{\partial x} + \frac{1}{2}\frac{\partial(y^2)}{\partial y} + \frac{1}{2}\frac{\partial(z^2)}{\partial z} = 2x + y + z$$

이므로, 이 값을 식 (9.22)에 대입하면

$$\begin{aligned}\iiint_V (2x+y+z)dxdydz &= \int_0^1\int_0^1\int_0^1 (2x+y+z)dxdydz \\ &= \int_0^1\int_0^1 (y+z+1)dydz = \int_0^1 \left(z + \frac{3}{2}\right)dz = 2\end{aligned}$$

이다.

key point

$\operatorname{div}\vec{F} = \frac{\partial F_1}{\partial x} + \frac{\partial F_2}{\partial y} + \frac{\partial F_3}{\partial z}$, $\iiint_V \left(\frac{\partial F_1}{\partial x} + \frac{\partial F_2}{\partial y} + \frac{\partial F_3}{\partial z}\right)dxdydz$

9.3.2 스톡스의 정리

스톡스의 정리 Stokes's theorem는 아일랜드 수학자인 **스톡스**George Gabriel Stokes, 1819~1903에 의해 밝혀진 것으로, 면적분을 선적분으로 변환할 수도 있고 선적분을 면적분으로 변환할 수도 있다는 내용을 담은 정리이다.

벡터함수 $\vec{F}$에 대한 스톡스의 정리는 다음 식으로 나타낼 수 있다.

■ 스톡스의 정리의 정의식

$$\iint_S \operatorname{curl}\vec{F} \cdot d\vec{A} = \oint_C \vec{F} \cdot d\vec{r} \tag{9.25}$$

스톡스의 정리에 포함되어 있는 벡터함수 $\vec{F}$의 회전은

$$\operatorname{curl}\vec{F} = \nabla \times \vec{F} = \begin{vmatrix} \vec{i} & \vec{j} & \vec{k} \\ \frac{\partial}{\partial x} & \frac{\partial}{\partial y} & \frac{\partial}{\partial z} \\ F_1 & F_2 & F_3 \end{vmatrix} \tag{9.26}$$

와 같다.

스톡스의 정리는 면적분에서 설명한 적이 있는 단위법선벡터 $\vec{n}$을 이용하여 다음과 같이 표현할 수 있다.

$$\iint_S \operatorname{curl}\vec{F}\cdot\vec{n}\,dA = \oint_C \vec{F}\cdot\overrightarrow{r'(s)}\,ds \tag{9.27}$$

■ 단위법선벡터를 이용한 스톡스의 정리

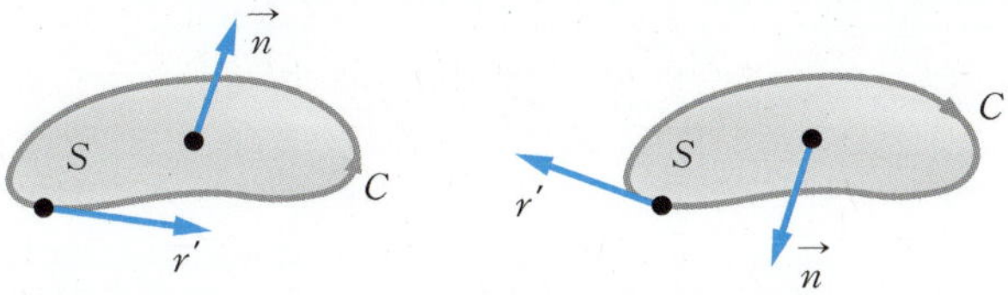

[그림 9-5]

[그림 9-5]는 스톡스의 정리를 나타낸 식의 개념을 그림으로 나타낸 것이다. 그림에서 보듯 dr의 방향은 적분경로 C의 방향에 따라 결정되지만, 단위법선벡터 $\vec{n}$의 방향은 적분경로의 방향에 따른 오른손 법칙에 따라 결정된다.

스톡스의 정리에 대한 모델을 한 면이 열린 정육면체로 나타내면, [그림 9-6]과 같이 나타낼 수 있다.

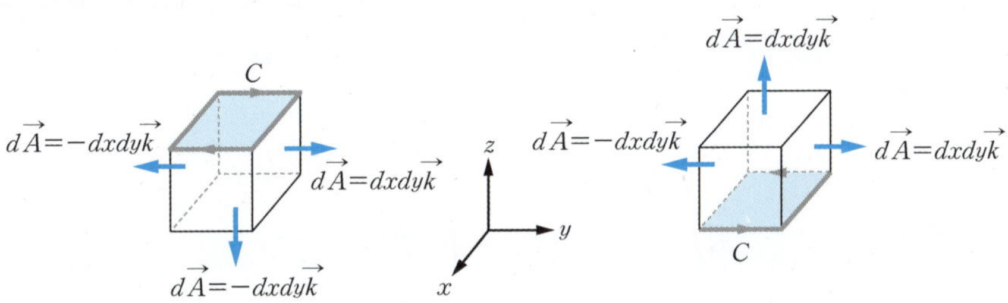

[그림 9-6]

왼쪽 그림은 정육면체의 윗면이 열린 경우이고, 오른쪽 그림은 아랫면이 열린 경우를 나타낸 것이다. 그림에서 적분경로 C의 방향과 법선벡터 $\vec{A}$의 방향을 잘 살펴보아야 한다.

다음 예제로부터 조건이 동일한 경우에는 면적분과 선적분의 값이 동일하게 구해진다는 사실을 확인할 수 있을 것이다.

예제 9-9

> **key point**
>
> $\text{curl}\,\vec{F} = \begin{vmatrix} \vec{i} & \vec{j} & \vec{k} \\ \dfrac{\partial}{\partial x} & \dfrac{\partial}{\partial y} & \dfrac{\partial}{\partial z} \\ F_1 & F_2 & F_3 \end{vmatrix}$,
>
> $\iint_S \text{curl}\,\vec{F}\cdot d\vec{A} = \oint_C \vec{F}\cdot d\vec{r}$

$0 \le x \le 1$, $0 \le y \le 1$, $0 \le z \le 1$의 범위로 정의되어 있는 영역에 정육면체가 있다. 여섯 면 중에서 $z=1$의 면은 열려 있고, 나머지 다섯 면은 닫혀 있는 정육면체이다. [그림 9-6]의 왼쪽 그림에 해당되는 모델로, 적분경로도 동일하다. 벡터함수 $\vec{F}=[x+y,\ y+z,\ z+x]$에 대하여 다음을 구하라.

(a) $\iint_S \text{curl}\,\vec{F}\cdot d\vec{A}$

(b) $\oint_C \vec{F}\cdot d\vec{r}$

풀이

(a) 정육면체에서 열린 윗면을 제외한 5개의 면에 대하여 면적분을 수행한다.

먼저 앞면($x=1$)부터 살펴보면, $d\vec{A}=dydz\,\vec{i}$이므로 $\vec{i}$ 성분만으로 계산하면,

$$\text{curl}\,\vec{F}\cdot d\vec{A}=\left\{\frac{\partial(z+x)}{\partial y}-\frac{\partial(y+z)}{\partial z}\right\}dydz=-dydz$$

$$\iint_{\text{앞면}} \text{curl}\,\vec{F}\cdot d\vec{A}=-\int_0^1\int_0^1 dydz=-1$$

같은 방법으로 뒷면($x=0$)을 보면, $d\vec{A}=-dydz\,\vec{i}$이므로 $\vec{i}$ 성분만 남기 때문에

$$\text{curl}\,\vec{F}\cdot d\vec{A}=\left\{\frac{\partial(z+x)}{\partial y}-\frac{\partial(y+z)}{\partial z}\right\}(-dydz)=dydz$$

$$\iint_{\text{뒷면}} \text{curl}\,\vec{F}\cdot d\vec{A}=\int_0^1\int_0^1 dydz=1$$

이다. 다음에 왼쪽 면($y=0$)은 $d\vec{A}=-dxdz\,\vec{j}$이고, $\vec{j}$ 성분만으로 계산하면 다음과 같다.

$$\text{curl}\,\vec{F}\cdot d\vec{A}=\left\{\frac{\partial(x+y)}{\partial z}-\frac{\partial(z+x)}{\partial x}\right\}(-dxdz)=dxdz$$

$$\iint_{\text{왼면}} \text{curl}\,\vec{F}\cdot d\vec{A}=\int_0^1\int_0^1 dxdz=1$$

같은 방법으로 오른쪽 면($y=1$)과 아랫면($z=0$)에 대하여 계산하면, 오른쪽 면은 $d\vec{A}=dxdz\,\vec{j}$이므로

$$\text{curl}\,\vec{F}\cdot d\vec{A}=\left\{\frac{\partial(x+y)}{\partial z}-\frac{\partial(z+x)}{\partial x}\right\}dxdz=-dxdz$$

$$\iint_{\text{오른면}} \operatorname{curl}\vec{F}\cdot d\vec{A} = -\int_0^1\int_0^1 dxdz = -1$$

이다. 아랫면은 $d\vec{A} = -dxdy\vec{k}$ 이므로, $\vec{k}$ 성분으로 계산하면 다음과 같다.

$$\operatorname{curl}\vec{F}\cdot d\vec{A} = \left\{\frac{\partial(y+z)}{\partial x} - \frac{\partial(x+y)}{\partial y}\right\}(-dxdy) = dxdy$$

$$\iint_{\text{아랫면}} \operatorname{curl}\vec{F}\cdot d\vec{A} = \int_0^1\int_0^1 dxdy = 1$$

따라서 모든 면의 적분값을 더하면,

$$\begin{aligned}\iint_S \operatorname{curl}\vec{F}\cdot d\vec{A} &= \text{앞면}+\text{뒷면}+\text{왼면}+\text{오른면}+\text{아랫면} \\ &= -1+1+1-1+1 = 1\end{aligned}$$

이다.

(b) 적분경로 C에 대한 선적분을 계산하는 문제이다. 경로 C는 $z=1$의 면이므로, $dz=0$이 된다.

$$\begin{aligned}\vec{F}\cdot d\vec{r} &= [x+y,\ y+z,\ z+x]\cdot[dx,\ dy,\ dz] \\ &= (x+y)dx + (y+1)dy\end{aligned}$$

$x=0$의 면에서는 $dx=0$, $\vec{F}\cdot d\vec{r} = (y+1)dy$이므로 다음과 같고,

$$\oint_{x=0} \vec{F}\cdot d\vec{r} = \int_0^1 (y+1)dy = \left[\frac{y^2}{2}+y\right]_0^1 = \frac{3}{2}$$

$y=1$의 면에서는 $dy=0$, $\vec{F}\cdot d\vec{r} = (x+1)dx$이므로 다음과 같다.

$$\oint_{y=1} \vec{d}F\cdot d\vec{r} = \int_0^1 (x+1)dy = \left[\frac{x^2}{2}+x\right]_0^1 = \frac{3}{2}$$

$x=1$의 면에서는 $dx=0$, $\vec{F}\cdot d\vec{r} = (y+1)dy$가 된다. 여기서는 경로가 $y=1$에서 0으로 가고 있으므로 다음과 같고,

$$\oint_{x=1} \vec{F}\cdot d\vec{r} = \int_1^0 (y+1)dy = \left[\frac{y^2}{2}+y\right]_1^0 = -\frac{3}{2}$$

$y=0$의 면에서는 $dy=0$, $\vec{F}\cdot d\vec{r} = xdx$가 된다. 여기서도 역시 경로가 $x=1$에서 0으로 가고 있으므로

$$\oint_{y=0} \vec{F} \cdot d\vec{r} = \int_1^0 (x)dx = \left[\frac{x^2}{2}\right]_1^0 = -\frac{1}{2}$$

이다. 따라서 모든 경로의 적분값을 더하면 다음과 같다.

$$\oint_C \vec{F} \cdot d\vec{r} = \oint_{x=0} + \oint_{y=0} + \oint_{x=1} + \oint_{y=0}$$
$$= \frac{3}{2} + \frac{3}{2} - \frac{3}{2} - \frac{1}{2} = 1$$

(a)와 (b)의 결과로부터, 선적분과 면적분의 관계를 나타내는 스톡스의 정리가 성립한다는 사실을 확인할 수 있다.

9.4 맥스웰 방정식

맥스웰James Clerk Maxwell, 1831~1879은 현재의 형태로 전자기학 이론을 정립한 스코틀랜드의 물리학자이다. 그는 알려져 있는 전기와 자기에 대한 이론을 통합한 이론으로 처음 발표하였다. 즉 전기현상과 자기현상은 각각의 독립 현상이 아니라 전기와 자기가 통합된 전자기 현상의 전기적 측면과 자기적 측면이라고 할 수 있다는 사실을 분명히 설명한 것이다. 맥스웰 방정식이라고 불리는 방정식들은 전자기학의 중요한 법칙들을 요약한 것들이므로 전기전자 공학을 공부하는 학생들에게는 매우 중요한 식들이다. 또한 맥스웰 방정식은 모두 미분과 적분으로 표현되는 방정식들이기 때문에 미적분학을 공부하는 전기전자 공학도들에게는 전기전자 공학에서 미적분학이 어떻게 사용되고 있는지를 주의 깊게 살펴볼 수 있는 대표적인 예라고 할 수 있다.

9.4.1 미분으로 표현한 맥스웰 방정식

이 장은 적분에 대한 내용을 담은 것이지만, 맥스웰 방정식은 미분으로 표현될 수도 있으므로 이 절에서는 먼저 맥스웰 방정식을 미분으로 표현한 형태부터 소개한다.

정리 9-3 맥스웰 방정식의 미분형

(1) $\text{div } \vec{D} = \nabla \cdot \vec{D} = \rho$

(2) $\text{div } \vec{B} = \nabla \cdot \vec{B} = 0$

(3) $\text{curl } \vec{E} = \nabla \times \vec{E} = -\dfrac{\partial \vec{B}}{\partial t}$

(4) $\text{curl } \vec{H} = \nabla \times \vec{H} = \vec{J} + \dfrac{\partial \vec{D}}{\partial t}$

[정리 9-3]의 식 (1)에서 $\vec{D}$는 **전속밀도**electric flux density, ρ는 **전하밀도**charge density이다. 이 식은 **가우스 법칙**Gauss's theorem의 일반적인 형태로서, 폐곡면으로부터 흘러나온 총 **전속**electric flux은 그 곡면에 둘러싸였던 **전하**electric charge의 양에 비례한다는 의미를 가진다.

■ 미분형 맥스웰 방정식의 전자기학적 의미

식 (2)에서 $\vec{B}$는 **자속밀도**magnetic flux density이다. 이 식은 고립되어 존재하는 **자극**magnetic pole은 없다는 의미를 가진다. 즉 자극은 쌍으로 존재하지 홀로 존재할 수는 없다는 것이다.

식 (3)에서 $\vec{E}$는 **전기장의 세기**electric field strength이다. 이 식은 패러데이 법칙을 표현하고 있는 식으로 시간에 따라 변하는 **자기장**electric field이 **전기장**magnetic field을 만든다는 의미를 가진다.

식 (4)에서 $\vec{H}$는 **자기장의 세기**magnetic field strength, $\vec{J}$는 **전류밀도**current density이다. 이 식은 시간에 따라 변하는 전기장이 자기장을 만든다는 의미를 가진다.

예제 9-10

전속밀도가 다음 벡터함수와 같을 때, 전하밀도를 구하라.

$$\vec{D} = 2x\vec{i} + 3y\vec{j} + 5z\vec{k}$$

key point

$\nabla \cdot \vec{D} = \rho$

풀이

$$\begin{aligned}\rho &= \nabla \cdot \vec{D} \\ &= \frac{\partial(2x)}{\partial x} + \frac{\partial(3y)}{\partial y} + \frac{\partial(5z)}{\partial z} \\ &= 2+3+5=10\end{aligned}$$

예제 9-11

key point

$\nabla \cdot \vec{B} = 0$

자속밀도가 다음 벡터함수와 같을 때, a의 값을 구하라.

$$\vec{B} = 5x\vec{i} + ay\vec{j} + (1-2a)z\vec{k}$$

풀이

자속밀도가 포함된 맥스웰 방정식 (2)를 이용하면, $\nabla \cdot \vec{B} = 0$이므로

$$\begin{aligned}\nabla \cdot \vec{B} &= \frac{\partial(5x)}{\partial x} + \frac{\partial(ay)}{\partial y} + \frac{\partial((1-2a)z)}{\partial z} \\ &= 5 + a + 1 - 2a \\ &= 6 - a = 0\end{aligned}$$

이다. 그러므로 $a = 6$이다.

예제 9-12

key point

$\nabla \times \vec{E} = -\frac{\partial \vec{B}}{\partial t}$

전기장의 세기가 다음 벡터함수와 같을 때, $\frac{\partial \vec{B}}{\partial t}$를 구하라.

$$\vec{E} = 3xy\vec{i} + yz\vec{j} - 2zx\vec{k}$$

풀이

전기장의 세기가 $\vec{E}$이면, 맥스웰 방정식의 미분형에 의해

curl $\vec{E} = \nabla \times \vec{E} = -\frac{\partial \vec{B}}{\partial t}$이므로, $\frac{\partial \vec{B}}{\partial t} = -\nabla \times \vec{E}$로 구할 수 있다.

$\vec{E} = 3xy\vec{i} + yz\vec{j} - 2zx\vec{k} = [3xy,\ yz,\ -2zx]$이기 때문에

$$\begin{aligned}\nabla \times \vec{E} &= \vec{i}\left(\frac{\partial E_z}{\partial y} - \frac{\partial E_y}{\partial z}\right) - \vec{j}\left(\frac{\partial E_z}{\partial x} - \frac{\partial E_x}{\partial z}\right) + \vec{k}\left(\frac{\partial E_y}{\partial x} - \frac{\partial E_x}{\partial y}\right) \\ &= \vec{i}\left(\frac{\partial(-2zx)}{\partial y} - \frac{\partial(yz)}{\partial z}\right) - \vec{j}\left(\frac{\partial(-2zx)}{\partial x} - \frac{\partial(3xy)}{\partial z}\right) + \vec{k}\left(\frac{\partial(yz)}{\partial x} - \frac{\partial(3xy)}{\partial y}\right) \\ &= \vec{i}(0-y) - \vec{j}(-2z-0) + \vec{k}(0-3x) \\ &= -y\vec{i} + 2z\vec{j} - 3x\vec{k} = [-y,\ 2z,\ -3x]\end{aligned}$$

이므로 $\frac{\partial \vec{B}}{\partial t} = -\nabla \times \vec{E} = [y,\ -2z,\ 3x]$이다.

예제 9-13

자기장의 세기 $\vec{H}$와 전류밀도 $\vec{J}$가 다음 벡터함수와 같을 때, $\dfrac{\partial \vec{D}}{\partial t}$를 구하라.

$$\vec{H}=xy\vec{i}+yz\vec{j}+zx\vec{k},\ \vec{J}=-x\vec{i}-y\vec{j}-z\vec{k}$$

key point

$$\nabla\times\vec{H}=\vec{J}+\frac{\partial \vec{D}}{\partial t}$$

풀이

맥스웰 방정식에 의해 $\nabla\times\vec{H}=\vec{J}+\dfrac{\partial \vec{D}}{\partial t}$가 성립하므로 $\dfrac{\partial \vec{D}}{\partial t}=\nabla\times\vec{H}-\vec{J}$가 된다.

$$\begin{aligned}\nabla\times\vec{H}&=\vec{i}\left(\frac{\partial H_z}{\partial y}-\frac{\partial H_y}{\partial z}\right)-\vec{j}\left(\frac{\partial H_z}{\partial x}-\frac{\partial H_x}{\partial z}\right)+\vec{k}\left(\frac{\partial H_y}{\partial x}-\frac{\partial H_x}{\partial y}\right)\\&=\vec{i}\left(\frac{\partial(zx)}{\partial y}-\frac{\partial(yz)}{\partial z}\right)-\vec{j}\left(\frac{\partial(zx)}{\partial x}-\frac{\partial(xy)}{\partial z}\right)+\vec{k}\left(\frac{\partial(yz)}{\partial x}-\frac{\partial(xy)}{\partial y}\right)\\&=\vec{i}(0-y)-\vec{j}(z-0)+\vec{k}(0-x)\\&=-y\vec{i}-z\vec{j}-x\vec{k}=[-y,\ -z,\ -x]\end{aligned}$$

$$\begin{aligned}\frac{\partial \vec{D}}{\partial t}&=[-y,\ -z,\ -x]-[-x,\ -y,\ -z]\\&=[x-y,\ y-z,\ z-x]\end{aligned}$$

9.4.2 적분으로 표현한 맥스웰 방정식

앞에서 미분으로 표현한 맥스웰 방정식을 적분으로 표현하면 다음과 같다.

정리 9-4 맥스웰 방정식의 적분형

(1) $\displaystyle\oint_S \vec{D}\cdot d\vec{S}=\int_V \rho dV$

(2) $\displaystyle\oint_S \vec{B}\cdot d\vec{S}=0$

(3) $\displaystyle\oint_C \vec{E}\cdot d\vec{l}=-\frac{\partial}{\partial t}\int_S \vec{B}\cdot d\vec{S}$

(4) $\displaystyle\oint_C \vec{H}\cdot d\vec{l}=\frac{\partial}{\partial t}\int_S \vec{D}\cdot d\vec{S}+\int_S \vec{J}\cdot d\vec{S}$

맥스웰 방정식의 미분형은 문제를 푸는 데 주로 사용되지만, 적분형으로 표현된 맥스웰 방정식은 전자기장의 물리적인 성질을 표시하는 데 주로 사용된다.

■ 적분형 맥스웰 방정식의 전자기학적 의미

[정리 9-4]의 식 (1)은 체적 V 내의 폐곡면 S를 지나는 총 전속의 양과 표면에 둘러싸인 총 전하량이 같다는 것을 의미한다. $\vec{D}$는 전속밀도이고, ρ는 전하밀도이다.

식 (2)는 자기장의 가우스 법칙으로 불리는 식으로, 폐곡면 S를 통과하는 총 자속의 양은 어떤 상황이건 0이 된다는 의미를 나타낸다. 여기서 $\vec{B}$는 자속밀도이다.

식 (3)은 폐곡선 C를 따라 선적분한 전기장의 세기는 폐곡선에 의해 형성된 폐곡면 S을 지나는 자속의 시간변화율과 같다는 의미이다. 여기서 $\vec{E}$는 전기장의 세기이다.

식 (4)는 폐곡선 C를 따라 선적분한 자기장의 세기는 그 폐곡선을 통과하는 전류의 세기에 비례한다는 의미를 가진다. $\vec{H}$는 자기장의 세기이고, $\vec{J}$는 전류밀도이다.

예제 9-14

key point

$$\oint_S \vec{D} \cdot d\vec{S} = \int_V \rho dV$$

전속밀도가 $\vec{D} = 2\sin 2t\vec{k}$인 경우, 체적 V 내의 폐곡면 S를 지나는 총 전속의 양을 구하라. 단, $0 \le x \le 1$, $0 \le y \le 1$, $d\vec{S} = dxdy\vec{k}$이다.

풀이

폐곡면 S를 지나는 총 전속의 양 $\int_V \rho dV$는 맥스웰 방정식에 의해 식 $\oint_S \vec{D} \cdot d\vec{S} = \int_V \rho dV$로 구할 수 있다. 따라서

$$\begin{aligned}\oint_S \vec{D} \cdot d\vec{S} &= \oint_S 2\sin 2t\vec{k} \cdot dxdy\vec{k} \\ &= \int_0^1 \int_0^1 2\sin 2t\, dxdy \\ &= \int_0^1 2\sin 2t\, dy \\ &= 2\sin 2t\end{aligned}$$

이므로 $\int_V \rho dV = 2\sin 2t$가 된다.

예제 **9-15**

자속밀도가 $\vec{B} = \cos t\vec{k}$인 경우, t의 값을 구하라. 단, $0 \le x \le 1$, $0 \le y \le 1$, $0 \le t \le \pi$, $d\vec{S} = dxdy\vec{k}$이다.

key point
$\oint_S \vec{B} \cdot d\vec{S} = 0$

풀이

폐곡면 S를 통과하는 총 자속의 양은 맥스웰 방정식에 의해 $\oint_S \vec{B} \cdot d\vec{S} = 0$이다. 따라서

$$\begin{aligned}\oint_S \vec{B} \cdot d\vec{S} &= \oint_S \cos t\vec{k} \cdot dxdy\vec{k} \\ &= \int_0^1 \int_0^1 \cos t\, dxdy \\ &= \int_0^1 \cos t\, dy \\ &= \cos t\end{aligned}$$

이므로 $\oint_S \vec{B} \cdot d\vec{S} = \cos t = 0$이 되어야 한다.

주어진 범위 $0 \le t \le \pi$에서 $\cos t = 0$을 만족하는 값은 $t = \frac{\pi}{2}$이다.

예제 **9-16**

자속밀도가 $\vec{B} = [-4yzt,\ -zxt,\ 2xyt^2]$인 경우, $\oint_C \vec{E} \cdot d\vec{l}$을 구하라. 단, $0 \le y \le 1$, $1 \le z \le 2$, $d\vec{S} = dydz\vec{i}$이다.

key point
$\oint_C \vec{E} \cdot d\vec{l} = -\frac{\partial}{\partial t}\int_S \vec{B} \cdot d\vec{S}$

풀이

$$\begin{aligned}\int_S \vec{B} \cdot d\vec{S} &= \int_S (-4yzt\vec{i} - zxt\vec{j} + xyt^2\vec{k}) \cdot dydz\vec{i} \\ &= -\int_1^2 \int_0^1 4yztdydz \\ &= -\int_1^2 2ztdz \\ &= -3t\end{aligned}$$

이므로, 맥스웰 방정식 $\oint_C \vec{E}\cdot d\vec{l} = -\dfrac{\partial}{\partial t}\int_S \vec{B}\cdot d\vec{S}$로부터

$\oint_C \vec{E}\cdot d\vec{l} = -\dfrac{\partial}{\partial t}(-3t) = 3$이다.

예제 9-17

> **key point**
>
> $\oint_C \vec{H}\cdot d\vec{l} = \dfrac{\partial}{\partial t}\int_S \vec{D}\cdot d\vec{S} + \int_S \vec{J}\cdot d\vec{S}$

전속밀도와 전류밀도가 각각 $\vec{D}=\sin 2t\vec{k}$, $\vec{J}=2x^2z\vec{j}$인 경우, $\oint_C \vec{H}\cdot d\vec{l}$을 구하라. 단, $0 \le x \le 2$, $1 \le y \le 2$, $1 \le z \le 2$, $d\vec{S}= dydz\vec{i}+dzdx\vec{j}+dxdy\vec{k}$이다.

풀이

맥스웰 방정식 $\oint_C \vec{H}\cdot d\vec{l} = \dfrac{\partial}{\partial t}\int_S \vec{D}\cdot d\vec{S}+\int_S \vec{J}\cdot d\vec{S}$를 이용하면 된다.

$$
\begin{aligned}
\int_S \vec{D}\cdot d\vec{S} &= \int_S \sin 2t\vec{k}\cdot(dydz\vec{i}+dzdx\vec{j}+dxdy\vec{k}) \\
&= \int_1^2\int_0^2 \sin 2t\,dxdy \\
&= \int_1^2 2\sin 2t\,dy \\
&= 2\sin 2t
\end{aligned}
$$

이므로 $\dfrac{\partial}{\partial t}\int_S \vec{D}\cdot d\vec{S}= \dfrac{\partial}{\partial t}(2\sin 2t) = 4\cos 2t$이고,

$$
\begin{aligned}
\int_S \vec{J}\cdot d\vec{S} &= \int_S 2x^2z\vec{j}\cdot(dydz\vec{i}+dzdx\vec{j}+dxdy\vec{k}) \\
&= \int_0^2\int_1^2 2x^2z\,dzdx \\
&= \int_0^2 3x^2\,dx \\
&= 8
\end{aligned}
$$

이 된다. 그러므로

$$
\begin{aligned}
\oint_C \vec{H}\cdot d\vec{l} &= \frac{\partial}{\partial t}\int_S \vec{D}\cdot d\vec{S}+\int_S \vec{J}\cdot d\vec{S} \\
&= 2\sin 2t+8
\end{aligned}
$$

이다.

Chapter 09 공학문제

체적 내부의 총 전하량

전자기학

[그림 9-7]과 같이 전하가 $0 \le x \le 1$, $0 \le y \le 1$, $0 \le z \le 1$의 공간에 균일하게 위치하고 있다. 체적전하밀도가 $\rho_v = 10x^2y\,[\mu\text{C/m}^3]$인 경우, 체적 내부의 총 전하량을 구하라.

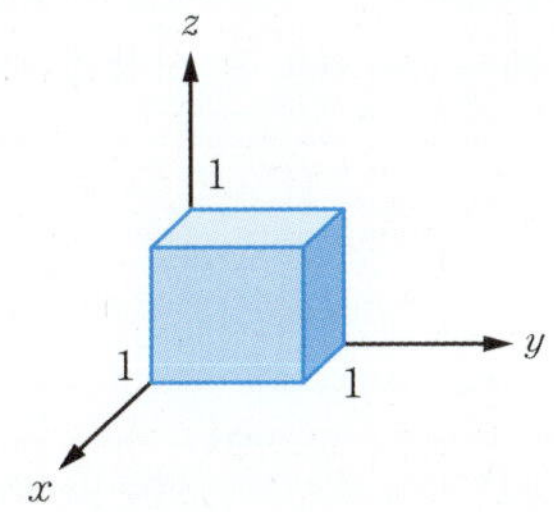

[그림 9-7]

문제 접근

전하가 임의의 체적 내부에 균일하게 분포하고 있는 경우, 미소 전하가 가지고 있는 전하량 dQ는

$$dQ = \rho_v dV$$

로 나타낼 수 있다. 여기서 ρ_v는 체적전하밀도(volume charge density)이다. 그러므로 체적 내부에 존재하는 총 전하량은

$$Q = \int_V \rho_v dV$$

와 같이 구할 수 있다. 위 식에서 미소 체적을 나타내는 dV는 좌표계에 따라 다르게 표현된다. 다음은 직각좌표계, 원통좌표계, 구좌표계의 순서대로 미소 체적 dV를 나타낸 것이다.

$$\begin{aligned} dV &= dxdydz && \text{(직각좌표계)} \\ &= r\,drd\phi dz && \text{(원통좌표계)} \\ &= r^2 \sin\phi\, drd\theta d\phi && \text{(구좌표계)} \end{aligned}$$

위의 dV를 이용하면 좌표계에 따라 체적적분, 즉 삼중적분을 수행하는 데 도움이 된다.

문제 해결

체적전하밀도를 사용한 식 $Q=\int_V \rho_v dV$를 이용하여

$$Q=\int_V 10x^2 y dV=\int_0^1\int_0^1\int_0^1 10x^2 y\, dx dy dz$$
$$=\int_0^1\int_0^1 \frac{10}{3} y\, dy dz=\int_0^1 \frac{5}{3} dz=\frac{5}{3}\,[\mathrm{C}]$$

와 같이 구할 수 있다.

유제 01 전하가 균일하게 분포되어 있는 반지름 $r=2$, 높이 $z=3$인 원통 내부의 총 전하량을 구하라. 체적전하밀도는 $\rho_v = az\,[\mathrm{C/m^3}]$이다. 여기서 a는 상수이다.

유제 02 전하가 균일하게 분포되어 있는 반지름 $r=1$인 구 내부의 총 전하량을 구하라. 체적전하밀도는 $\rho_v = e^{(x^2+y^2+z^2)^{\frac{3}{2}}}\,[\mathrm{C/m^3}]$이다.

■ 쿨롱의 법칙과 면전하

전자기학

[그림 9-8]과 같이 면전하가 $-2 \le x \le 2$, $-2 \le y \le 2$, $z=-2$의 영역에 위치하고 있다. 면전하밀도가

$$\rho_s = 2(x^2+y^2+4)\sqrt{x^2+y^2+4}\ [\mathrm{nC/m^2}]$$

인 경우, 원점에서의 전기장의 세기를 구하라.

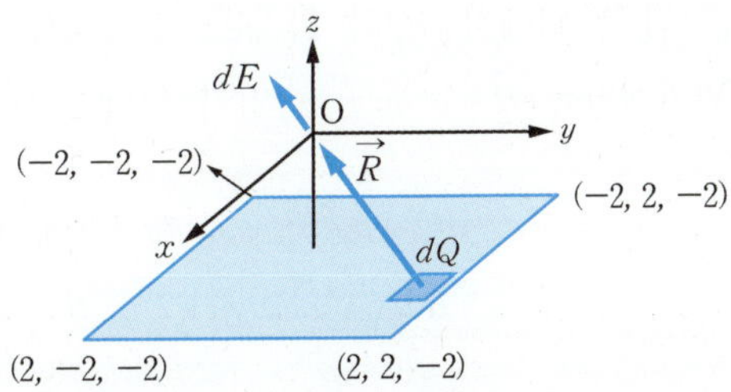

[그림 9-8]

문제 접근

7장의 공학문제에서는 아주 작은 공간을 차지하는 점전하에 대한 쿨롱(Coulomb)의 법칙에 대하여 알아보았다. 여기서는 전하가 표면 위에 분포해 있을 때, 그러한 면전하에 의한 힘과 전기장에 대하여 알아보기로 한다.

전하가 임의의 표면 전체에 분포하고 있는 경우, 각각의 전하가 가지고 있는 전하량 dQ는

$$dQ = \rho_s dS$$

로 나타낼 수 있다. 여기서 ρ_s는 면전하밀도(surface charge density)이다. 또한 전하량 dQ는 다음과 같은 미소 전기장 $d\vec{E}$를 구성하게 된다.

$$d\vec{E} = \frac{dQ}{4\pi\epsilon_0 R^2}\overrightarrow{u_R}$$

여기서 ϵ_0는 자유공간의 유전율로서 $\epsilon_0 = 8.854\times 10^{-12} \cong \frac{10^{-9}}{36\pi}\ [\mathrm{F/m}]$이다. 면전하가 위치한 영역에 다른 전하가 존재하지 않을 때, 총 전기장의 세기는

$$\vec{E} = \int_S \frac{\rho_s dS}{4\pi\epsilon_0 R^2}\overrightarrow{u_R}$$

과 같은 식으로 구할 수 있다.

문제 해결

[그림 9-8]에서 dQ의 위치는 x, y축에서는 변하고, $z=-2$로 고정이므로 원점으로 향하는 위치벡터는 $\vec{R}=[-x,\ -y,\ 2]$가 된다. 그리고

$$dQ=\rho_s dS=\rho_s dxdy=2(x^2+y^2+4)\sqrt{x^2+y^2+4}\times 10^{-9}dxdy\,[\mathrm{C}]$$
$$|\vec{R}|=\sqrt{x^2+y^2+2^2},\quad R^2=x^2+y^2+2^2$$
$$\overrightarrow{u_R}=\frac{\vec{R}}{|\vec{R}|}=\frac{[-x,\ -y,\ 2]}{\sqrt{x^2+y^2+2^2}}=\frac{-x\vec{i}-y\vec{j}+2\vec{k}}{\sqrt{x^2+y^2+2^2}}$$

이므로, 미소 전기장의 세기 $d\vec{E}$는

$$d\vec{E}=\frac{\rho_s dS}{4\pi\epsilon_0 R^2}\overrightarrow{u_R}=\frac{2(x^2+y^2+4)^{\frac{3}{2}}\times 10^{-9}dxdy}{4\pi\epsilon_0(x^2+y^2+4)}\cdot\frac{-x\vec{i}-y\vec{j}+2\vec{k}}{\sqrt{x^2+y^2+4}}$$
$$=\frac{10^{-9}dxdy}{\pi\epsilon_0}\vec{k}\,[\mathrm{V/m}]$$

인데, 대칭성에 의해 z 방향의 $\vec{E}$ 성분만이 존재하기 때문이다. 그러므로 전기장의 세기는

$$\vec{E}=\int_S\frac{10^{-9}dxdy}{\pi\epsilon_0}\vec{k}=\int_{-2}^{2}\int_{-2}^{2}\frac{10^{-9}dxdy}{\pi\epsilon_0}\vec{k}$$
$$=\int_{-2}^{2}\int_{-2}^{2}36\,dxdy\vec{k}$$
$$=576\vec{k}\,[\mathrm{V/m}]$$

와 같이 구할 수 있다.

유제 01 면전하가 $x=-3$, $-2\le y\le 2$, $-2\le z\le 2$의 영역에 위치하고 있다. 면전하밀도가 $\rho_s=(y^2+z^2+9)^{\frac{3}{2}}\,[\mathrm{nC/m^2}]$인 경우, 원점에서의 전기장의 세기를 구하라.

유제 02 면전하가 $-2\le x\le 2$, $y=-1$, $-2\le z\le 2$의 영역에 위치하고 있다. 면전하밀도가 $\rho_s=3(x^2+z^2+1)^{\frac{3}{2}}\,[\mathrm{nC/m^2}]$인 경우, 원점에서의 전기장의 세기를 구하라.

■ 가우스 법칙

전자기학

전기장의 세기가 $\vec{E}=\frac{1}{2}x^2y\vec{k}$인 경우, 체적 V 내의 폐곡면 S를 지나는 총 전속의 양을 구하라. 폐곡면은 구간 $0 \le x \le 1$, $0 \le y \le 1$로 정해지고, $d\vec{S}=dxdy\vec{k}$이다.

문제 접근

[그림 9-9]와 같이 반지름이 a인 공간 안에 총 전하량 Q이고, 체적전하밀도 ρ_v인 전하가 균일하게 분포하고 있다고 가정한다. 그러면 공의 모양으로 되어 있는 공간의 면에 수직으로 방사되는 성분의 전기장의 세기는 분포되어 있는 전하에 의해 만들어진다. 여기서 점전하 Q가 공간의 중심에 있다고 가정하면, 점전하 Q에 의한 전기장의 세기 $\vec{E}$는 다음과 같은 식으로 표현할 수 있다.

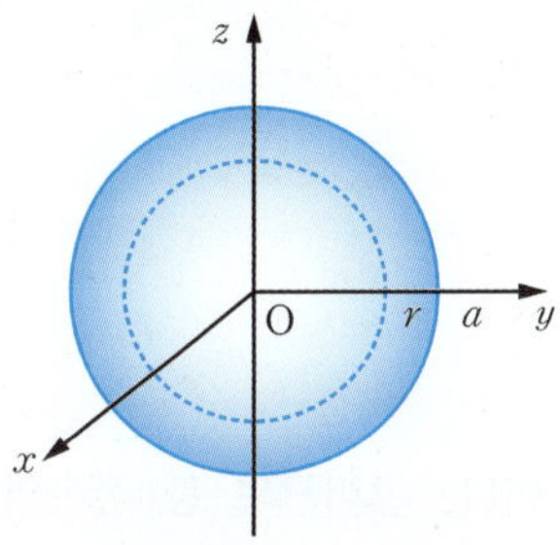

[그림 9-9]

$$\vec{E}=\frac{Q}{4\pi\epsilon_0 a^2}\overrightarrow{u_R}$$

위 식에서 $\vec{E}$는 전기장의 세기, ϵ_0는 자유공간의 유전율, $\overrightarrow{u_R}$은 공간의 면에 수직인 방사방향의 단위법선벡터이다. 위 식의 양변을 전체 공간의 면, 즉 구면에 대해 적분하면

$$\oint \vec{E}\cdot d\vec{S}=\oint \frac{Q}{4\pi\epsilon_0 a^2}\overrightarrow{u_R}\cdot d\vec{S}$$

가 된다. 이때 구면에서 전기장의 세기는 일정하며, 구면에 수직인 방향을 향한다. 따라서 $\overrightarrow{u_R}$의 방향은 미소면적 $d\vec{S}$의 방향과 일치하므로 $\overrightarrow{u_R}\cdot d\vec{S}=1$이 된다. 그리고 폐곡면의 적분은 구의 표면적이 되므로 $\oint \overrightarrow{u_R}\cdot d\vec{S}=4\pi a^2$이기 때문에 위의 적분식은

$$\oint \vec{E}\cdot d\vec{S}=\oint \frac{Q}{4\pi\epsilon_0 a^2}\overrightarrow{u_R}\cdot d\vec{S}=\frac{Q}{4\pi\epsilon_0 a^2}(4\pi a^2)=\frac{Q}{\epsilon_0}$$

가 된다. 결과적으로 위의 적분식은

$$Q=\oint \epsilon_0\vec{E}\cdot d\vec{S}=\oint \vec{D}\cdot d\vec{S}$$

가 되고, 여기서 Q는 구 내부의 총 전하량을 나타낸다. 이 식은 가우스 법칙으로 임의의 공간 내의 폐곡면을 지나는 총 전속의 양과 표면에 둘러싸인 총 전하량이 같다는 것을 의미한다.

문제 해결

가우스 법칙에 의해 폐곡면 S를 지나는 총 전속의 양은 폐곡면에 둘러싸인 총 전하량과 같기 때문에, 식 $Q=\oint \epsilon_0 \vec{E}\cdot d\vec{S}$에 의해 총 전속의 양을 구할 수 있다. 따라서

$$
\begin{aligned}
\epsilon_0 \oint_S \vec{E}\cdot d\vec{S} &= \epsilon_0 \oint_S \frac{1}{2}x^2 y\vec{k}\cdot dxdy\vec{k} \\
&= \epsilon_0 \int_0^1 \int_0^1 \frac{1}{2}x^2 y\, dxdy \\
&= \frac{\epsilon_0}{2}\int_0^1 \frac{y}{3}\, dy \\
&= \frac{\epsilon_0}{12}
\end{aligned}
$$

이다. 그러므로 총 전속의 양은 $Q=\frac{\epsilon_0}{12}$ [C]이다.

유제 01 전기장의 세기가 $\vec{E}=[y^2 z,\ z^2 x,\ x^2 y]$일 때, 체적 V 내의 폐곡면 S를 지나는 총 전속의 양을 구하라. 폐곡면은 구간 $0 \le y \le 1,\ 0 \le z \le 1$로 정해지고, $d\vec{S}= dydz\vec{i}$ 이다.

유제 02 전속밀도가 $\vec{D}=[0,\ 0,\ z^2 x]$일 때, 체적 V 내의 폐곡면 S를 지나는 총 전속의 양을 구하라. 폐곡면은 구간 $0 \le x \le 1,\ 0 \le z \le 1$로 정해지고, $d\vec{S}= dxdy\,\vec{i}+ dydz\,\vec{j}+ dzdx\,\vec{k}$이다.

■ 패러데이 법칙

전자기학

사각루프의 회로가 균일한 자기장이 작용하는 [그림 9-10]과 같은 평면 위에 놓여 있다. 자속밀도가 $\vec{B}=\sin t\vec{k}$인 경우, (a) 사각루프를 통과하는 자속을 구하고, (b) 아주 작은 거리만큼 떨어져 있는 단자 사이에 유도되는 전압을 구하라.

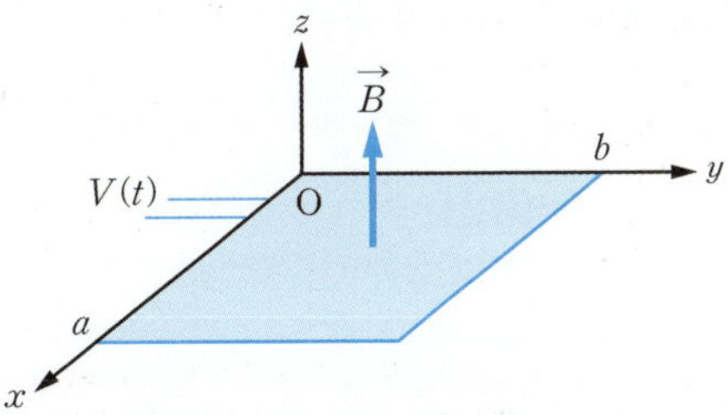

[그림 9-10]

문제 접근

패러데이는 회로를 구성하는 도선 근처에 움직이는 자석이 있을 때, 코일에 흐르는 전류의 세기를 측정하여 전기와 자기의 관계를 실험적으로 검증하였다. 그것은 코일과 자석 간의 상대적 속도가 빨라질수록 전류의 세기는 더욱 커진다는 것과 코일에 자석이 다가갈 때와 멀어질 때 전류의 방향은 서로 반대가 된다는 것이었다. 패러데이는 자속(magnetic flux)이라는 개념을 도입하여 자신의 이론을 설명하였다. 다음 식은 자속 Φ를 이용하여 패러데이의 법칙을 나타낸 것이다.

$$V(t)=-\frac{d\Phi(t)}{dt}$$

즉 자석에 의해 유도된 전압의 크기 V는 시간 t에 따른 자속의 변화율이 높아질수록 커진다는 것을 설명하고 있다. 전압의 극성은 자속의 변화의 반대 방향이 되기 때문에 음의 부호가 붙은 것이다. 즉 유도전압을 만들어내는 자속과 반대 방향으로 유도전압이 작용한다는 것이다.

패러데이 법칙은 자기장의 세기를 면적분한 양으로 곡면 S를 통과하는 자속을 나타내는

$$\Phi=\int_S \vec{B}\cdot d\vec{S}$$

와 같은 식으로 표현하기도 한다.

문제 해결

(a) 사각루프를 통과하는 자속은

$$\begin{aligned}\Phi &= \int_S \vec{B}\cdot d\vec{S} \\ &= \int_S \mathrm{sin}t\vec{k}\cdot dxdy\vec{k} \\ &= \int_0^b\int_0^a \mathrm{sin}t\,dxdy \\ &= ab\mathrm{sin}t\,[\mathrm{Wb}]\end{aligned}$$

와 같이 구할 수 있다.

(b) 사각루프를 통과하는 자속에 의해 유도되는 전압은

$$V(t) = -\frac{d\Phi(t)}{dt} = -\frac{d(ab\mathrm{sin}t)}{dt} = -ab\mathrm{cos}t\,[\mathrm{V}]$$

이다.

유제 01 자속밀도가 $\vec{B}=[-4yzt,\ 5zxt^2,\ -2xy\sqrt{t}]$인 경우, 곡면 S를 통과하는 자속을 구하라. 단, $0\le y\le 1$, $1\le z\le 2$, $d\vec{S}=dydz\vec{i}$이다.

유제 02 **유제 01**에서 구한 자속에 의해 유도되는 전압을 구하라.

Chapter 09 연습문제

※ 다음 물음에 답하라.

9.1 곡선 C가 벡터함수 $\overrightarrow{r(t)} = [t,\ t,\ 2t]$, $(0 \le t \le 2)$일 때, $\vec{F}(\overrightarrow{r(t)}) = [xy,\ 5x,\ z^2]$의 선적분을 구하라.

9.2 곡선 C가 벡터함수 $\overrightarrow{r(t)} = [t,\ t^2,\ t^3]$, $(0 \le t \le 1)$일 때, $\vec{F}(\overrightarrow{r(t)}) = [xy,\ yz,\ zx]$의 선적분을 구하라.

9.3 곡선 C가 벡터함수 $\overrightarrow{r(t)} = [t,\ t,\ t^2]$, $(0 \le t \le 2)$일 때, $\vec{F}(\overrightarrow{r(t)}) = [xy,\ 5x,\ z^2]$의 선적분을 구하라.

9.4 곡선 C가 벡터함수 $\vec{r}(t) = [\cos t,\ \sin t,\ 0]$, $\left(0 \le t \le \frac{\pi}{2}\right)$일 때, $\vec{F}(\overrightarrow{r(t)}) = [x^2,\ -xy,\ 0]$의 선적분을 구하라.

※ 다음 이중적분의 값을 구하라.

9.5 $\int_0^3 \int_1^2 x^2 y\, dy dx$

9.6 $\int_0^1 \int_0^{\sqrt{3}} (x^2 + y^2) dy dx$

9.7 $\int_0^{\pi} \int_1^2 y \sin xy\, dx dy$

9.8 $\int_0^2 \int_0^2 (16 - x^2 - 2y^2) dx dy$

9.9 $\int_1^2 \int_0^x (3x + 1) dy dx$

9.10 $\int_0^1 \int_0^x (x + y + 1) dy dx$

9.11 $\int_0^3 \int_{-y}^{y} (x^2 + y^2) dx dy$

9.12 $\int_{-2}^2 \int_{\frac{y^2-6}{2}}^{y+1} xy\, dx dy$

9.13 $\int_{\frac{\pi}{2}}^{\pi}\int_{0}^{x}\frac{\sin x}{x}dydx$

9.14 $\int_{0}^{\sqrt{\pi}}\int_{0}^{y}\sin(y^2)dxdy$

※ 다음의 삼중적분의 값을 구하라.

9.15 $\int_{0}^{1}\int_{0}^{1}\int_{0}^{1}xyz\,dxdydz$

9.16 $\int_{0}^{2}\int_{0}^{1}\int_{1}^{2}x^2yz\,dxdydz$

9.17 $\int_{0}^{3}\int_{-1}^{2}\int_{0}^{1}xyz^2\,dxdydz$

9.18 $\int_{0}^{3}\int_{0}^{3x}\int_{y}^{x+2}dzdydx$

9.19 $\int_{0}^{2}\int_{0}^{-x+1}\int_{0}^{-x-y+1}z\,dzdydx$

9.20 $\int_{0}^{2}\int_{0}^{\sqrt{4-2z}}\int_{0}^{x}xyz\,dydxdz$

※ 발산정리를 이용하여 다음과 같은 조건을 가진 $\iint_S \vec{F}\cdot\vec{n}dA$를 구하라.

9.21 $\vec{F}=[x,\ y,\ z]$, $(0\le x\le 1,\ 0\le y\le 1,\ 0\le z\le 1)$

9.22 $\vec{F}=[\sin x,\ \cos y,\ z]$, $(0\le x\le \pi,\ 0\le y\le \pi,\ 0\le z\le 1)$

9.23 $\vec{F}=[x^2,\ y^2,\ z^2]$, $(0\le x\le 1,\ 0\le y\le 1,\ 0\le z\le 1)$

9.24 $\vec{F}=[e^x,\ \cos x,\ \sin z]$, $(0\le x\le 1,\ 0\le y\le \pi,\ 0\le z\le \pi)$

9.25 $\vec{F}=[x^2y,\ y^2z,\ z^2x]$, $(0\le x\le 1,\ 0\le y\le 1,\ 0\le z\le 1)$

9.26 $\vec{F}=[e^y\sin z,\ e^z\cos x,\ z^2]$, $(0\le x\le \pi,\ 0\le y\le \pi,\ 0\le z\le \pi)$

※ 다음 물음에 답하라.

9.27 $0 \le x \le 1$, $0 \le y \le 1$, $0 \le z \le 1$의 영역에 정육면체가 있다. 여섯 면 중에서 $z=0$의 면은 열려 있고, 나머지 다섯 면은 닫혀 있다. $\vec{F}=[xy,\ yz,\ 0]$에 대하여 스톡스의 정리를 입증하라.

9.28 $0 \le x \le 1$, $0 \le y \le 1$, $0 \le z \le 1$의 영역에 정육면체가 있다. 여섯 면 중에서 $z=0$의 면은 열려 있고, 나머지 다섯 면은 닫혀 있다. $\vec{F}=[3x^2,\ xyz,\ -5z]$에 대하여 스톡스의 정리를 입증하라.

9.29 $0 \le x \le 2$, $0 \le y \le 2$, $0 \le z \le 2$의 영역에 정육면체가 있다. 여섯 면 중에서 $z=2$의 면은 열려 있고, 나머지 다섯 면은 닫혀 있다. $\vec{F}=[x^3,\ -3x^2y^2z^2,\ 7x+z]$에 대하여 스톡스의 정리를 입증하라.

※ 전자기학 다음 물음에 답하라.

9.30 면전하가 $0 \le x \le 1$, $0 \le y \le 1$, $z=-10$의 영역에 위치하고 있다. 면전하밀도가 $\rho_s = 2(x^2+y^2+100)^{\frac{3}{2}}$ $[\mu\mathrm{C/m^2}]$인 경우, 원점에서의 전기장의 세기를 구하라.

9.31 전기장의 세기가 $\vec{E}=[xy,\ yz,\ zx]$일 때, 체적 V 내의 폐곡면 S를 지나는 총 전속의 양을 구하라. 폐곡면은 구간 $0 \le y \le 2$, $0 \le z \le 2$로 정해지고, $d\vec{S}=dydz\vec{j}$이다.

9.32 전속밀도가 $\vec{D}=[x,\ y,\ z]$일 때, 체적 V 내의 폐곡면 S를 지나는 총 전속의 양을 구하라. 폐곡면은 구간 $0 \le x \le 1$, $1 \le z \le 3$으로 정해지고, $d\vec{S}=dxdz\vec{i}$이다.

9.33 전속밀도가 $\vec{D}=\frac{1}{2}y^2z\vec{i}$일 때, 체적 V 내의 폐곡면 S를 지나는 총 전속의 양을 구하라. 폐곡면은 구간 $1 \le y \le 2$, $0 \le z \le 2$로 정해지고, $d\vec{S}=dydz\vec{i}$이다.

9.34 자속밀도가 $\vec{B}=[-\cos t,\ t^2,\ t\sqrt{t}]$인 경우, 곡면 S를 통과하는 자속을 구하라. 단, $0 \le y \le 2$, $1 \le z \le 2$, $d\vec{S}=dydz\vec{i}$이다.

9.35 [연습문제 **9.34**]에서 구한 자속에 의해 유도되는 전압을 구하라.

m.e.m.o

A

Appendix

유제 해답

Chapter_01

전류

유제 01 3

유제 02 1

유제 03 4

옴의 법칙

유제 01 $\cos a$

유제 02 a^{-3}

유제 03 4

Chapter_02

초깃값 정리

유제 01 29

유제 02 5

최종값 정리

유제 01 1

유제 02 0

인덕터에서의 전압과 전력

유제 01 $6\cos\left(2t-\frac{2}{3}\pi\right)$

유제 02 $2(5^{2t})^2\ln 5$

커패시터에서의 전압과 전력

유제 01 $(t^2+2t)e^t$

유제 02 $ta^{4t}(1+2t\ln a)$

Chapter_03

다이오드 특성

유제 01 증가함수이다. 최댓값 : 171.83, 최솟값 : 0

유제 02 감소함수이다. 최댓값 : 0, 최솟값 : −63.21

JFET의 입출력 관계

유제 01 증가함수이다. 최댓값 : 40, 최솟값 : 2.5

유제 02 감소함수이다. 최댓값 : 0, 최솟값 : −2

Chapter_04

완전미분방정식

유제 01 완전미분방정식이다.

유제 02 완전미분방정식이 아니다.

스칼라함수의 기울기

유제 01 $\nabla V=(2xy+yz)\overrightarrow{a_x}+(x^2+xz)\overrightarrow{a_y}+(xy)\overrightarrow{a_z}$

유제 02 $\nabla V=(e^x\sin y)\overrightarrow{a_x}+(e^x\cos y+e^y\cos z)\overrightarrow{a_y}+(-e^y\sin z)\overrightarrow{a_z}$

Chapter_05

커패시터에 걸리는 전압

유제 01 $V_c(t) = 10\sin\frac{t}{10}$

유제 02 $V_c(t) = \frac{10}{\omega}\sin wt$

인덕터에 흐르는 전류

유제 01 $I_L(t) = -e^{-(t+1)} + 3e^{-1}$

유제 02 $I_L(t) = \frac{1}{10\omega_0^2}\sin\omega_0 t$

Chapter_06

라플라스 변환

유제 01 $\frac{1}{s}$

유제 02 $\frac{1}{s-1}$

평등한 전계 내의 두 점 간의 전위차

유제 01 0 V

유제 02 130 V

인덕터 회로에서의 전류와 에너지

유제 01 $-5(\cos 2t - 1)$

유제 02 $-\frac{15}{4}$

■ 커패시터 회로에서의 전압과 에너지

유제 01 $10^6 t(1-125t)$ V

유제 02 $p(t)=2\times10^5 t-525\times10^6 t+625\times10^7 t^3$ W

$w(t)=1.3876\times10^9$ J

Chapter_07

■ 쿨롱의 법칙과 점전하 간의 힘

유제 01 $\overrightarrow{F_{21}}=[-0.144,\ 0,\ -0.108]$ N

유제 02 $\overrightarrow{F_{12}}=[0.144,\ 0,\ 0.108]$ N

■ 중첩의 원리와 전기장의 세기

유제 01 $\vec{F}=[-1.004,\ -1.284,\ 1.399]$ nN

유제 02 $\vec{E}=[-1.004,\ -1.284,\ 1.399]$ V

■ 앙페르의 오른손 법칙

유제 01 $\vec{J}=\frac{1}{\mu_0}[-y,\ -z,\ -x]$

유제 02 $\mu_0\vec{J}=[0,\ -z^2+x^2y,\ -x^2z]$

Chapter_08

■ 체적전하밀도와 전속밀도

유제 01 $\frac{10^{-9}}{36\pi}[x^2y,\ y^2z,\ z^2x]$

유제 02 $\frac{10^{-9}}{18\pi}[6,\ -3,\ -2]$

■ 전계와 전위차

유제 01 $[-yz,\ -xz,\ -xy]$

유제 02 $\frac{10^{-9}}{18\pi}[0,\ 1,\ 0]$

■ 체적전류밀도와 자기장의 세기

유제 01 $[0,\ -xz,\ -xy]$

유제 02 $[0,\ 0,\ 0]$

Chapter_09

■ 체적 내부의 총 전하량

유제 01 $Q = 36\pi a$ C

유제 02 $Q = \frac{4}{3}\pi(e-1)$ C

■ 쿨롱의 법칙과 면전하

유제 01 $\vec{E} = 432\vec{i}$ V/m

유제 02 $\vec{E} = 432\vec{i}$ V/m

■ 가우스 법칙

유제 01 $Q = \frac{1}{6}$

유제 02 $Q = \frac{1}{3}$

■ 패러데이 법칙

유제 01 $\Phi = -3t$ Wb

유제 02 $V(t) = 3$ V

B

Appendix

유용한 공식

B.1 Greece 문자표

문자	수식표현	읽는 방법
α	alpha	알파
β	beta	베타
γ, Γ	gamma, Gamma	감마
δ, Δ	delta, Delta	델타
ϵ, ε	epsilon, varepsilon	입실론
ζ	zeta	제타
η	eta	에타
θ, ϑ, Θ	theta, vartheta, Theta	세타
ι	iota	이오타
κ	kappa	카파
λ, Λ	lambda, Lambda	람다
μ	mu	뮤
ν	nu	뉴
ξ	xi	크사이
o	omicron	오미크론
π, Π	pi, Pi	파이
ρ	rho	로우
σ, Σ	sigma, Sigma	시그마
τ	tau	타우
υ, Υ	upsilon, Upsilon	윱실론
ϕ, φ, Φ	phi, varphi, Phi	파이
χ	chi	카이
ψ, Ψ	psi, Psi	프사이
ω, Ω	omega, Omega	오메가

B.2 다양한 공식

■ 미분법

$$\frac{dy}{dx}=\frac{dy}{du}\cdot\frac{du}{dx}=f'\{g(x)\}\cdot g'(x)$$

$$df(x,y)=\frac{\partial f(x,y)}{\partial x}dx+\frac{\partial f(x,y)}{\partial y}dy$$

$$\{f(x)g(x)\}'=f'(x)g(x)+f(x)g'(x)$$

$$\left\{\frac{g(x)}{f(x)}\right\}'=\frac{g'(x)f(x)-g(x)f'(x)}{\{f(x)\}^2}$$

$$\{f(x)^n\}'=n\{f(x)\}^{n-1}\cdot f'(x)$$

■ 적분법

$$\int\frac{1}{x}dx=\ln|x|+c$$

$$\int\frac{f'(x)}{f(x)}dx=\ln|f(x)|+c$$

$$\int f(x)g'(x)dx=f(x)g(x)-\int f'(x)g(x)dx$$

$$\int uv'=uv-\int u'v$$

■ 삼각함수의 공식

$$\sin(x\pm y)=\sin x\cos y\pm\cos x\sin y$$

$$\cos(x\pm y)=\cos x\cos y\mp\sin x\sin y$$

$$\tan(x\pm y)=\frac{\tan x\pm\tan y}{1\mp\tan x\tan y}$$

$$\sin 2x = 2\sin x \cos x$$

$$\cos 2x = \cos^2 x - \sin^2 x = 2\cos^2 x - 1 = 1 - 2\sin^2 x$$

$$\tan 2x = \frac{2\tan x}{1 - \tan^2 x}$$

$$A\sin\theta + B\cos\theta = \sqrt{A^2 + B^2}\sin(\theta + \alpha)$$

$$\cos\alpha = \frac{A}{\sqrt{A^2 + B^2}}, \quad \sin\alpha = \frac{B}{\sqrt{A^2 + B^2}}, \quad \tan\alpha = \frac{B}{A}$$

$$A\sin\theta + B\cos\theta = \sqrt{A^2 + B^2}\cos(\theta - \beta)$$

$$\cos\beta = \frac{B}{\sqrt{A^2 + B^2}}, \quad \sin\beta = \frac{A}{\sqrt{A^2 + B^2}}, \quad \tan\beta = \frac{A}{B}$$

■ 라플라스 변환에 관한 정리

$$\mathcal{L}\{af(t) + bg(t)\} = a\mathcal{L}\{f(t)\} + b\mathcal{L}\{g(t)\}$$

$$\mathcal{L}\{e^{at}f(t)\} = F(s-a)$$

$$e^{at}f(t) = \mathcal{L}^{-1}\{F(s-a)\}$$

$$\mathcal{L}\{f'(t)\} = s\mathcal{L}\{f(t)\} - f(0)$$

$$\mathcal{L}\{f''(t)\} = s^2\mathcal{L}\{f(t)\} - sf(0) - f'(0)$$

$$\mathcal{L}\{f^{(n)}(t)\} = s^n\mathcal{L}\{f(t)\} - s^{n-1}f(0) - s^{n-2}f'(0) - \cdots - f^{(n-1)}(0)$$

$$\mathcal{L}\left\{\int_0^t f(\tau)d\tau\right\} = \frac{1}{s}\mathcal{L}\{f(t)\} = \frac{F(s)}{s}$$

$$\int_0^t f(\tau)d\tau = \mathcal{L}^{-1}\left\{\frac{F(s)}{s}\right\}$$

$$\mathcal{L}\{f(t-a)u(t-a)\}=e^{-as}F(s)$$

$$f(t-a)u(t-a)=\mathcal{L}^{-1}\{e^{-as}F(s)\}$$

$$\mathcal{L}\{tf(t)\}=-F'(s)$$

$$\mathcal{L}^{-1}\{F'(s)\}=-tf(t)$$

$$\mathcal{L}\left\{\frac{f(t)}{t}\right\}=\int_s^\infty F(\tilde{s})d\tilde{s}$$

$$\mathcal{L}^{-1}\left\{\int_s^\infty F(\tilde{s})d\tilde{s}\right\}=\frac{f(t)}{t}$$

■ 벡터 미분적분법

$$\nabla f=\frac{\partial f}{\partial x}\vec{i}+\frac{\partial f}{\partial y}\vec{j}+\frac{\partial f}{\partial z}\vec{k}=\left[\frac{\partial f}{\partial x},\ \frac{\partial f}{\partial y},\ \frac{\partial f}{\partial z}\right]$$

$$\text{div}\,\vec{v}=\nabla\cdot\vec{v}=\frac{\partial v_1}{\partial x}+\frac{\partial v_2}{\partial y}+\frac{\partial v_3}{\partial z}$$

$$\text{curl}\,\vec{v}=\nabla\times\vec{v}=\begin{vmatrix}\vec{i} & \vec{j} & \vec{k}\\ \dfrac{\partial}{\partial x} & \dfrac{\partial}{\partial y} & \dfrac{\partial}{\partial z}\\ v_1 & v_2 & v_3\end{vmatrix}$$

$$\int_C\overrightarrow{F(r)}\cdot d\vec{r}=\int_a^b\vec{F}(\overrightarrow{r(t)})\cdot\frac{d\vec{r}}{dt}dt=\int_a^b\vec{F}(\overrightarrow{r(t)})\cdot\overrightarrow{r'(t)}dt$$

$$\iint_R(\text{curl}\,\vec{F})\cdot\vec{k}\,dxdy=\oint_C\vec{F}\cdot d\vec{r}$$

$$\iiint_V\text{div}\ \vec{F}dV=\iint_S\vec{F}\cdot\vec{n}\,dA$$

$$\iint_S\text{curl}\,\vec{F}\cdot\vec{n}\,dA=\oint_C\vec{F}\cdot\overrightarrow{r'(s)}\,ds$$

미분 공식

$(x^n)' = nx^{n-1}$

$(e^x)' = e^x$

$(a^x)' = a^x \ln a$

$(\cot x)' = -\csc^2 x$

$(\sinh x)' = \cosh x$

$(\cosh x)' = \sinh x$

$(\sin x)' = \cos x$

$(\cos x)' = -\sin x$

$(\tan x)' = \sec^2 x$

$(\ln x)' = \dfrac{1}{x}$

$(\log_a x)' = \dfrac{\log_a e}{x}$

적분 공식

$$\int e^{ax}dx = \frac{1}{a}e^{ax} + c$$

$$\int \sin x dx = -\cos x + c$$

$$\int \cos x dx = \sin x + c$$

$$\int \tan x dx = -\ln|\cos x| + c$$

$$\int \cot x dx = \ln|\sin x| + c$$

$$\int \sec x dx = \ln|\sec x + \tan x| + c$$

$$\int \csc x dx = \ln|\csc x - \cot x| + c$$

$$\int \frac{dx}{x^2 + a^2} = \frac{1}{a}\arctan\frac{x}{a} + c$$

$$\int \frac{dx}{\sqrt{a^2 - x^2}} = \arcsin\frac{x}{a} + c$$

$$\int \frac{dx}{\sqrt{x^2 + a^2}} = \sinh^{-1}\frac{x}{a} + c$$

$$\int \frac{dx}{\sqrt{x^2 - a^2}} = \cosh^{-1}\frac{x}{a} + c$$

$$\int \sin^2 x dx = \frac{1}{2}x - \frac{1}{4}\sin 2x + c$$

$$\int \cos^2 dx = \frac{1}{2}x + \frac{1}{4}\sin 2x + c$$

$$\int \tan^2 x dx = \tan x - x + c$$

$$\int \cot^2 x dx = -\cot x - x + c$$

$$\int \ln x dx = x \ln x - x + c$$

$$\int e^{ax} \sin bx dx = \frac{e^{ax}}{a^2 + b^2}(a \sin bx - b \cos bx) + c$$

$$\int e^{ax} \cos bx dx = \frac{e^{ax}}{a^2 + b^2}(a \cos bx + b \sin bx) + c$$

찾아보기 Index

숫자, 기호

가

나

다

라

마

바

사

아

자

차

카, 타

파

하

A~C

D~F

G~K

L~N

O~R

S~T

U~Z

m.e.m.o